U0616129

"十二五"国家重点图书出版规划项目

陕西出版资金资助项目

新兴微纳电子技术丛书

# 新能源与微纳电子技术

主编　胡　英

参编　何　亮　张茂林　成博伟

　　　陈嘉彬　赵　群　常盼盼

　　　刘运国　廖应麟　翁锴强

西安电子科技大学出版社

## 内 容 简 介

本书以微纳电子技术的发展及其新成果对新能源领域发展的影响为主要内容,介绍了微纳电子技术在材料、器件、体系性能及应用等诸方面对新能源领域的发展所起的作用。

本书共六章,分别为新能源及微纳电子技术、太阳能及太阳能电池、氢能及氢能发电体系、燃料电池、超级电容器、新能源成果及发展趋势。

本书可作为新能源与微纳电子技术相关专业本科生和研究生教材,也可供新能源与微纳电子技术相关人员参考。

**图书在版编目(CIP)数据**

**新能源与微纳电子技术**/胡英主编. —西安:西安电子科技大学出版社,2015.7
ISBN 978 - 7 - 5606 - 3695 - 5

Ⅰ. ① 新… Ⅱ. ① 胡… Ⅲ. ① 新能源—电子技术 Ⅳ. ① TK01

**中国版本图书馆 CIP 数据核字(2015)第 128658 号**

策　　划　李惠萍
责任编辑　李惠萍　曹　锦
出版发行　西安电子科技大学出版社(西安市太白南路 2 号)
电　　话　(029)88242885　88201467　　邮　编　710071
网　　址　www.xduph.com　　　电子邮箱　xdupfxb001@163.com
经　　销　新华书店
印刷单位　陕西华沐印刷科技有限责任公司
版　　次　2015 年 7 月第 1 版　2015 年 7 月第 1 次印刷
开　　本　787 毫米×960 毫米　1/16　印张 13.5
字　　数　273 千字
印　　数　1～3000 册
定　　价　24.00 元
ISBN 978 - 7 - 5606 - 3695 - 5/TK

**XDUP　3987001-1**

＊＊＊如有印装问题可调换＊＊＊

"十二五"国家重点图书出版规划项目

陕西出版资金资助项目

# 新兴微纳电子技术丛书
# 编写委员会名单

编委会主任　　庄奕琪

编委会成员　　樊晓桠　梁继民　田文超　胡　英　杨　刚

　　　　　　　张春福　张进成　马晓华　郭金刚　靳　钊

　　　　　　　娄利飞　何　亮　张茂林　冯　倩

# 前　言

　　本书是"新兴微纳电子技术"丛书中的一本，该丛书已入选国家"十二五"重点图书出版项目，同时获得了陕西出版资金的资助。

　　伴随着人类社会的发展，传统石化类能源的消耗持续增加。进入 21 世纪后，石化类能源已面临枯竭。这一严峻的局面，使得新能源的开发受到各国政府和科学家的密切重视，也推动着新能源技术的快速发展。新能源的发展，需要新理论的支持，也离不开新技术的支撑。在这方面，微纳电子技术的作用尤为突出。

　　本世纪以来，以集成电路为代表的微电子技术已从"微电子"尺度进入"微纳电子"尺度，从"摩尔时代"进入"后摩尔时代"，微纳电子技术的发展也逐步从"技术推动型"转入"需求牵引型"。微纳电子技术的发展为新能源技术的发展提供了新的技术手段。可以说新能源技术的进一步发展已离不开微纳电子技术。本书正是在此前提下编撰的。

　　全书主要围绕氢能及氢能发电体系(未来大规模发电体系能源)、太阳能及太阳能电池(未来家用分布式发电体系能源)、燃料电池(氢能燃料电池、甲醇车用燃料电池)、超级电容器(未来车用混合能源体系)等新能源展开论述。第 1 章概述新能源及微纳电子技术领域的发展及内在关联；第 2 章系统介绍太阳能及太阳能电池的种类与制作工艺，重点突出微纳电子技术在其中的应用；第 3 章介绍氢能及氢能发电体系，利用微纳电子技术低成本获氢是本章核心；第 4 章叙述燃料电池的概念、种类、原理，重点介绍微纳电子技术在固态燃料电池中的应用；第 5 章介绍超级电容器，重点突出超级电容器及微纳电子技术在车用能源体系中的应用；第 6 章总结新能源发展的成果，探索未来新能源及微纳电子技术的发展趋势。

　　本书由胡英任主编，第 1 章与第 6 章由胡英编写，第 2 章由何亮、成博伟共同编写，第 3 章由胡英、陈嘉彬、赵群共同编写，第 4 章由胡英、赵群、刘运国、翁锴强共同编写，第 5 章由张茂林、常盼盼、胡英、廖应麟共同编写。

　　本书的整体安排和构建，得到同行专家的有益建议和指导，以及笔者的家人及研究团队的鼎力支持，本书的出版亦得到西安电子科技大学出版社的大力支持，在此一并表示感谢。

主编　胡　英

2014 年 3 月

# 目　　录

# 第1章　新能源及微纳电子技术

能源和环境是人类面临的两大问题，传统的石化类能源的即将枯竭引发的能源危机，以及石化类能源的含碳排放引发的环境污染问题，迫使人类必须主动或被动开发和研究新型能源，这带来了新能源开发的机遇和挑战。另外，借助新兴微纳电子技术的成果，新能源领域从材料、器件到体系性能都得到整体提升，也因此推动了新能源应用的发展。

## 1.1　新能源领域的概念及发展史

能源有多种分类方法，按形成方式可分为一次能源（自然界中存在可直接使用的能源，如煤、石油、天然气、太阳能等）和二次能源（经加工转化成的能源，如电、煤气、蒸汽等）；按循环方式可分为不可再生能源（石化燃料）和可再生能源（生物质能、氢能、化学能源等）；按使用性质可分为含能体能源（煤炭、石油等）和过程能源（太阳能、电能等）；按环境保护要求可分为清洁能源（绿色能源，如太阳能、氢能、风能、潮汐能等）和非清洁能源；按阶段成熟程度可分为常规能源和新能源。

### 1.1.1　新能源领域的概念

新能源与常规能源是一个相对的概念，随着时代的发展，新能源的内涵也不断变化、更新。目前，传统意义上新能源主要包括太阳能、氢能、核能、化学能、生物质能、风能、地热能和海洋能等。

随着科学和技术的发展，新能源的研究和开发不断加入新的内涵。从发电体系方面来说，不仅涉及产生新能源的具体材料及器件，还包括与整个发电体系相配套的核心器件及整体优化发电体系。如太阳能光伏发电体系，它不仅包括太阳能光伏器件（太阳能电池方阵），还包括蓄电池、控制器及将电能输入电网的逆变器等；燃料电池发电体系不仅包括燃料电池本身，还包括它的输入原料（氢气或甲醇）的获取、存储。对电能的合理存储和使用，超级电容器起到关键作用。超级电容器不是直接产生能量的器件，它是一个储能器件，主要起类似"水库"的"电库"作用，它也可以直接充当电源。如应用在电网上的超级电容器可以有效调节用电高、低峰时电网的运转情况，使其处于最佳状态。当用户用电少时，如白天，可将多余的电吸纳进超级电容器存储起来，而在晚上用电高峰时再释放出来，以最佳利用电能。另外，车用超级电容器在制动或刹车时瞬间释放或存储大的能量，起到节能的优化作用。

## 1.1.2　新能源发展史

由于石化类能源(煤炭、石油、天然气等)与新能源相比具有低的成本，因此它在目前能源使用中仍占 90%。但石化类能源的碳排放问题带来的环境污染及地球的温室效应日益严重，是历届环境大会的主题。2009 年在哥本哈根召开的气候与环境大会上，中国政府承诺到 2020 年含碳减排 45%，因此节能减排及开发新能源是我们在相当长时期内的主要目标。更严峻的事实是，2050 年左右世界的石化类资源将会枯竭，这使我们研究和开发新能源的任务尤为急迫。

能源的发展经历了第一代能源——薪柴时代，第二代能源——煤炭时代，第三代能源——石油、天然气时代(20 世纪 50 年代中后期开始至今)。现在正是处于第三代能源即将结束、第四代能源即将开始的时代。

在新能源中，谁最有可能成为第四代能源的候选者？

### 1. 核能

核能是原子核结构发生变化时释放的能量。核能释放方式有核裂变和核聚变。核裂变中 1 g 原料铀就可释放相当于 30 t 煤的能量；而核聚变所用的氘仅用 560 t 就可以为全世界提供一年消耗的能量。海洋中氘的储量可供人类使用几十亿年，可以认为是"取之不尽，用之不竭"的清洁能源。

核能发电以其功率等级、原材料储量及成本等因素来说，极有可能成为第四代能源的主要候选之一。但在 2011 年 3 月 11 日日本发生强烈地震、海啸引发福岛第一核电站爆炸事故，安全因素使世界范围内对核电站的建设步伐放缓了。人们开始重新定位核能的地位，在考虑安全性、核废料处理等问题的基础上，可小范围、在偏远地区建设核电站，而不宜全球性广泛投建。在安全性问题解决前核能发电难以成为第四代能源的主流。

### 2. 氢能

氢是未来最理想的二次能源。氢以化合物的形式存储于地球上最广泛的物质——水中，如果把海水中的氢全部提取出来，释放的总热量是地球现有石化燃料的 9000 倍。

氢气是燃料电池的燃料源，目前燃料电池的化学能/电能转换率已可达 60%～70%。由于氢能储量的丰富及燃料电池的高转换率，使氢能燃料电池发电体系可以拥有持续长时间大功率发电的能力，它极有可能成为第四代能源的主流之一。使氢能燃料电池发电体系成为第四代能源主流需要跨越的最大障碍是，研究和开发能从海水中高效、低成本的获氢技术。

### 3. 太阳能

太阳能是人类最主要的可再生能源。太阳每年输出的能量到达地球的大约是其总能量的 22 亿分之一，约为 $1.73 \times 10^{11}$ MW，由于大气层的影响，其中辐射到地球陆地上的能量大约为 $8.5 \times 10^{10}$ MW。这个数量远大于人类目前消耗的能量的总和，相当于 $1.7 \times 10^{18}$ t 标准煤所释放的能量。

对于太阳能，现在成熟及应用较好的是利用它的热能——太阳能热水器应用。而太阳能光伏电池从 20 世纪 80 年代至今是新能源研究的持续热点之一。由于太阳能单节电池 20% 的光电转换率制约了投建大功率电厂的可能，但其适合建小功率的分布式家用发电体系。由于太阳光的普照性，太阳能电池分布式家用发电体系不仅可建在开阔的平原地区，而且可建在地形复杂地区(克服了建常规电网高投入及高能耗的缺点)，因此太阳能电池的分布式家用发电体系是第四代能源的有效补充。对太阳能电池发电体系的研究，一方面从单体电池出发，继续在材料和器件结构方面提高光电转换率和降低器件成本；另一方面从发电体系方面研究优化体系，最大程度获得产电效率。

### 4. 化学能源

化学能源实际是直接把化学能转变为低压直流电能的装置，也叫电池。化学能源已经成为国民经济中不可缺少的组成部分，同时化学能源还可承当其他新能源的储能功能。

燃料电池被称为连续电池，属于化学能源，是一种在等温下直接将储存在燃料和氧化剂中的化学能高效而与环境友好地转化为电能的发电装置。燃料电池在反应过程中不涉及燃烧，能量交换效率不受卡诺循环的限制，转换效率可达 60%～70%。它的发电原理与化学电源一样，是由电极提供电子转移的场所，阳极进行燃料(如氢)的氧化过程，阴极进行氧化剂(如氧等)的还原过程，导电离子在将阴、阳极分开的电解质内迁移，电子通过外电路作功并构成电的回路。燃料电池的工作方式与常规的化学电源不同，更类似于汽油、柴油发电机。它的燃料和氧化剂不是存储在电池内，而是存储在电池外的存储罐中。当电池发电时，要连续不断地向电池内送入燃料和氧化剂，排出反应产物，同时也要排出一定的废热，以维持电池工作温度恒定。燃料电池本身只决定输出功率的大小，存储的能量则由储罐内的燃料与氧化剂的量决定。由于氢能燃料电池发电体系具有 60%～70% 的转换效率，因此它很可能成为第四代能源的主流之一。另外，甲醇类燃料电池可广泛应用于车用能源。

**5. 超级电容器**

超级电容器是一种介于传统电容器和电池之间的新型储能器件。它比传统电容器具有更高的比电容和能量密度，比电池具有更高的功率密度，可瞬间释放特大电流，具有充电时间短、充电效率高、循环使用寿命长、无记忆效应以及基本无需维护等特点。超级电容器在电网、电动汽车、通信、消费和娱乐电子、信号监控等领域中的应用越来越受关注，如声频-视频设备、PDA（掌上电脑）、电话机、传真机及计算机等通信设备和家用电器等。特别需要指出的是，车用超级电容器可以满足汽车在加速、启动、爬坡时的高功率需求，以保护主蓄电池系统，这使得电容器的发展被提升到了一个新的高度。超级电容器的出现，顺应了时代的发展，它涉及材料、能源、化学、电子器件等多个学科，成为交叉学科研究的热点之一。2011 年 8 月 16 日，世界著名的美国汽车行业杂志 WardsAuto 公布，截至当日，全球汽车总保有量破 10 亿辆，中国位居第二。不论是从中国角度还是从世界角度，汽车消耗的能源已是很大一部分，因此更优化的含超级电容器的混合汽车动力体系是未来汽车能源的发展方向。

**6. 其他类能源**

生物质能、风能、海洋能、地热能、可燃冰等，由于其受地域性或特殊条件等因素的限制，只能成为个别区域能量的有效补充。

各种新能源在成为成熟能源之前，都需借助先进的工艺制造技术提高转化率和降低成本，使之成为可被市场接纳的有一定性价比的能源。可以说，任何新能源的开发和发展都离不开材料合成、器件制作及体系搭建和优化等。

# 1.2　微纳电子技术的概念及发展史

本节从工艺角度引入微纳电子技术的概念，叙述其发展历程，并通过综述微纳电子技术的先进工艺，介绍其在新能源领域中的材料合成、器件性能的提升及体系优化等方面的成果，以及先进的工艺对新能源应用化的发展所产生的积极促进作用。

## 1.2.1　微纳电子技术的概念

微电子学（Microelectronics）是电子学的一门分支学科，主要研究电子或离子在固体材料中的运动规律及其应用。微电子学通常是以实现电路和系统的集成为目的的，所实现的电路和系统又称为集成电路和集成系统。在微电子学中的空间尺寸通常以微米（$\mu$m，$1~\mu m = 10^{-6}~m$）和纳米（nm，$1~nm = 10^{-9}~m$）为单位。微电子技术是建立在以集成电路为核心的各种半导体器件基础上的高新电子技术，其特点是体积小、重量轻、可靠性高、工作速度快。微电子技术对信息时代具有巨大的影响。

微纳电子技术既考虑了微米科技的巨大潜力与作用，又着眼于纳米科技发展的前景，把"纳"看做是"微"的逻辑发展方向，又把"微米"与"纳米"科技有机、辩证地结合。可以把微纳电子技术所涉及的范围和视野放得更广泛一些，将微纳电子学的概念贯穿于材料、器件和系统研究的整个过程，其内容可包括：当材料、器件的尺度进入微纳量级时，材料及器件所具有的与普通常规材料及器件不同的性能、集成电路进入纳电子时代的特殊性质等。

## 1.2.2 微纳电子技术的发展史

微电子技术是现代电子信息技术的直接基础，它的发展有力推动了通信技术、计算机技术和网络技术的迅速发展，并成为衡量一个国家科技进步的重要标志之一。美国贝尔研究所的三位科学家因研制成功第一个结晶体三极管（简称晶体管），获得 1956 年诺贝尔物理学奖，并开启了微电子时代。晶体管的研制成功也奠定了集成电路技术发展的基础，现代微电子技术就是建立在以集成电路为核心的各种半导体器件基础上的高新电子技术。集成电路的生产始于 1959 年，其特点是体积小、重量轻、可靠性高、工作速度快。

衡量微电子技术进步的标志主要有三个方面：一是缩小芯片中器件结构的尺寸，即缩小加工线条的宽度；二是增加芯片中所包含的元器件的数量，即扩大集成规模；三是开拓有针对性的设计应用。

随着真空电子学、微电子学、纳电子学的发展，电子计算机经历了几代更迭，而每代更迭都是以存储或处理信息的基本电子学单元的尺度变化为标志的。从 20 世纪 80 年代开始，科学家开始探索特征尺寸为纳米量级的电子学，纳电子学主要研究以扫描隧道显微镜为工具的单原子或单分子操纵技术。这些技术都有可能在纳米量级进行材料及器件的加工，目前已形成纳米量级的信息存储器，存储状态已可维持一个月以上，人们试图用此技术去制作 16 GB 的存储器。德国的福克斯博士等制作出了原子开关，达到了比现今芯片高100 万倍的存储容量，获得了莫里斯奖。量子力学告诉我们，电子与光同时都具有粒子波的特性，今天的微电子学和光电子器件将缩到 0.1 线宽，电子的波动性质再也不能忽视了，把电子视为一种纯粹粒子的半导体理论基础已经动摇。这时电子所表现出来的波动特征和拥有的量子功能就是纳电子学的任务。科学家们已经预言，纳电子学将导致一场电子技术的革命，而这场革命将体现在以下几个方面：

（1）纳电子学在器件级的革命在于，以对电子、量子行为的控制替代传统微电子学中对固体中电子作为准粒子的运动的控制来实现信息处理，可使电子器件比传统微电子极限值再改善数个数量级，同时纳电子器件将为新的信息处理系统，如量子元胞自动机（QCA）、量子计算机等的实现提供基础。

（2）纳电子学中的电子信息处理新系统，将有能力处理复杂的非线性问题和知识问题，SOC（片上系统）在纳电子学阶段将在芯片上实现这些纳系统。

（3）纳电子学对于微电子学是一场革命，正如微电子学在上一世纪中之对于真空电子学一样。

表1-1所示为真空电子学、微电子学和纳电子学的基本区别。

表1-1　真空电子学、微电子学和纳电子学的基本区别

| | 真空电子学 | 微电子学 | 纳电子学 |
|---|---|---|---|
| 信号处理媒介 | 真空中的电子 | 半导体中准粒子电子 | 固体和分子中电子的量子行为 |
| 基本器件 | 真空电子器件 | MOSFET（其他 BJT 等） | 纳电子器件 |
| 估计器件最佳优值主要信号处理 | $\sim 10^{-8}$ J 放大、振荡等模拟信号处理 | $<10^{-19}$ J（$-170℃$）快速数字信号处理（模拟信号处理） | $15×10^{-23}$ J（4.2 K）知识信息处理 |
| 最大集成密度 | 1 | $\sim 10^9 \sim 10^{10}$ /cm$^2$ | SOC |
| 性能价格比 | 低 | 高 | 甚高 |
| 寿命 | 低 | 高 | 很高 |
| 工作温度 | 高 | 中 | 低 |

# 1.3　微纳电子技术在新能源领域中的应用

在新能源领域，随着半导体工艺技术（包括微纳电子技术）的不断发展及更新换代，新能源技术在材料、器件及体系各个方面得到不同阶段的提升。太阳能电池经历了三代的发展：第一代太阳能电池是基于半导体晶片的，如单、多晶硅太阳能电池，其生产主要采用拉单晶的半导体工艺。第二代太阳能电池主要指薄膜电池（非晶硅薄膜电池、化合物半导体薄膜电池、多结薄膜电池等），各种成膜技术特别是 CVD 及 MBE 等已涉及器件的结构及膜厚等（微米或纳米量级）。在第二代太阳能电池之后，采用各种新技术、新工艺生产的电池都可归为第三代太阳能电池，纳电子技术的量子阱概念出现在了第三代太阳能电池中，使它具有远高于 Shockley - Queisser 极限（32.8％）的高效率。另外，纳米微结构可形成量子阱超晶格，具有灵活的带隙调谐能力，其微带效应提高了对太阳光谱的吸收，使转

换效率得以增长；量子点阵列利用量子隧道效应，降低了材料对载流子输运的限制，抑制了载流子的复合；纳米线具有低的反射率，纳米薄膜具有良好的光吸收特性；特别的是，许多量子点和纳米晶粒被证明具有多激子产生的能力，可以有效提高电池的转换效率。预计未来在纳米微结构的太阳能电池集成阵列中，微纳电子技术将会对新型太阳能电池性能的改进有很大的促进作用。

另外，目前在氢能及氢能发电体系、燃料电池级、超级电容器中所用材料步入纳米尺寸，已给材料带来性能提高及改性。未来器件步入微结构阵列将会对器件性能有更大的提升。

# 第 2 章　太阳能及太阳能电池

在众多的新能源中，太阳能因为它的分布广泛、绿色环保、储量巨大、用之不竭、技术及市场化相对成熟等特点，一直受到人们的青睐。太阳能的光热效应、光伏效应、光化学效应，被广泛应用于家庭分布式采热、发电等。其中太阳能电池的家庭分布式发电极有可能成为第四代能源的有效补充（主要为民用方面）。

## 2.1　太阳能及太阳能电池的概述

太阳的表面温度约为 5000℃，中心温度高达 $2\times10^7$℃，并不断向外辐射能量，这源于太阳内部不断发生的核聚变反应。在太阳内部，不断进行着由"氢"到"氦"的原子核反应，这种聚变反应伴随着巨大的能量不断辐射向宇宙空间，可以维持几十亿至上百亿年的时间，这种能量就是太阳能。

### 2.1.1　太阳能利用的种类及发展远景

太阳向宇宙空间的辐射功率为 $3.8\times10^{20}$ MW，虽然辐射总能量很大，但只有 22 亿分之一的辐射总能量到达地球的大气层，约为 $1.73\times10^{14}$ kW，这其中又有 30% 的能量被大气层反射，23% 被大气层吸收，其余的才能到达地球表面。尽管如此，地球表面接受到的太阳辐射能量仍是十分可观的，据估计，太阳每秒钟照射到地球上的能量就相当于 500 万吨标准煤燃烧所释放的能量。进入 21 世纪以来，利用太阳能光和热产生的成熟产品太阳能热水器及太阳能电池年产量一直保持 30% 以上的增长，太阳能利用被称为"世界上增长最快的能源利用形式"[2]。

下面主要从太阳能的光热、光化学、光伏等方面综述对太阳能的利用。

**1. 光热利用**

太阳能光热利用是对太阳能最直接的一种利用方式，主要涉及以热能转换为主的转化和利用过程，它通过将太阳能转换为热能，实现热水供应、热发电以及驱动动力装置、空调制冷和强化自然通风等。

光热利用最广泛、最成熟的技术是利用太阳能集热器对水、空气或其他流体进行加热。集热器主要分为平板型集热器、真空管集热器和聚焦集热器三种。光热利用典型的代表为太阳能热水器、太阳灶等。太阳能制冷主要有氨-水吸收式制冷和溴化锂吸收式制冷。太阳能制冷的研究主要集中于两个方面，一是开发中温聚焦式太阳能集热器，并且和现有制冷机组进行有机组合；二是研究与现有普通太阳能集热技术结合的低温热源驱动空调制冷法。在以上应用的基础上，人们着力于研究太阳热能利用与建筑的一体化，通过合理的设计，在新型建筑中能够通过太阳能实现采暖、采光、热水供应、空调制冷、强化自然通风、部分电力供应以及水质净化等功能，这也是当今节能和绿色建筑理念下的重要发展方向。

太阳能热发电是光热利用的另一主要领域。太阳能热发电也叫聚焦型太阳能热发电，通过大量镜面反射、折射聚焦，将太阳热能聚集，加热工质(实现热能和机械能相互转化的媒介物质)，产生高温、高压蒸汽，进而驱动汽轮机带动发电机发电，其基本构架如图2-1所示。太阳能热发电主要采用聚焦集热技术，分为槽式、塔式、碟式、菲涅尔式发电技术。其中槽式技术相对成熟，目前应用最广泛；塔式技术在效率提升与成本降低方面最具潜力；碟式技术转换效率最高，便于模块化部署；菲涅尔式造价最低且适于系统的小型化。由于太阳能热发电热-功转换部分与常规火力发电机组相同，因此大大降低了研发成本，技术成熟度也相对较高，特别适宜大规模应用。太阳能热发电的缺点在于对太阳的跟踪精度和机械磨损会影响系统的稳定性，另外，整个系统的占地面积也相对较大。

图2-1　太阳能热发电系统组成构架

太阳能光热利用在可再生能源利用中是仅次于传统生物质、水力发电的第三大利用方式。《可再生能源中长期发展规划》中指出，我国将在城市推广普及太阳能一体化建筑、太阳能集中供热水工程，并建设太阳能采暖和制冷示范工程。预计到2020年，全国太阳能热水器总集热面积大约达到3亿平方米，加上其他太阳能热利用，年替代能源量达到6000万吨标准煤[2]。

**2. 光化学利用**

太阳能的光化学利用是一种利用太阳辐射能直接分解水制氢的光-化学转换方式。通过太阳能光化学转换，能量由间歇性的太阳能转变为可储存的氢燃料，实现这一转变的途径包括太阳能热分解制氢、太阳能电解制氢和太阳能光催化制氢等。

太阳能热分解制氢包括直接热分解和热化学分解。直接热分解需要将水或蒸汽加热到3000 K以上,虽然分解效率高且不需催化剂,但需对太阳光进行聚焦以达到高温要求。热化学分解是通过在水中加入可循环使用的催化剂,在900～1200 K温度下即可将水分解为氢和氧,所采用的催化剂包括卤族元素、某些金属及其化合物、碳和一氧化碳等。太阳能电解制氢的原理是通过光阳极和阴极组成光电化学池,光阳极受光激发会产生电子-空穴对,在电解质存在的条件下,电子通过外电路流向阴极,水中的氢离子从阴极上接受电子从而产生氢气。太阳能光催化制氢是通过在水中添加某种光敏物质作催化剂,增加对阳光中长波光能的吸收,利用光化学反应制氢。

氢能具有洁净、高效、高热值等诸多优点,太阳能制氢是两种无污染可再生能源的完美结合。在我国,人们较早便开始了太阳能制氢的研究,如今,在提高转换效率、降低成本等方面仍在不断探索,其后续的氢能储存、氢能应用等问题也都陆续成为科研工作者的研究热点。

**3. 光伏利用**

太阳能光伏利用是通过光生伏特效应将太阳辐射能直接转换为电能,它的核心部分即为太阳能电池(详见2.1.2节),而整个光伏发电系统主要由太阳电池板(组件)、控制器和逆变器三大部分组成,如图2-2所示。

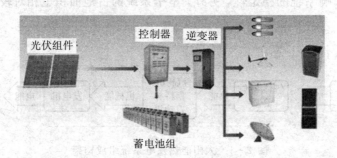

图 2-2　太阳能光伏发电系统主要组成部分

太阳能光伏发电系统以其安装简单、维护廉价、绿色环保、适应性强等特点受到世界各国的广泛重视。美国政府自1973年制定了"阳光发电计划"后不断持续推进,于1997年又制定了"太阳能百万屋顶计划",而奥巴马政府致力推动的能源新政则进一步促进了太阳能光伏发电的研发和规模应用。日本在1993年就制定了"新阳光计划",2011年福岛核事故后,政府更是加大了对太阳能光伏发电的支持力度。德国自1999年开始实施"十万屋顶"计划,在2004年颁布了新版《可再生能源法》,决定对可再生能源发电进行补助,而近年在宣布陆续关闭所有核电站后,也将太阳能光伏发电作为化石燃料发电的主要替代方式而大力扶持。瑞士在2000年提出了"能源瑞士计划",致力于太阳能光伏发电的推广与研究。我国在 1980 年以后，"国家高技术研究发展计划（863 计划）"和"国家重大基础研究计划项目"（973 项目）"等都对太阳能光伏研究和开发给予了重要支持。2002 年我国政府启动"光明工程"，投入资金 20 亿元人民币，重点发展太阳能光伏发电[3]。2008 年全球太阳能电池产量为 6.85 GW，2000—2008 年全球光伏系统年装机增长率达到 45%，欧洲光伏协会曾预计，全球光伏安装总量 2020 年将达到 350 GW[2]。

### 2.1.2　太阳能电池种类与光伏发电原理

#### 1. 太阳能电池种类

1954 年，美国贝尔实验室的 D. M. Chapin 等人用晶体硅制作出了第一支真正意义上的太阳能电池，其光电转换效率达到 6%[4]，从此现代太阳能电池的发展步入正轨。太阳能以发展过程纵向划分，可分为三代：第一代太阳能电池主要是由晶体硅和其他半导体单一材料制作而成的体电池。晶体硅电池由于生产技术最为成熟，生产设备较为便宜，至今仍是光伏市场的主流产品。第二代太阳能电池主要是指覆盖于廉价载体上的氢化非晶硅及半导体化合物薄膜太阳能电池。相比于第一代太阳能电池的高效率、高成本的发展模式，第二代太阳能电池逐渐开辟了一条低成本、低效率的产业化之路。第三代太阳能电池指多层混合异质结构太阳能电池。第三代太阳能电池被定义为"绿色、环保、新概念、高效"的太阳能电池，通过在材料选择、结构设计、制作工艺等方面的改进，第三代太阳能电池充分利用了材料在太阳能转换中的介观效应，如新型的量子点型太阳能电池，其理论转换效率可达 60% 以上。

按照太阳能电池所用材料与工艺的不同横向划分，可分为：硅太阳能电池（单晶、多晶、非晶）和多元化合物薄膜太阳能电池。其中硅太阳能电池又分为体硅电池（单晶、多晶）和薄膜硅电池（多晶、非晶）。多元化合物薄膜太阳能电池主要包括以 GaAs 为代表的Ⅲ-Ⅴ族化合物半导体电池、以 CdS、CdTe 等为代表的Ⅱ-Ⅵ族化合物半导体电池和以 CuInSe 为代表的Ⅱ-Ⅲ-Ⅵ族多元化合物半导体电池；采用纳米技术制成的新型量子阱太阳能电池、纳米线，纳米管太阳能电池等。除此之外，一些有机材料、聚合物材料近期也被用于太阳能电池的研发，但仅止于研究的起始阶段，无论是使用寿命还是转换效率，它们都和无机材料电池存在差距。它们能否发展成为具有实用意义的产品，还有待进一步探索。

#### 2. 光伏发电原理

太阳能电池光电转换的基本原理是光生伏特效应，如图 2-3 所示。当能量大于半导体材料禁带宽度的光束照射到 p-n 结上时，将激发出电子-空穴对，在该结附近生成的这些非平衡载流子如果没有被复合并到达空间电荷区，将受到 p-n 结自身内建电场的吸引，电子由 p 区流入 n 区，而空穴则由 n 区流入 p 区，这些过剩载流子将在半导体内部产生光生电场，除了抵消部分的内建电场外，光生电场还使 p 区带正电，n 区带负电，两区之间产生了电势差，这就是所谓的光生伏特效应。此时如果外接负载回路，就会在回路中产生电流，光能由此被转换为电能。

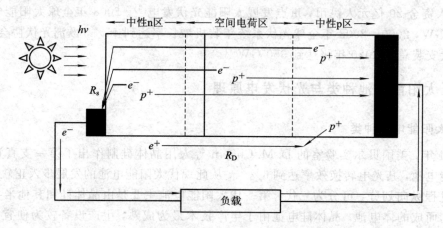

图 2-3    光生伏特原理示意图

由以上介绍可知，要产生太阳能电池的光电转换，首先需要半导体材料对太阳光的吸收。当阳光照射到半导体材料上时，一部分光线将在其表面被反射或散射；另一部分光线可能透过材料；剩下的部分才能被材料吸收。材料的光吸收系数 $\alpha$ 表征了材料对光吸收能力的强弱。定义

$$I = I_0 e^{-\alpha x} \tag{2-1}$$

式中，$I_0$ 为入射光强强度；$I$ 为距离表面 $x$ 处的光强强度。半导体中有多种光的吸收过程，如能带之间的本征吸收、激子的吸收、子带之间的吸收、来自同一带内载流子跃迁的自由载流子吸收、与晶格振动能级之间的跃迁相关的晶格吸收等[4]。其中与太阳能电池能量转换相关的是本征吸收，即能量大于半导体禁带宽度的光子使电子从价带跃迁到导带，从而产生了电子-空穴对。要发生本征吸收，需满足条件：

$$\frac{hc}{\lambda} = h\nu > E_g \tag{2-2}$$

式中，$h$ 为普朗克常数；$c$ 为光速；$\lambda$ 为光的波长；$\nu$ 为光的频率；$E_g$ 为半导体禁带宽度。可见，不同的半导体材料能够吸收光的波长范围是不同的。我们将光能等于禁带宽度时的波长和频率定义为半导体的本征吸收限。晶体硅的禁带宽度为 1.12 eV，根据式（2-2）计算，其波长本征吸收限为 1.1 $\mu$m；而砷化镓禁带宽度为 1.42 eV，其波长本征吸收限为 0.867 $\mu$m。

另外，光吸收系数还受到半导体能带结构的影响。由半导体物理学知识可知，半导体材料分为直接能隙半导体和间接能隙半导体。在直接能隙半导体中，导带底的最小值和价带顶的最大值具有相同的波矢 $k$，当电子由价带跃迁到导带时，能量守恒，动量也守恒，这

种跃迁称为直接跃迁。具有代表性的直接能隙半导体材料有 CaAs、InP 等。间接能隙半导体导带底的最小值和价带顶的最大值具有不同的波矢 $k$，当价带中电子跃迁到导带上时，动量发生变化，电子除了吸收光子能量跃迁外，还与晶格发生相互作用，发射或吸收声子，达到动量守恒，这就是间接跃迁。Si 和 Ge 是最为典型的间接能隙半导体材料。由于间接跃迁中电子和晶格的相互作用，导致间接能隙材料的光吸收系数大大降低，相比直接能隙半导体，它一般低 2～3 个数量级，因此需要更厚的材料才能吸收同样光谱的能量。这也是 GaAs 等半导体材料更适合作薄膜电池的原因之一。

下面，将给出太阳能电池的一些主要性能参数的表达式，具体推导过程将不再详细介绍。一个 n$^+$/p 型太阳能电池的简单结构可参见图 2-3，我们可将其用一个等效电路来表示，如图 2-4 所示。图中可见，太阳能电池可以等效为一个理想恒流源 $I_{SC}$ 及两个二极管 $VD_1$、$VD_2$ 的并联，两个二极管均处于正向偏置状态；$R_s$ 与 $R_{sh}$ 分别为电池的寄生串联电阻与并联电阻，为方便讨论，考虑在理想情况下，$R_s = 0$，$R_{sh} = \infty$。此时，总的电流表达式为

$$I(V) = I_{SC} - I_{VD1} - I_{VD2} \tag{2-3}$$

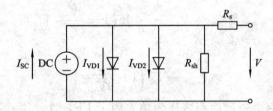

图 2-4　太阳能电池双二极管等效电路

由于二极管 $VD_2$ 主要与耗尽区的复合相关，它对电流的贡献较小，因此式(2-3)可写为

$$I = I_{SC} - I_{01}(e^{qV/kT} - 1) \tag{2-4}$$

式中，$I_{01}$ 为反向饱和电流，是 n 和 p 中性区中与复合相关的暗饱和电流之和；$q$ 为电子电荷量；$V$ 为光生电压；$k$ 为玻耳兹曼常数；$T$ 为热力学温度。式(2-4)即为理想太阳能电池在光照条件下的伏安特性。

由伏安特性可以得到太阳能电池两个重要的特性表征参数，即开路电压 $V_{OC}$ 和短路电流 $I_{SC}$。将太阳能电池两端开路，即负载电阻无穷大，负载上的电流为零，此时电池两端的电压称为开路电压，用 $V_{OC}$ 表示。令式(2-4)中 $I=0$，可得

$$V_{OC} = \frac{kT}{q} \ln\left(\frac{I_{SC}}{I_{01}} + 1\right) \tag{2-5}$$

当将太阳能电池两端短路时，流过外电路的电流即为太阳能电池的光生电流。令式(2-4)中 $V=0$，此时 $I=I_{SC}$，将此电流称为太阳能电池的短路电流。图 2-5 即为由式(2-4)决定的、光照条件下太阳能电池的伏安特性曲线。

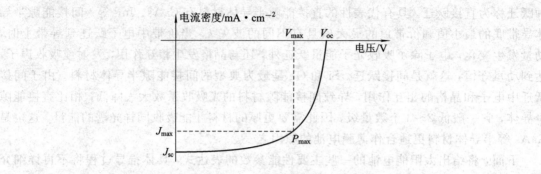

图 2-5  光照时太阳能电池的伏安特性曲线

由图 2-5 可见，太阳能电池在不同点的工作功率（$I \cdot V$）相当于对应矩形的面积，由此，我们可以得出另一个重要表征参数——填充因子 FF。电池的输出功率可以表示为

$$P = IV = I_{SC}V - I_{01}V(e^{qV/kT} - 1) \qquad (2-6)$$

将上式对电压求导，再求极值，即 $dP/dV = 0$，可得太阳能电池输出功率最大时的表达式：

$$V_{max} = V_{OC} - \frac{kT}{q}\ln\left(1 + \frac{qV_{max}}{kT}\right) \qquad (2-7)$$

同理，可求得

$$I_{max} \approx I_{SC}\left(1 - \frac{kT}{qV_{max}}\right) \qquad (2-8)$$

定义 $I_{max}V_{max}$ 与 $I_{SC}V_{OC}$ 两个矩形面积之比为填充因子 FF，即

$$FF = \frac{I_{max}V_{max}}{I_{SC}V_{OC}} \qquad (2-9)$$

FF 通常也可写为与开路电压 $V_{OC}$ 有关的经验表达式[5]：

$$FF = \frac{V_{OC} - \frac{kT}{q}\ln\left(\frac{qV_{OC}}{kT} + 0.72\right)}{V_{OC} + \frac{kT}{q}} \qquad (2-10)$$

太阳能电池的光电转换效率 $\eta$ 定义为最大输出功率 $P_{max}$ 与入射光功率 $P_{in}$ 之比，即

$$\eta = \frac{P_{max}}{P_{in}} = \frac{I_{max}V_{max}}{P_{in}} = \frac{FFI_{SC}V_{OC}}{P_{in}} \qquad (2-11)$$

可见，要使太阳能电池的转换效率最大，FF、$I_{SC}$、$V_{OC}$ 的乘积组合应达到最大。开路电压 $V_{OC}$、短路电流 $I_{SC}$、填充因子 FF 以及转换效率 $\eta$ 也成为太阳能电池最常用的性能表征参数。

除以上表征参数外，量子效率 QE 也常被用来表征太阳能电池的材料质量、工艺特性等。量子效率定义为一个具有一定波长的入射光子在外电路产生电子的数目。它表征了不同能量的光子对短路电流 $I_{SC}$ 的贡献。量子效率又可分为外量子效率（EQE）和内量子效率

（IQE）。外量子效率是指对整个入射太阳光谱中，每个波长为 λ 的入射光子能对外电路提供一个电子的概率，即

$$EQE(\lambda) = \frac{I_{SC}(\lambda)}{qAQ(\lambda)} \tag{2-12}$$

式中，$Q(\lambda)$ 为入射光子流的谱密度；$A$ 为电池面积；$q$ 为电荷电量。内量子效率定义为被电池吸收的波长为 λ 的一个入射光子能对外电路提供一个电子的概率，即

$$IQE(\lambda) = \frac{I_{SC}(\lambda)}{qA(1-s)[q-R(\lambda)]Q(\lambda)(e^{-\alpha(\lambda)W_{opt}}-1)} \tag{2-13}$$

式中，$R(\lambda)$ 是电池半球角反射；$W_{opt}$ 是电池的光学厚度，它是与工艺有关的。通过它们的定义可知，外量子效率与内量子效率的区别在于，外量子效率没有考虑入射光的反射损失、材料吸收、电池厚度和电池复合等过程的损失因素。

通过对量子效率积分，可得到总的光生电流：

$$I_{SC} = q\int_{(\lambda)} EQE(\lambda)\Phi(\lambda)d\lambda \tag{2-14}$$

式中，$\Phi(\lambda)$ 是入射在电池上的波长 λ 的光子通量。通常使用干涉滤光器或单色仪对内、外量子效率进行测量，以衡量一个太阳能电池的性能。

## 2.1.3 太阳能电池发展远景

如今，太阳能电池产业正向着更高转换效率、更低发电成本的目标不断前进。纵观近年来太阳能电池的研发趋势，可以发现未来太阳能电池的发展将着力于三个方面：

### 1. 新型太阳能电池

随着纳米科学技术与光电子技术的兴起，人们发现各种纳米结构具有更加优异的光伏性质，用纳米技术制作太阳能电池是实现"高效率、低成本、长寿命和高稳定性太阳能电池"的一条可行途径。例如，量子阱结构具有灵活的带隙可调谐能力，纳米线与阵列结构具有低反射率和强抗反射特性，纳米薄膜具有良好的光吸收特性，纳米 $TiO_2$ 结构具有良好的光敏化特性，尤其是各类量子点和纳米晶粒在强光激发下具有多激子产生能力，因而使得它们在未来第三代太阳电池的发展中展现出自己的独特魅力[6]。

### 2. 新的可靠性检测方法

对太阳能电池中缺陷的特性研究以及对缺陷进行有效地测试、分析与表征，是进一步提高电池性能与可靠性的关键。目前，对太阳能电池缺陷检测与表征多采用电学参量，如串、并联电阻分析和场致发光对反向击穿特性研究等。但这些方法都存在明显不足，如串、并联电阻分析法对太阳能电池的退化不够敏感，对测试结果的分析会因测试者的不同而产生较大差异；场致发光法不能准确地确定发生击穿的电压值。

噪声作为一种新型的检测手段，已被广泛应用于各种半导体材料及器件的可靠性表征与分析中[7]。在国际上，研究者已用1/f噪声[8-9]、g-r噪声[10-11]、微等离子体噪声[12]等对太阳能电池进行了可靠性检测，得到了若干富有新意的结果。噪声以其快速、无损、直接与材料中微观缺陷相关的特点，必将在未来对提高太阳能光伏器件的效率、可靠性和寿命等方面起到积极的作用。

### 3. 新的应用形式

从理论上讲，太阳能电池发电技术可以用于任何需要电源的场合，如航天器、兆瓦级电站、家用电源、电子产品电源等。然而，太阳能能源密度较低，并且具有间歇性，因此，人们在太阳能光伏利用中提出了分布式与集中式发电相结合的新的应用形式。分布式发电采用就近输送电力的原则，包括各种连接到电网的独立机组等。太阳能因资源强度较低，很适合应用于分布式发电系统中。在实际应用中，分布式与集中式相结合的发电系统将有很高的输配电效率[2]。

# 2.2 晶体硅太阳能电池

目前，晶体硅太阳能光伏电池这一光伏产业的鼻祖仍然是商业化产品技术的主流，晶体硅电池产品占到整个市场份额的80%～90%[13]。虽然第一代技术仍然面临着成本高、制作环节污染高的问题，主要制造技术具有向第二代技术发展的趋势，但是包括第三代技术在内，这些技术商业化仍然面临很多困难。如果没有材料及应用方面的重大突破，晶体硅太阳能电池在未来的很长一段时间仍将是光伏市场的主流。

典型的晶体硅单体太阳能电池的结构示意图如图2-6所示，在较厚的p型硅衬底上，通过扩散形成一层较浅的n型半导体，构成p-n结，在n型硅的表面上制作有呈金字塔形的绒面结构，并镀有减反射膜，插指状的金属电极在电池上表面交错排布，在p型半导体的背面有背金属接触层。在该结构中，p型硅为电池的基极，而n型硅为电池的发射极，为电池的受光面。

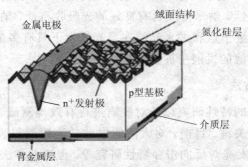

图2-6　晶体硅单体太阳能电池结构示意图

## 2.2.1 晶体硅太阳能电池的工作原理及种类

硅是一种最常见的半导体材料，每个硅原子最外壳层上有四个电子，可分别与四个相邻硅原子的最外层电子形成共价键，组成稳定的8电子壳层。将硅材料用于制作半导体元器件时，需通过掺杂来加以完成。当杂质原子掺入晶体结构后，会形成两种状态，一种是杂质原子处于基质原子间的位置上，形成间隙杂质；另一种是杂质原子在原晶格结构中，替换了基质原子的位置，保持了原有原子结构的排列，此时它们为替位杂质，只有替位杂质具有通过提供载流子来改变半导体材料导电的能力。

当把Ⅴ族元素(Sb、As、P)作为掺杂元素时，它的最外层5个价电子除与相邻的四个硅原子形成共价键外，还多余一个价电子，由于没有共价键的束缚，只需很小的能量，它就能成为自由电子，而掺杂原子由于失去一个电子而变为一价正离子，我们将这种类型的杂质称为施主杂质；此时半导体材料中电子过剩，被称为 n 型半导体。当把Ⅲ族元素(B、Al、Ga、In)作为掺杂原子时，Ⅲ族元素最外层只有三个价电子，要与相邻的四个硅原子形成完整的共价键，需夺取一个价电子，其结果是杂质原子成为一价负离子的同时，提供了一个空穴，使得半导体中空穴过剩，我们把这种掺杂原子称为受主杂质；此时的半导体材料称为 p 型半导体。

当 n 型硅和 p 型硅相结合时，由于存在载流子浓度梯度，n 型硅中的电子将扩散进入 p 型硅，与 p 型硅中靠近 p－n 结处的空穴进行复合；相反，p 型硅中的空穴将扩散入 n 型硅，与此处的电子相复合，这样的总体效应就是在 p－n 结附近出现了载流子的耗尽，从而形成了空间电荷区。随着载流子不断地扩散和复合，p－n 结两端由空间电荷区形成的电场强度不断增大，导致载流子形成与扩散方向相反的漂移运动，最终 p－n 结内部载流子的扩散和漂移将达到平衡。当光照射到 p－n 结上时，能量大于禁带宽度的入射光将被半导体材料吸收，将电子从价带激发到导带上，成为可以自由移动的电子，同时，在价带中留下空穴，这就是半导体的本征吸收。此时，在半导体内部结附近生成的非平衡载流子如果没有被复合而到达空间电荷区，那么受内建电场的吸引，电子流入 n 区，空穴流入 p 区，结果使 n 区储存了过剩的电子，p 区有过剩的空穴，它们在 p－n 结附近形成与势垒方向相反的光生电场。光生电场除了部分抵消势垒电场的作用外，还使 p 区带正电、n 区带负电，在 n 区和 p 区之间的薄层就产生了电动势。这就是硅太阳能电池基本的工作原理——光生伏特效应。

晶体硅太阳能电池的种类以硅材料的不同来加以区分，主要包括单晶硅太阳能电池、多晶硅太阳能电池和多晶硅薄膜太阳能电池。其中直拉单晶硅太阳能电池和铸造多晶硅太阳能电池应用最为广泛，多晶硅薄膜太阳能电池在保持较高转换效率的基础上，显著降低了制造成本，正逐渐得到人们的重视。

**1. 单晶硅电池**

单晶硅材料是目前世界上人工制备的晶格最完整、体积最大、纯度最高的晶体材料。在单晶硅材料中，每个硅原子都理想地排列在预定的位置上，组成规则的晶体结构，表现出均匀、可预测的材料特性。根据晶体生长方式的不同，单晶硅又可分为利用悬浮区域熔炼方法制备的区熔单晶硅（Float Zone，FZ 单晶硅）和由切氏法制备的直拉单晶硅（Czochralski，CZ 单晶硅）。由于直拉单晶硅制造成本相对较低且机械强度高，因此，单晶硅太阳能电池材料主要由直拉法制备。由于单晶材料特性更加优秀，单晶硅电池的转换效率及可靠性均优于其他类型的硅太阳能电池。然而，单晶硅制造工艺要求更加精细，工艺过程较长，工艺成本较高，也使得单晶硅电池的造价相对更加昂贵。

**2. 多晶硅电池**

单晶硅电池虽然电学特性优秀，但是，在与常规发电方式的对比中，其较高的工艺成本还是阻碍了它的大规模使用，因此，不断降低成本成了光伏界始终追求的一个目标。20世纪 80 年代铸造多晶硅开始被用于制作太阳能电池，多晶硅电池在不显著降低转换效率的条件下，有效降低了工艺成本，因此迅速得到推广和应用，至 21 世纪初，多晶硅已成为最主要的太阳能电池材料。

根据材料制备方法的不同，多晶硅又可分为铸造或定向凝固的多晶硅（mc - Si）和化学方法再高温沉积的多晶硅（pc - Si）[13]。相对于单晶硅，多晶硅材料中存在较高浓度的位错、缺陷和杂质，同时，晶界的存在也在禁带中引入了额外能级，这些都将成为载流子俘获陷阱，造成少子复合的增加，从而降低了多晶硅电池的性能。

**3. 薄膜晶体硅**

在探索降低工艺成本的道路上，人们发现将硅材料用薄膜工艺作在廉价衬底上是一个有效的方法。薄膜硅主要包括薄膜非晶硅和薄膜多晶硅，薄膜非晶硅将在 2.3 节中详细介绍。薄膜多晶硅是指在玻璃、陶瓷、廉价硅等低成本衬底上，通过化学气相沉积等技术制备成一定厚度的多晶硅薄膜。根据多晶硅晶粒的大小，多晶硅薄膜中又包括了微晶硅薄膜（Microcrystalline Silicon，$\mu$c - Si，其晶粒大小在 $10 \sim 30$ nm 左右）或纳米硅（Nanocrystalline Silicon，nc - Si，其晶粒在 10 nm 左右）薄膜[14]。

薄膜多晶硅电池既保持了晶体硅电池电学特性良好的特点，又吸收了非晶硅薄膜成本低、设备简单且可大面积制备等优点，成为第二代太阳能电池中被人们寄予厚望的一种电池。

## 2.2.2　晶体硅太阳能电池的制作工艺

本节主要介绍常规体硅电池的生产工艺，薄膜硅电池工艺将在 2.3 节中进行介绍。生产硅太阳能电池的基本工艺可以大体归纳为以下几个主要步骤：

（1）石英砂还原为冶金级硅；

（2）冶金级硅提纯为半导体级高纯硅；

（3）半导体级硅转变为太阳能级硅片；

（4）硅片制成太阳能电池；

（5）太阳能电池封装制成电池组。

可见，硅原料的提纯是制备太阳能电池的基础。提炼硅的原料采用自然界中广泛存在的结晶态二氧化硅石英砂，在 2000℃ 左右的电炉中，石英砂和焦炭进行还原反应，可得到纯度为 95%～99% 的冶金级硅。

$$SiO_2 + 3C \rightarrow SiC + 2CO \qquad (2-15)$$

$$2SiC + SiO_2 \rightarrow 3Si + 2CO \qquad (2-16)$$

冶金级硅中含有较多的杂质，如 Fe、Al、Ga、Mg 等，对冶金级硅需进一步提纯，才能得到制备太阳能电池硅片的基本原料——半导体级高纯硅。高纯硅的纯度一般要求在 99.999 999%～99.999 999 9%（9N），业界多通过西门子工艺来提纯冶金硅。

西门子法是德国西门子公司于 1954 年发明的，又称三氯氢硅氢还原法。这种方法首先将冶金级硅转变为挥发性化合物，接着采用分馏的方法将其冷凝并提纯，最终提取超纯硅。其原理是首先用 HCl 把冶金级硅颗粒变成流体，其反应方程为

$$Si + 3HCl \rightarrow SiHCl_3 + H_2 \qquad (2-17)$$

反应中采用 Cu 作为催化剂，以加快反应速度。将反应过程中释放出的气体经过冷凝器，得到的液体经过两级分馏就得到高纯度的 $SiHCl_3$。为了提取半导体级硅，再将反应室温度加热至 1100℃ 以上，通入中间化合物 $SiHCl_3$ 和高纯氢气，发生还原反应。该反应方程式为

$$SiHCl_3 + H_2 \rightarrow Si + 3HCl \qquad (2-18)$$

在此过程中，硅以细晶粒的多晶硅形式沉积到电加热的硅棒上，半导体级高纯多晶硅就制成了。除西门子法外，工业中还可采用硅烷热分解法或四氯化硅氢还原法来制备高纯多晶硅。实际上，用于太阳能电池的硅材料并不需要如此高的纯度，一般纯度达到 6N 就可以保证获得较高的效率。

获得高纯硅后，有两种途径来制备太阳能级硅片，一种是通过直拉或区熔等工艺制成单晶硅棒，然后处理、切片；另一种是通过铸锭工艺制成多晶硅锭，然后处理、切片。相较于区熔工艺，直拉工艺更适于制备太阳能电池所用的单晶硅。直拉单晶硅工艺示意图如图 2-7 所示。在纯石英坩埚中，将半导体级多晶硅熔融，再加入微量的掺杂剂，对太阳能电池来说，通常用硼。在精确控制温度的情况下，用籽晶从熔融硅中拉出大圆柱形的单晶硅[15-16]。具体的直拉单晶硅生长工艺包括熔料、种晶、缩颈、放肩、等径、收尾等工序，这里不再详述。将得到的单晶硅棒再经过切断（割断）、滚圆（切方块）、切片和化学腐蚀后，就可以用于制造太阳能电池了。

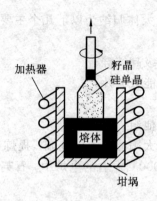

图 2-7 直拉单晶硅生长工艺示意图

利用铸造技术制备多晶硅的工艺也有两种方法。一种方法是先将硅原料在一个坩埚内熔化，再浇铸在另一个经过预热的坩埚内冷却，通过控制冷却速率，可定向凝固生成大晶粒的多晶硅，该方法称为浇铸法；另一种方法是先将坩埚内的硅原料熔化，然后通过坩埚底部的热交换等方式，使熔体冷却，定向凝固后生成多晶硅，该方法称为直熔法。由于工艺过程相对简单且生产出的铸造多晶硅位错密度更低，质量更好[17]，业界通常采用直熔法生产铸造多晶硅。直熔法主要工艺过程包括装料、化料、晶体生长、退火、冷却等步骤，其工艺原理图如图 2-8 所示。

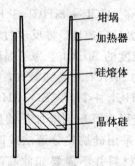

图 2-8 直熔法铸造多晶硅示意图

了解了太阳能级硅片的制备后，下面集中介绍单体硅太阳能电池的制造。单体硅太阳能电池的主要制造工艺包括表面处理、扩散制结、去边、形成背面场、制作电极、制作减反射层等工序，下面分别做详细介绍。

**1. 硅片的表面处理**

经过切片得到的太阳能级硅片不能直接用于制作电池，还需对其表面进行相应处理，这是制造硅太阳能电池的第一步主要工艺，包括硅片的化学清洗和表面腐蚀（制绒）两个步骤。

通常，切割后的硅片表面往往残留着由工艺代入的污染杂质，包括油脂、松香、蜡等有机物质；金属、金属离子及各种无机化合物以及尘埃或其他可溶性物质，需要通过一些化学清洗剂进行去除，在实际工艺中，硫酸、王水、酸性和碱性过氧化氢溶液等都可用来进行化学清洗。

通过化学清洗后的硅片还需要进行表面腐蚀，这是由于机械切片后，硅片表面有一层 $10\sim20~\mu m$ 厚的切割损坏层，在制备电池前必须去除；另外，为了有效降低硅表面对太阳光的反射，除了后续工艺中要进行减反层的沉积外，在硅片表面形成减反织构也可有效增强电池对光线的吸收能力。研究发现，当表面织构为倒金字塔形（即绒面结构）时，入射光将在表面发生多次反射和折射，可有效增加对光的吸收。表面腐蚀一般可采用酸性或碱性腐蚀液。对于碱性腐蚀，常用 $20\%\sim30\%$ 的 NaOH 或 KOH 溶液，在 $80\sim90℃$ 的溶液温度下，硅与碱性溶液发生反应，生成可溶于水的硅酸盐，使得硅片被化学腐蚀，其反应方程式为

$$Si + 2NaOH + H_2O \rightarrow Na_2SiO_3 + 2H_2 \uparrow \qquad (2-19)$$

由于 NaOH 和 KOH 腐蚀具有各向异性，因此也可用来制备绒面结构。对于硅而言，若选择了合适的腐蚀液与腐蚀温度，则（100）面可比（111）面腐蚀速度快数十倍以上，（100）硅片的各向异性腐蚀最终导致在硅片表面上形成许多密布的表面为（111）面的四面方锥体，即绒面结构，如图 2-9 所示。在实际工业生产中，通常使用廉价的 NaOH 稀溶液（浓度为 $1\%\sim2\%$）来制备绒面，腐蚀温度为 $80℃$ 左右，而且为获得均匀的绒面，还应在碱溶液中添加醇类（如无水乙醇或异丙醇等），作为络合剂来加快硅的腐蚀。

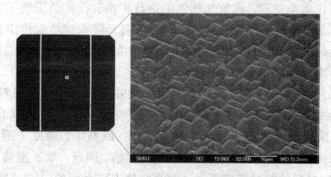

图 2-9 硅片表面的绒面结构

在上述方法中，由于碱性溶液腐蚀具有各向异性，故只适用于单晶硅硅片的表面腐蚀；对多晶硅材料而言，若腐蚀时间过快或腐蚀时间过长，均会在晶界处形成台阶，为后续制备工艺带来麻烦。对多晶硅片的腐蚀主要采用酸性腐蚀的方法，即利用各向同性的硝酸和氢氟酸混合溶液能够有效解决晶界处产生台阶的问题，同时也能在铸造多晶硅表面产生类似的绒面结构[18]。在腐蚀过程中，合适的溶液配比为浓硝酸：氢氟酸＝10：1 到 2：1，硝酸的作用是使单质硅氧化为二氧化硅，其反应方程式为

$$3Si + 4HNO_3 \rightarrow 3SiO_2 + 2H_2O + 4NO\uparrow \qquad (2-20)$$

而氢氟酸又将在硅表面处形成的二氧化硅不断溶解，使反应继续进行：

$$SiO_2 + 6HF \rightarrow H_2[SiF_6] + 2H_2O \qquad (2-21)$$

生成的络合物六氟硅酸溶于水。

除了化学腐蚀法之外，还可以利用机械刻槽法来制绒，其原理是利用 V 形刀在硅表面摩擦以形成规则的 V 形槽，从而形成规则、反射率低的表面织构。研究表明，35°的 V 形槽反射率最低。然而，机械刻槽法的缺点在于，如果使用单刀抓槽，虽能得到优质的表面织构，但成形速度太慢，若采用多刀同时抓槽，又容易破坏硅片。另外，激光刻槽和等离子刻蚀技术也被用于表面制绒，但是这些技术的工艺成本相对较高，且在工艺过程中易引入机械应力和损伤，因此，化学腐蚀法还是现今最常采用的表面处理技术。

**2. 扩散制结**

制造太阳能电池的第二步关键技术为制 p-n 结。由半导体工艺可知，常用的 p-n 结制备方法包括合金法、扩散法、离子注入法、薄膜生长法等。在太阳能电池制备工艺中扩散法最为常用。

扩散法是指在 n 型（或 p 型）半导体材料中，利用扩散工艺掺入相反类型的杂质，在一部分区域形成与体材料相反类型的 p 型（或 n 型）半导体，从而构成 p-n 结[14]。硅太阳能电池所用的主要的扩散方法有涂布源扩散、固态源扩散、液态源扩散等。

简单涂布源扩散是用一、二滴 $P_2O_5$ 或 $B_2O_3$ 在水（或乙醇）中的稀溶液，预先滴涂于 p 型或 n 型硅片表面作为杂质源，在氮气气氛中进行扩散。在扩散温度下，涂布的杂质源与硅反应，生成磷硅或硼硅玻璃。沉积在硅表面的杂质元素在扩散温度下向硅内部扩散，形成重掺杂的扩散层，从而形成 p-n 结。在涂布源扩散工艺中，对扩散温度、扩散时间和杂质源浓度的控制是决定工艺效果的关键。

固态源扩散采用的是与硅片相同形状且紧贴硅片表面的固体源材料，对于 n 型掺杂，采用 $Al(PO_3)_3$，在一定温度下的热处理炉内，磷源表面挥发出的 $P_2O_5$ 借助浓度梯度附着于硅片表面，与硅反应生成磷原子及其他化合物；在高温下，磷原子不断向硅体内扩散，最终在表面一定深度内形成 n 型半导体，构成 p-n 结。同理，做 p 型掺杂时，采用 BN 固体薄片，在 950～1000℃ 的扩散温度下通入氧气，使 BN 表面的 $B_2O_3$ 与硅反应，生成硼硅玻璃沉积在硅表面，硼向硅内部扩散，形成 p 型掺杂。

液态源扩散可以得到较高的表面掺杂浓度，制造的 p-n 结均匀性好且不受硅片尺寸影响，便于大量生产，因此在硅太阳能电池制结工艺中更为常见。根据扩散杂质类型的不同，液态液扩散常采用三氯氧磷或硼酸三甲酯作为液态源，这里以三氯氧磷扩散为例。图 2-10 为三氯氧磷扩散装置示意图[19]。图中所示扩散炉主要由石英舟的上/下载部分、废气室、炉体部分和气柜部分等四大部分组成。把 p 型硅片放在管式扩散炉的石英容器内，

载气通过液态 $POCl_3$，混入氧后通过排放有硅片的加热炉管，$POCl_3$ 在 600℃以上时，分解生成 $PCl_5$ 和 $P_2O_5$。如果氧气的量足够，$PCl_5$ 进一步分解成 $P_2O_5$ 并放出氯气。生成的 $P_2O_5$ 进一步与硅反应，在硅片表面形成一层磷硅玻璃，其中的磷再继续向硅中扩散，最终形成 p-n 结。该过程反应方程如下：

$$5POCl_3 \rightarrow 3PCl_5 + P_2O_5 \qquad\qquad (2-22)$$

$$4PCl_5 + 5O_2 \rightarrow 2P_2O_5 + 10Cl_2 \uparrow \qquad\qquad (2-23)$$

$$2P_2O_5 + 5Si \rightarrow 5SiO_2 + 4P \qquad\qquad (2-24)$$

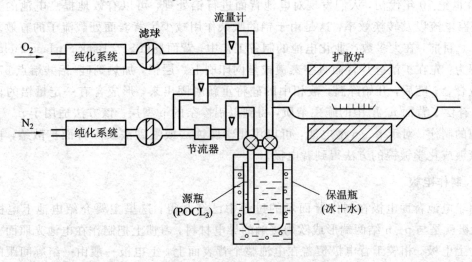

图 2-10　三氯氧磷扩散装置示意图

在进行该工艺时需注意，三氯氧磷是有窒息性气味的毒性液体，故要求扩散系统必须有很好的密封性。采用硼液态源扩散时，其扩散装置与三氯氧磷扩散装置相同，但不通氧气。

**3. 去磷(硼)硅玻璃与去边**

扩散制结工艺完成后，会在硅片表面形成一层含有磷(或硼)元素的 $SiO_2$，称之为磷(硼)硅玻璃，需将硅片放在氢氟酸溶液中浸泡，使其发生化学反应生成可溶性的六氟硅酸，以去除表面玻璃层。

另外，在扩散工艺中，即使采用背靠背扩散，硅片的所有表面也都将不可避免地形成一层扩散层。对于硅片周边的扩散层，若不将其去除，p-n 结正面所收集到的光生载流子会沿着扩散层流到 p-n 结的背面，造成电池短路。因此，必须对太阳电池周边的掺杂硅进行去除，这一步工艺被称为去边。去边的方法可以采用化学腐蚀法，即将硅片的两面用掩膜保护好，在硝酸、氢氟酸组成的腐蚀液中腐蚀 30 s 左右，以去除硅片周边的扩散层。另外还可以采用等离子干法腐蚀进行去边，在辉光放电条件下，通过氟和氧交替对硅作用，去除含有扩散层的周边。等离子刻蚀的具体原理为：在低压条件下，反应气体 $CF_4$ 的母体分子在射频功率激发下，产生电离并形成等离子体，等离子体由带电电子和离子组成；反应腔中的气体在电子的撞击下，除转变为离子外，还能吸收能量并形成大量的活性基团；活性反应基团由于扩散或者在电场作用下达到硅片表面，与被刻蚀材料表面发生化学反应，并形成挥发性的反应物脱离被刻蚀物质表面，再被真空系统抽出腔体。

### 4. 制作背面场

20 世纪 70 年代初，人们发现对电池背面进行铝处理，可以有效地提高电池的开路电压、短路电流以及转换效率，这是由于铝的吸杂作用减少了背表面处载流子的有效复合速率[20-22]。目前，在大多数产业化电池的制备工艺中，背面场(BSF，Back Surface Field)的形成过程为：先在扩散硅片背面真空蒸镀或丝网印刷上一层铝，加热到硅-铝共熔点 577℃ 以上形成合金；随后，开始降温，液相中的硅将重新凝固出来，形成含有一定量铝的再结晶层，它补偿了背面 $n^+$ 层中的施主杂质，得到以铝掺杂的 p 型层。该方法适用于 $n^+/p$ 型太阳电池的制作。对于 $p^+/n$ 型电池，可以用化学腐蚀法或喷砂法去除背面扩散结，再通过真空蒸镀或化学镀镍的方法得到背电极。

### 5. 制作电极

由于电池背面电极在制作背面场的过程中已经制得，这里主要介绍电池上电极的制作。电极就是与 p-n 结两端形成欧姆接触的导电材料，习惯上把制作在电池光照面上的电极称为上电极。相较于背电极覆盖在电池整个背表面上，上电极一般由一组等间距的平行细栅组成，栅线通常由三层金属构成。如 Ti/Pd/Ag 三层结构，底层金属 Ti 通过在硅的下表面形成一个静电感应电荷聚集层，降低了接触电极处的复合，并提供了较低的电阻和较好的可焊性；而中间的 Pd 层为防扩散层，阻止了潮湿气氛下 Ti 和 Ag 之间的反应。在标准工艺中，一般采用真空蒸发工艺来制作栅电极，即在真空室中将待沉积金属材料加热，使其熔融后蒸发，在遇到温度较低的未被掩膜覆盖的太阳电池表面后，结晶沉积。也可以采用另一种减法工艺，即在电池上表面全部沉积金属层，再通过掩膜光刻法将不需要的部分腐蚀，留下栅电极部分。

### 6. 制作减反膜

如前所述，绒面的表面织构能够有效地减少表面反射，增加电池的光吸收，尽管如此，入射到电池表面的太阳光仍有约 11% 的反射损失，因此，需要在其上覆盖一层减反射膜，进一步降低光的反射损失。减反射膜利用了光在减反射膜上、下表面反射所产生的光程差，使得两束反射光干涉相消，从而减弱光的反射。根据理论计算，对于玻璃封装的晶体硅太阳能电池，最佳的减反射膜折射率为 2.3，而最佳膜厚度为 70 nm。直到 20 世纪 90 年代中期，工业上应用最广的减反射膜材料仍为 $TiO_2$。近年来，几乎所有的制造商都使用氢化氮化硅作为减反射膜，这是由于它具有更加匹配的折射率、更好的表面和体钝化性质[13]。对于氮化硅薄膜的沉积，一般多采用 PECVD(等离子化学气相沉积)技术完成，该技术利用低温等离子体作能量源，样品置于低气压下辉光放电的阴极上，然后利用辉光放电使样品升高到预定的温度，再通入反应气体 $SiH_4$ 和 $NH_3$，经一系列化学反应和等离子体反应，在样品表面形成固态氮化硅薄膜。其典型反应方程式为

$$3SiH_4 + 4NH_3 \rightarrow Si_3N_4 + 12H_2 \tag{2-25}$$

由于 PECVD 在淀积过程中，不仅生成了氮化硅膜层，还产生了大量的氢原子，这些氢原子能对多晶硅片进行表面钝化和体钝化，降低界面态浓度和表面复合速度，因此，该工艺为对上世纪末多晶硅电池产量超过单晶硅发挥了重要作用。

## 2.3　非晶硅太阳能电池

非晶硅(a-Si, amorphous Silicon)太阳能电池与晶体硅电池在形式与工艺方面有很大的不同，它属于薄膜太阳能电池的一种。顾名思义，这样的电池材料是以薄膜的形式沉积在异质衬底材料上的，衬底材料常选用廉价的玻璃、不锈钢带、塑料薄膜等。

非晶硅具有独特的物理特性，特别适宜大面积加工、制作，在液晶显示、传感器、摄像管等领域已有重要应用，在太阳能电池工业中，制作低成本、大面积、简单 p-n 结电池时非晶硅薄膜具有一定的优势。早在 20 世纪 60 年代，人们就在实验室中通过辉光放电法制取了氢化非晶硅(a-Si∶H)薄膜，这为非晶硅太阳能电池的出现奠定了基础；1975 年，W. E. Spear 等通过在 a-Si∶H 材料中掺杂，制成了非晶硅 p-n 结，同时发现氢有饱和硅悬挂键的作用[23]；1976 年，D. E. Carlson 等首先报道了利用非晶硅薄膜制成的太阳能电池，其光电转换效率为 2.4%[24]。此后，人们对高质量非晶硅薄膜沉积技术、非晶硅太阳能电池光致变化的机理及抑制、非晶硅太阳能电池的产业化技术等方面进行了广泛的研究。如今，非晶硅薄膜太阳能电池已发展成为实用、廉价的太阳能电池品种之一，具有一定的工业规模。以非晶硅和微晶硅组成的多结薄膜硅电池也成为了第二代薄膜太阳能电池的代表产品之一。

与晶体硅材料不同，非晶硅材料中原子排列表现为短程有序、长程无序，呈现出一种共价无规的网络原子结构，其中含有的大量硅悬挂键等结构缺陷，使得普通条件下制备的非晶硅不能直接用来制备太阳能电池。氢稀释技术是提高非晶硅材料质量的重要手段，通过高氢稀释等离子体沉积方法得到的非晶硅膜中具有少量的纳米晶结构，原子排列表现出中程有序的特点，这种氢化非晶硅(a-Si∶H)材料缺陷密度低、稳定性好，已成为制备非晶硅太阳能电池的常规材料。氢化后的非晶硅带隙宽度为 1.7 eV，相对于晶体硅中原子结构的有序，非晶硅材料中电子态不具备确定的波矢，电子吸收光子从价带跃迁到导带的过程中，不受准动量守恒的限制，因此，它的本征光吸收系数比晶体硅的高 1～2 个数量级，制作太阳能电池时所要求的材料厚度也就更薄。另外，通过形成非晶硅基合金的方法还可

以调整非晶硅材料的带隙宽度，以适应不同的应用。例如，非晶硅碳(a-SiC：H)合金薄膜带隙较宽，用作 p-i-n 型电池的 p 型窗口层可显著提高电池的开路电压和短路电流[25]；非晶硅锗(a-SiGe：H)合金薄膜具有较窄的带隙，与 a-Si：H 材料构成叠层电池可扩展电池的长波吸收光谱范围[26]。

非晶硅薄膜太阳能电池的制备工艺具有一些明显的优势。首先，电池作在廉价的衬底材料上，且电池的厚度非常薄，大大降低了材料成本；其次，非晶硅沉积温度低，且适合大面积制作，降低了工艺能耗与成本；另外，通过控制原材料的气相成分或气体流量，可较方便地实现材料改性，制备出新型的电池结构；最后，若将电池制备在柔性衬底上，还可方便地与建筑物进行集成。尽管如此，氢化非晶硅电池还是存在一些明显的缺点，最主要的问题就是 1977 年发现的 Staebler-Wronski(SWE)效应[27]：辉光放电沉积的 a-Si：H 薄膜经太阳光照射后，光电导和暗电导都会下降。例如，开始使用的电池在最初的 15 天内就有可能下降 10% 左右，而在 150℃ 以上经过退火又能恢复到原来的数值。虽然对该现象进行了多年研究，但至今仍未能给出光致缺陷准确的产生机制。另外，与晶体硅相比，非晶硅薄膜电池的效率相对较低，据美国联合太阳能公司(United Solar)报道，他们生产的小面积三结电池的实验室稳定效率为 13%[28]，这是迄今为止 a-Si：H 基电池达到的最高效率。在实际生产线中，该电池的最高效率也不超过 10%。

## 2.3.1 非晶硅太阳能电池的工作原理及种类

虽然所有太阳能电池的工作原理都是基于同样的物理效应，但是，由于 a-Si 基太阳能电池的材料特性与晶体硅存在较大差异，因而导致了其电池结构也不尽相同。

在硅基薄膜电池采用的非晶和微晶材料中，载流子的迁移率和寿命都比在相应的晶体材料中低很多，这可以归结为两个原因：

第一，非晶材料属于短程有序、长程无序的晶体结构，载流子在其间运动会受到很强的散射作用，这将导致载流子扩散长度降低，因此，若采用常规的 p-n 结结构，光生载流子将很难扩散到结的附近被内建场收集，此时，隧道电流往往占据主导地位，使得非晶硅 p-n 结呈现单纯的电阻特性而无整流特性；如果试图通过将材料制作得很薄来改善载流子的收集效果，又会使得光的吸收效率变得很低，导致光生电流变得很小。因此，必须通过电池结构上的改进来解决这样的矛盾。

第二，对氢化非晶硅同样可以进行掺杂以控制电导率和导电类型，同晶体硅一样，加入 V 族元素磷得到 n 型掺杂，加入 Ⅲ 族元素硼就得到 p 型掺杂。然而，非晶硅中原子排列没有严格的拓扑结构限制，使得磷或硼要成功实现替位式掺杂变得很难，由于所需能量更低，大部分的掺杂原子常常处于 3 配位的状态，此时杂质能级处于硅的价带之中，并不起掺杂作用。同时，掺入的杂质原子却会在禁带中部引入缺陷态，这主要源自伴生的硅悬挂键，这样，施主电子和受主空穴将会被这些悬挂键缺陷所俘获或复合，降低了自由载流子的浓度。可见，由于 n 型和 p 型 a-Si：H 层中高缺陷态密度导致了光生载流子的复合，使得它们不能用作光吸收层，而只能用来建立内建电势和欧姆接触。综上所述，非晶硅薄膜太阳电池一般被设计成 p-i-n 结构。

一个典型 p-i-n 电池的制备是从在透明导电氧化物膜（TCO）上沉积 p 型"窗口层"开始的，然后沉积 a-Si：H 本征层（i 层）形成电池的体吸收区，最后沉积 n 层。其中，p 层为入射光层，i 层为本征吸收层，n 层为基底层。在这种结构中，i 层为光敏区，相对较厚，有利于其充分吸收光能产生电子空穴对，n 层和 p 层须进行重掺杂以形成内建电势，由 p-i 结和 i-n 结形成的内建电场横跨整个本征层，以利于收集电荷。同时，n 层与 p 层还要与导电电极形成欧姆接触，为外部负载提供电功率。鉴于掺杂层内缺陷态浓度很高，光生载流子主要产生在本征层中，在内建电势作用下，光生电子流向 n 层，而光生空穴流向 p 层，形成光生电流和光生电压。如前所述，由于在非晶硅材料中载流子寿命短，对载流子的收集必须以漂移电流的形式进行，此时要考虑材料中缺陷对收集的影响。一般来说，本征层中的缺陷除起载流子复合中心作用外，还会屏蔽掺杂层产生的电场，改变 i 层中的电场分布，影响收集效率，因此，制备高质量的膜层是非常重要的。另外，研究表明，p-i 界面区域的界面态对太阳能电池特性也有很大影响[29-30]，通常可通过在 p 层和 i 层间加入"缓变层"来减轻这一影响。高效的缓变层可由高氢稀释硅烷制备的初晶态 Si：H 材料得到[31-32]。

非晶硅薄膜电池的分类主要根据其结构可分为单结和多结叠层电池。在单结电池中，人们为了提高转换效率，在设计电池结构时，p 型层作为窗口层，一般利用宽带隙的材料，如 p 型 a—Si$_{1-x}$C$_x$：H 等，从而减少光线在表面的吸收；而 n 型层则利用窄带隙的材料，如微晶硅薄膜等，可增加对长波长光线的吸收。常见的非晶硅单结电池分为 p-i-n 和 n-i-p 两种结构。p-i-n 结构的电池一般是沉积在玻璃衬底上的，如图 2-11(a) 所示，其一般结构为玻璃/TCO/p-a-SiC：H/i-a-Si：H/n-Si：H/TCO/Al。在玻璃衬底上，先沉积一层透明导电薄膜 TCO，该层除让光通过衬底进入太阳能电池外，还充当顶电极。在其上依次沉积 p、i、n 层，在沉积背电极前，可在 n 层上沉积一层 TCO(ZnO)，用以增加光的散射并作为金属电极材料和半导体材料的扩散阻挡层。最后，再蒸发一层铝或银，以形成电池的背电极。n-i-p 结构的非晶硅电池一般沉积在不透明衬底上，如不锈钢，图 2-11(b) 所示为不锈钢衬底 n-i-p 型薄膜太阳电池结构，一般为不锈钢/ZnO/n-a-Si：H/i-a-Si(Ge)：H/p-μc-Si：H/TCO。

(a) p-i-n结构      (b) n-i-p结构

图 2-11　常见非晶硅单结薄膜电池结构示意图

在制备过程中，首先在不锈钢衬底上沉积背反射膜，然后依次沉积 n 型、i 型和 p 型非晶硅或微晶硅，随后在 p 层上沉积透明导电膜，这里常用的是氧化铟锡（ITO）。由于 ITO 的电导率不如常用在玻璃上的 TCO 膜表面电导率高，且其厚度很薄，因此，还需要在 ITO 上沉积金属栅线作为正电极，以增加对光电流的收集率。

单结非晶硅电池转换效率与晶体硅电池相比，存在较大差距，为了充分利用太阳光光谱，提高电池效率，人们又设计出由不同带隙材料组成的多结串联叠层非晶硅太阳能电池。如前所述，非晶硅薄膜材料的一个重要特征就是可以利用不同的制备条件，通过改变薄膜的结构成分等来调整非晶硅的禁带宽度，例如，通过氢含量不同，a-Si：H 的带隙可在 1.5～1.8 eV 之间调整；通过将非晶硅微晶化，可将带隙在 1.1～1.5 eV 之间调整。更重要的是，通过非晶硅的合金化，能在更宽的范围内改变非晶硅基薄膜的带隙。最常见的宽带隙非晶硅合金薄膜是 a-SiC：H，通过控制薄膜中 Si、C 的比例，最高带隙可达 3.0 eV；而 a-SiGe：H 是最重要的窄带隙非晶硅合金薄膜，通过改变合金中 Ge 的含量，材料带隙在 1.1～1.7 eV 范围内可调。非晶硅材料带隙可调的特性，为多结电池的出现创造了条件，以三结叠层非晶硅电池为例，其典型结构如图 2-12 所示，为不锈钢/织构银/ZnO/n-i$_3$-p/n-i$_2$-p/n-i$_1$-p/ITO/EVA（乙烯醋酸乙烯酯）/氟聚合物结构。最上层电池

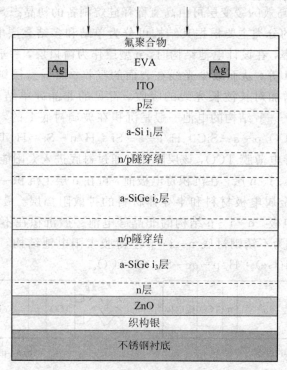

图 2-12　不锈钢衬底上的三结叠层非晶硅薄膜电池示意图

的吸收层 $i_1$ 一般采用本征的非晶硅或非晶硅碳，其能隙在 1.8 eV 左右，主要吸收蓝光；中间电池吸收层 $i_2$ 为含 10%～15% 锗的本征非晶硅锗层，其能隙为 1.6 eV，主要吸收绿光；底层电池吸收层 $i_3$ 采用近本征的非晶硅锗，锗含量为 40%～50%，其能隙在 1.4 eV 左右，主要吸收红光和红外光。所有的不掺杂层(i 层)都用氢稀释沉积，以使薄膜接近微晶[33]。

上面所介绍的电池为在不锈钢衬底上的三结 n-i-p 型电池。另一种常见的多结非晶硅薄膜电池为在玻璃衬底上的双结 p-i-n 型电池，如图 2-13 所示，该器件结构为玻璃/$SiO_2$/织构二氧化锡/p-$i_1$-n/p-$i_2$-n/氧化锌/铝/EVA/玻璃，其中 $i_1$ 层是 a-Si：H 合金，$i_2$ 层是 a-Si：Ge：H 合金。

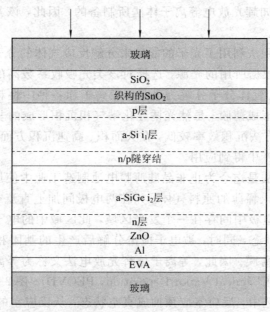

图 2-13　玻璃衬底上的双结叠层非晶硅薄膜电池示意图

## 2.3.2　非晶硅太阳能电池的制作工艺

非晶硅电池与晶体硅电池在制作工艺方面最大的不同是，非晶硅材料采用了薄膜沉积技术。进行薄膜沉积常用的方法包括物理气相沉积法(PVD)与化学气相沉积法(CVD)。常见的物理气相沉积技术(如真空蒸发、离子溅射等)制备的非晶硅薄膜含有大量的硅悬挂键，使得非晶硅材料很难通过掺杂形成电导率可控的 p 型或 n 型层，因此，此类方法在制作太阳能电池时并不采用。成功应用在硅基薄膜太阳电池制备中的沉积方法主要是各类化学气相沉积法，即在反应室中将含有硅的气体分解，并使分解出的硅原子或含硅基团沉积在衬底上。如今，常用的技术包括热丝催化化学气相沉积法(How Wire CVD)、光诱导化学气相沉积法(Photo-CVD)和等离子体辉光放电法(Glow Discharge)。

热丝催化化学气相沉积法利用了难熔金属具有良好高温强度的特点，在真空室中，将金属钨丝或钽丝加热到 1800～2000℃，反应气体硅烷在碰到高温热丝后，将主要被分解成硅原子和氢原子，这些热分解后的粒子通过扩散效应沉积到相对低温的衬底表面，从而形成非晶硅薄膜。热丝化学气相沉积法的一大优点是衬底温度可控制在较低范围（150～400℃），从而使衬底表面氢原子含量可以保持在较高水平，用以饱和硅悬挂键，提高膜层质量。另外，通过扩散运动到达衬底表面的粒子也不会对它产生较大冲激。然而，该方法存在的问题是，热丝在氧化后，有可能在高温下蒸发，从而污染淀积的膜层，并且热丝表面形成的金属硅化物会降低热丝的强度和寿命。目前，由于热丝化学气相沉积法制备出的非晶硅薄膜电池性能不如辉光放电等离子体法所制备的，因此，该方法主要应用于高校和科研院所的科学研究中。

　　光诱导化学气相沉积法利用了光子的能量来分解反应气体的分子。常用的光源包括紫外光光源或激光光源，根据所用的光源，选择对该类光吸收系数高的硅的化合物作为反应气体，在光源的激励下，气体分子分解为电子、正离子和各种中性粒子，这些离子和粒子扩散到衬底表面沉积并形成薄膜。虽然光诱导化学气相沉积形成的非晶硅材料缺陷密度低且易于实现掺杂，但该方法沉积效率较低，在大面积、高速沉积方面难以突破，因此，目前还没有在规模化电池生产中得到应用。

　　等离子体辉光放电法是迄今为止非晶硅薄膜电池制造工业中使用最普遍的方法。辉光放电是在真空容器中通入稀薄的原料气体，并在两电极间加上直流或高频偏置，此时将产生辉光放电现象，在两电极中间存在一个发光区域，此区域中的电子和正离子基本满足电中性条件，处于等离子状态，同时，被电子撞击分解后产生的基团和离化物质的混合物将沉积在衬底上形成固体薄膜。因此，等离子体辉光放电法又称为等离子体增强化学气相沉积法（Plasma Enhanced Chemical Vapor Deposition，PECVD）。图 2-14 所示为 PECVD 系统的示意图。在实际工艺中，反应室应预抽成真空状态，从反应室的一端将用 $H_2$ 或 Ar 稀

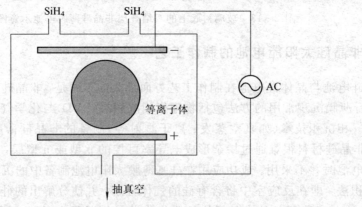

图 2-14　等离子增强化学气相沉积系统结构示意图

释的 $SiH_4$ 气体输入，并将反应室气压控制在 $13.3 \sim 1333.3$ Pa 之间；随后，在两电极之间施加电压，由阴极发射出的电子在经过电场加速后碰撞反应室内的气体分子，在此过程中，硅烷和氢分子被电子撞击分解为中性物质和基团的反应混合物，通过扩散效应，混合物气体到达衬底表面，其中的活性基团 $SiH_2$ 和 $SiH_3$ 与衬底表面发生一系列复杂的化学反应后生成非晶硅薄膜，而反应产生的副产品将随载气从反应室的另一端被排出。

根据偏置源的不同，等离子体辉光放电法又可分为直流（DC）、射频（RF）、超高频（VHF）和微波等离子体辉光放电。在工艺发展的早期，人们较多采用 DC 和 RF PECVD[34]，尽管人们对非晶硅薄膜生长的物理机理还不完全清楚，但通过总结工艺经验发现，由纯硅烷（或氢稀释硅烷）在低 RF 功率和衬底温度在 $200 \sim 300^\circ\mathrm{C}$ 时制得的非晶硅薄膜具有相对较低的缺陷密度[35]，随后发现优质的非晶硅合金可以通过 VHF 和微波方法来沉积，并引入商业产品的生产工艺中[36-37]。

与晶体硅不同的是，非晶硅的掺杂不是通过扩散工艺进行的，而是在生长薄膜时，在反应室中直接通入掺杂气体，在辉光放电条件下，与硅烷一起分解，从而在形成非晶硅薄膜的同时掺入杂质原子。在实际工业中，一般采用磷烷（$PH_3$）和硼烷（$B_2H_6$）分别作为非晶硅的 n 型和 p 型掺杂气体。在早期的非晶硅电池生长工艺中，人们采用单反应室制备方法，即在同一反应室中，交替通入 $B_2H_6$ 和 $PH_3$ 制备 p 型与 n 型非晶硅，这种方法带来的交叉污染使得电池性能很差。因此，在现代非晶硅电池生产过程中，p-i-n 的制备是分室进行的（如图 2-15 所示），这样大大提高了电池的成品率和效率。在图 2-15 所示的工艺过程中，衬底首先进入 p 层沉积室，$PH_3/SiH_4$ 的掺杂浓度一般为 $0.1\% \sim 1\%$，磷烷气体在等离子体中分解，反应方程式为

$$2PH_3 \rightarrow 2P + 3H_2 \qquad\qquad (2-26)$$

生成的磷原子将随非晶硅薄膜一起沉积，实现 p 型掺杂。随后衬底进入 i 层沉积室，在氢稀释的硅烷气体中等离子沉积本征层。最后衬底进入 n 层沉积室，反应气体 $B_2H_6/SiH_4$ 的掺杂浓度比一般为 $0.1\% \sim 2\%$，通过下列方程，硼原子沉积进入非晶硅层，实现了 n 型掺杂。

$$B_2H_6 \rightarrow 2B + 3H_2 \qquad\qquad (2-27)$$

薄膜沉积是非晶硅太阳能电池制备中最关键的工序，再配以其他工艺过程，就可以制备出一个单体非晶硅薄膜太阳电池了。这里以图 2-13 所示的双结 p-i-n 型电池的制备为例。首先要进行玻璃基板的切割、清洗和晾干，利用丝网印刷技术在电池片边缘制作外接触条（Ag）并进行烧结；其次，利用 CVD 技术在玻璃表面沉积二氧化锡层，并形成表面织构，同时利用 Nd：YAG 激光束将二氧化锡加工成栅状结构；接着，将基板再次清洗并装入如图 2-15 所示的多室 PECVD 沉积系统形成双结的 p-i-n 电池结构，并在系统的最后一个室采用低压 CVD 沉积 ZnO 薄膜层；随后，用磁控溅射技术镀上一层铝膜，再利用 Nd：YAG 激光制作背电极的条状结构；最后覆盖 EVA 层进行模块封装。

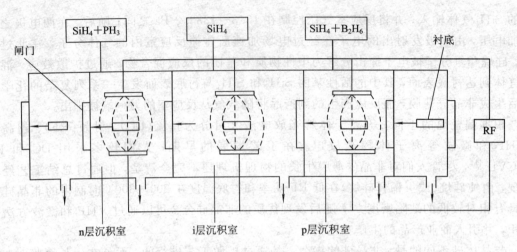

图 2-15 典型的非晶硅 PECVD 三室沉积系统示意图

# 2.4 化合物半导体太阳能电池

化合物半导体是指由化学元素周期表中的几种不同主族元素所组成的二元、三元或四元材料。化合物半导体太阳能电池是继硅太阳能电池之后发展起来的重要的电池门类。能制成化合物半导体太阳能电池的材料种类繁多，主要包括 GaAs、CdTe、InP、CdS、$CuInS_2$ 和 $CuInSe_2$（$CuIn_xGa_{1-x}Se_2$）等。与单、多晶硅太阳能电池相比，化合物半导体材料大多数是直接带隙材料，对光的吸收系数相对较高，更易制成超薄、高效的太阳能电池；同时，它们具有良好的抗辐射性能和较小的温度系数，也使得其在空间领域中应用广泛（如 GaAs 电池）。另外，采用先进的薄膜生长技术，人们已研制出多种多结薄膜化合物太阳能电池，不断刷新着太阳能电池转换效率的最高纪录，高效多结叠层电池的研发已成为当前太阳能电池研究领域中的一个热点方向。本节将主要介绍两种主流的单结化合物半导体太阳能电池：GaAs 电池和 $CuInSe_2$/$CuIn_xGa_{1-x}Se_2$（CIS/CIGS）电池。

## 2.4.1 化合物半导体太阳能电池的种类及工作原理

如上所述，GaAs、CdTe、InP、CdS、$CuInS_2$、$CuInSe_2$（CIS）等都是具有代表性的化合物半导体太阳能电池，其中 GaAs 电池是最重要的化合物太阳能电池之一。GaAs 是Ⅲ-Ⅴ族元素的化合物，其熔点为 1238℃，在 600℃ 以下，它能在空气中稳定存在，并且不为非氧化性的酸侵蚀。

最早期的 GaAs 太阳能电池与硅电池一样采用扩散法制造。1962 年，Gobat A. R 等人通过将 Zn 扩散进 GaAs 衬底，制成了第一个 GaAs 太阳能电池，其转换效率为 9%～

$10\%^{[38]}$，这远远低于其 27％的理论转换效率值，经研究发现这是由于 GaAs 表面的复合率很高，严重影响了短波响应。20 世纪 70 年代，人们利用液相外延（LPE）技术引入了 AlGaAs 异质窗口层，使得 GaAs 表面的复合速率大大降低，将 GaAs 太阳能电池的效率提高至 $16\%^{[39]}$。20 世纪 80 年代，美国的 ASEC 公司采用了金属有机化合物气相外延（MOVPE）技术制备出 GaAs 单结太阳能电池，其批量生产的平均效率可达到 17.5％（AM0）。这种电池的结构如图 2-16 所示，在 n 型 GaAs 衬底上，首先生长一层 n 型 GaAs 缓冲层；再生长 n 型 AlGaAs 作为背场；在此基础上，生长 n 型 GaAs 基底层和 p 型 GaAs 发射层；最后生长一层 p 型 AlGaAs 薄膜作为窗口层。虽然工艺的改进带来了电池质量的改进和效率的提高，但 GaAs 单晶材料成本高，机械强度较差，因此，1987 年前后出现了用 Ge 单晶替代 GaAs 作为外延衬底的 GaAs/Ge 太阳电池，其结构如图 2-17 所示。Ge 的晶格常数与热膨胀系数与 GaAs 十分接近，Ge 衬底上生长的 GaAs 电池与 GaAs 衬底上的电池效率相当，同时，Ge 的机械强度比 GaAs 高而成本更低，因此，可在降低电池体积、重量与成本的同时获得机械强度更高的 GaAs 单结电池。如今，GaAs 单结电池的最高转换效率早已超过了 20％，并仍在不断提高。

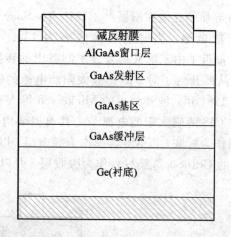

图 2-16　单结 GaAs/GaAs 电池结构示意图　　图 2-17　单结 GaAs/Ge 电池结构示意图

相比上一代太阳能电池，GaAs 制作的太阳能电池具有一些独特的优势。在 1956 年，Loferski J 就探讨了制造太阳能电池的最佳材料的物性，并指出禁带宽度在 1.2～1.6 eV 范围内的材料具有最高的转换效率[40]，GaAs 材料禁带宽度为 1.42 eV，具有更高的光/电转换理论效率，是很好的高效太阳能电池材料。GaAs 直接带隙的材料特性使得它具有更高的光吸收系数，经研究发现绝大多数的光在 GaAs 材料表面 2 μm 范围内就能被吸收，适于作成薄膜电池。另外，GaAs 电池具有耐高温性，例如，在 200℃时，Si 太阳能电池已经不能工作，而 GaAs 电池仍有约 10％的效率，同时，它的抗辐射能力也比硅太阳电池要好，这使得它在空间应用中广泛存在。更重要的是，随着金属有机物化学气相沉积（MOCVD）

技术的日趋完善，可制成基于 GaAs 的更加高效的多结叠层电池，并且具有非常良好的发展前景。

除 GaAs 外，三元化合物 $CuInSe_2$ 薄膜是另一种重要的太阳能光电材料，铜铟硒薄膜太阳能电池即是以多晶 $CuInSe_2$ 薄膜作为吸收层，这种材料为黄铜矿结构，禁带宽度为 1.02 eV，且为直接带隙材料，太阳能电池光电转换理论效率高达 25%～30%。CIS 是目前已知光吸收系数最大的半导体材料，达到 $6 \times 10^5$ $cm^{-1}$，这意味着只需要 1～2 $\mu m$ 厚的薄膜就可以吸收 99% 以上的太阳光，而整个电池的厚度也可控制在 3～4 $\mu m$，大大降低了其体积与制作成本。但是，CIS 薄膜在室温下的带隙宽度较窄，并不处于吸收太阳光谱的最佳带隙范围之内，因此，人们通过在 CIS 材料中掺入一定浓度的 Ga 来替代 1%～30% 的 In，制备成 $CuIn_xGa_{1-x}Se_2$ 薄膜。研究发现，通过调整 Ga/In 比，可使带隙在 1.0～1.7 eV 间变化，使吸收层带隙与太阳光谱获得最佳匹配，利用 CIGS 薄膜作为吸收层的太阳能电池效率可提高至 19.5% 以上。

人们对于 CIS 薄膜材料及电池的关注始于 20 世纪 70 年代。早在 1974 年，美国贝尔实验室的 Wagner 等人就首先在 p 型 $CuInSe_2$ 单晶上外延生成了 n 型 CdS，研制出 CIS/CdS 结构的 p-n 异质结光电探测器[41]。1975 年，Shay 等人在前期研究基础上，制备出了单晶 CIS/CdS 太阳能电池，当时的转换效率为 12%[42]。在 1976 年，Maine 大学的 L. L. Kazmerski 首次报道了由二源共蒸发技术制备出的转换效率为 4%～5% 的 CIS/CdS 异质薄膜太阳电池，从此开启了对 CIS 薄膜太阳能电池的研究[43]。

1981 年，波音公司的 Mickelsen 等人利用多元共蒸发技术制成了转换效率为 9.4% 的多晶 CIS 薄膜太阳能电池[44]，其典型结构如图 2-18 所示，图中可见这种电池以玻璃或氧化铝作为衬底，以 Mo 薄膜作为导电层，以厚度约为 2 $\mu m$ 的 n 型 CdS 薄膜作为窗口层，而 p 型的 $CuInSe_2$ 薄膜材料作为吸收层，并以梳齿状镀铝作为上电极。

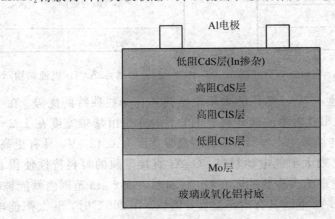

图 2-18 波音公司单结 CIS 电池典型结构示意图

1988 年，美国 ARCO 公司对 CIS 薄膜电池的工艺提出了改进方法，他们采用了两步工艺，即在溅射 Cu、In 预置层薄膜后，再在 $H_2Se$ 中退火反应生成 CIS 薄膜。这一工艺上的改进，使得 CIS 薄膜电池的效率提高到 14.1%[45]。1989 年，波音公司通过用 Ga 取代部分 In 元素，制得了 $Cu(In_{0.7}Ga_{0.3})Se_2/CdZnS$ 电池，其转换效率达到 12.9%；随后，CIGS 薄膜电池得到了蓬勃发展，出现了多种结构的 $CuInSe_2/CuIn_xGa_{1-x}Se_2$ 薄膜太阳能电池，电池的转换效率得到稳步提高。1994 年，美国国家可再生能源实验室（NREL）在小面积 CIGS 电池制作方面取得突破，他们采用三步共蒸发工艺所制备出的 CIGS/CdS 单结薄膜太阳能电池转换效率达到了 15.9%，并实现了产业化，如今这种电池已成为最常见的 CIGS 薄膜太阳能电池。如图 2-19 所示，这种电池的典型结构为 $MgF_2/ZnO$：Al/ i-ZnO/CdS/$CuIn_xGa_{1-x}Se_2$/Mo/玻璃，其中，$MgF_2$ 为减反射膜，可增加光的入射率；TCO 为透明电极，其作用是形成低阻，高透的欧姆接触；i-ZnO 为高阻窗口层，与 CdS 膜共同构成 n 区，ZnO 的短波透过率高，可使吸收层产生更多的光生载流子；CdS 为一层很薄的缓冲层（约为 50 nm 左右），其作用是降低 ZnO 和 CIGS 膜的带隙不连续性及因此造成的缺陷态密度；CIGS 为光吸收层，呈弱 p 型，其空间电荷区为太阳能电池的主要工作区；Mo 层为背电极层，这是由于 Mo 与 CIGS 材料晶格失配较小且热膨胀系数相近。如今，这种结构的电池仍是世界上转换效率最高的单结薄膜太阳电池。

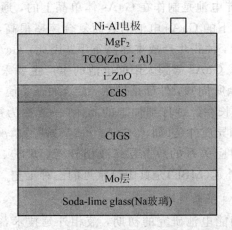

图 2-19　单结 CIGS 电池典型结构示意图

CIGS 薄膜电池相对于其他类型的电池，具有一些显著的优点。如前所述，CIGS 材料的光吸收系数达到 $10^5$ 量级，且为直接能带结构，使得它非常适合薄膜化，适合制作高转换效率电池，易于实现材料与工艺成本的降低；同时，CIGS 电池的弱光性能也比其他电池更好，在光照条件相对不理想的地区也可应用。另外，通过调整其中的 Ga/In 比，可实现带隙剪裁，这就为薄膜太阳能电池最佳带隙优化提供了可能。

更重要的是，人们发现 CIGS 薄膜电池的可靠性也相对较高，首先，一般的硅或Ⅲ-Ⅴ

族化合物太阳能电池中，多晶材料电池的效率明显低于单晶材料电池，这是由于晶界作为一种缺陷影响了载流子在吸收层的输运，而 CIGS 薄膜吸收层由于其良好的吸光特性可作得很薄，这样在很大程度上避免了晶界的影响，使得电池性能在使用环境中不易衰减。例如，人们通过电子与质子辐照、温度交变、高温老化等试验发现，CIGS 电池光电转换效率退化较少，尤其适合空间电源方面的应用。其次，CIGS 薄膜电池用玻璃作衬底，除了成本因素外，还因为 CIGS 薄膜在玻璃上能形成缺陷很少、晶粒巨大的高品质结晶，而玻璃中的 Na 掺杂也提高了电池的效率和成品率。从产业化的角度来说，由于 CIGS 薄膜电池高的转换效率和较为成熟的生产工艺，其能源回收时间也相对较短。比如，它与多晶硅电池进行比较，在产能为 10 MW 时，多晶硅需要 2.6 年才得以回收，而 CIGS 只需 1.2 年即可回收。除以上 CIGS 电池本身的优势外，我国在发展 CIGS 薄膜太阳能电池方面的潜力也是巨大的，因为在 CIGS 电池所涉及的多种膜层材料中，除了 In 以外都不是稀缺材料，而我国已探明的 In 储量占世界的 1/6，所以 CIGS 薄膜电池在我国是很有发展前景的。

## 2.4.2　化合物半导体太阳能电池的制作工艺

### 1. GaAs 太阳能电池工艺

最早期的 GaAs 太阳能电池是制作在 GaAs 体单晶上的，通过向其中扩散 S、Zn 等杂质形成 p-n 结。这种工艺下的 GaAs 电池的表面复合速率很高，使得电池效率难以提高，另外，GaAs 材料较为昂贵，使得生产成本居高不下，因此，GaAs 薄膜太阳能电池一经问世，就迅速将其取代。现代 GaAs 薄膜太阳能电池的生产主要采用了液相或气相外延技术来制作 GaAs 单晶薄膜。众所周知，外延是指在一定条件下，使一种或多种物质的原子(或分子)有规则排列、定向生长在经过仔细加工的晶体(一般称为衬底)的表面上，它包括同质外延(如 GaAs/GaAs)和异质外延(如 AlGaAs/GaAs)两种情况。外延生成的薄膜是一种与衬底晶格结构有一定对应关系的单晶层。液相外延(LPE)、金属-有机化学气相沉积(MOCVD)外延和分子束外延(MBE)是其中最常见的三种工艺。

#### 1) 液相外延制备 GaAs 单晶薄膜

在Ⅲ-Ⅴ族化合物太阳能电池研究的初期，液相外延技术曾被广泛应用于制备 GaAs 及其他相关化合物太阳能电池。这种技术是在 1963 年由美国无线电公司的 Nelson 首先提出的，其基本原理是利用了过饱和溶液中的溶质在衬底上结晶析出，从而外延薄膜膜层。GaAs 单晶薄膜的 LPE 工艺是在约 800℃ 的高温下，以低熔点的 Ga 作为溶剂，以待生长材料 GaAs 和掺杂剂 Zn、Te、Sn 等作为溶质，从而形成饱和溶液，通过温度缓慢降低，溶液呈过饱和状态，多余的溶质将从溶剂中析出，在衬底上实现膜层的外延生长。这种方法常被用来在 GaAs 单晶衬底上外延生长 n 型或 p 型 GaAs 层。人们还通过同样的工艺流程制备出 $Al_xGa_{1-x}As$ 窗口层：在确定化合物中 Al 的含量后，使 Al 溶于 GaAs 形成饱和溶液，通过精确的温度控制，在 GaAs 衬底上结晶出所要求的 $Al_xGa_{1-x}As$ 薄膜。但是，这种方法很难实现在 Ge 衬底上外延 GaAs 层，这是因为 Ge 在 Ga 母液中溶解度非常大，衬底很容易在工艺过程中被溶解。

利用 LPE 生长薄膜通常包括倾倒式、浸渍式和水平滑动式三种形式，它们之间主要的区别在于溶液与衬底的接触方式不同。倾倒式是直接将溶液倾倒于衬底表面进行外延；浸渍式则是将衬底以水平或垂直方式浸入溶液中完成膜层外延生长；而水平滑动式则是将溶液放置在可移动的石墨舟中，衬底放置在石墨舟底部，衬底与石墨舟呈反方向运动，而溶液通过石墨舟底部开槽到达衬底表面并实现外延。通过这三种方式，均可长成厚度从几百纳米到几百微米的 GaAs 单晶薄膜。

相较于之后出现的两种常用的气相外延方式，LPE 方法的最大优势在于其工艺成本和技术难度都较低，而薄膜生长速率较高。另外，LPE 方法也较易实现膜层的掺杂，原材料毒性较小，膜层的生长是在近似热平衡条件下进行的，使得晶格完整性好，而较低的工艺温度也使得膜层中带入的工艺污染少，纯度较高。但是，LPE 方法对于许多异质结构来说并不适用(如 GaAs/Ge)，对于需精确控制膜层参数的多层复杂结构的生长也难以实现。另外，LPE 外延片的表面形貌不够平整，使得表面复合率很高，降低了电池的转换效率，这都使得它逐渐被后来出现的 MOCVD 技术和 MBE 技术所取代。

2) 金属-有机化学气相沉积外延制备 GaAs 单晶薄膜

与上面所述液相外延方式不同，气相沉积外延是指在气相环境中生长半导体薄膜的工艺方法，通过在衬底表面造成生长物原子的过饱和，驱使气相中的生长物原子并入固相，从而在衬底表面外延生长出晶体薄膜。气相沉积外延的温度通常远低于同种材料块状晶体的生长温度，生长时的过饱和度与块状晶体相比也比较低，这使得其外延生长的速率远低于块状晶体的生长速率。但是这种工艺可以精确调整所生成的膜层厚度，并适合多层异质结构的实现，从而可以生产出高效太阳能电池。金属-有机化学气相沉积(MOCVD)外延方法即为气相沉积外延技术中的代表。

MOCVD 是 Manasevit 在 1968 年提出的一种制备化合物半导体薄层单晶的方法[46]。该方法自问世以来，其广泛的适用性越来越得到人们的重视，它除了可生长常规的各种化合物和合金半导体、超薄外延层及异质结构之外，近年来，更是广泛应用于超晶格结构、二维电子气材料及超高速器件的制备中。

MOCVD 外延技术是在真空腔体中以氢气作为载气，通入Ⅲ族、Ⅱ族元素的金属有机化合物三甲基镓(TMGa)、三甲基铝(TMAl)、三甲基铟(TMIn)等和Ⅴ族、Ⅵ族元素的氢化物磷烷($PH_3$)、砷烷($AsH_3$)、硒烷($H_2Se$)等作为晶体生长的源材料，在高温下发生热分解反应，进而在衬底上进行气相外延，生长Ⅲ-Ⅴ族、Ⅱ-Ⅵ族化合物半导体及其三元、四元化合物半导体薄膜单晶。制备 GaAs 薄膜主要利用了三甲基镓和砷烷为源材料，并在反应室内进行了一系列复杂的化学反应，式(2-28)为 MOCVD 外延 GaAs 薄膜的一个简化反应式：

$$(CH_3)_3Ga + AsH_3 \rightarrow GaAs + 3CH_4 \qquad (2-28)$$

图 2-20 所示为 GaAs 薄膜的 MOCVD 生长系统，该系统主要包括了反应室、气体输运和流量控制系统、尾气排放系统等。系统中的 $H_2$ 起载气作用，即将各种反应气体带入反应室中，载气的流量强烈影响着反应气体的质量输运，进而对成膜效果产生影响，因此，设置合适的载气流量是十分重要的。MOCVD 的反应室是各种气体最终发生化学反应并生成薄膜材料的地方，反应室一般由石英材料构成，内置石墨基座来放置需外延膜层的衬底，在外延膜层时，反应室需加热到 GaAs 膜层生长所需的 680℃～730℃，加热源包括射频感应、红外辐射、电阻加热等方式。根据不同的工艺需要，反应室可被设计成桶式、立式、高速转盘式、水平式或扁平式等，图 2-20 中所示为水平式反应室。在整个 MOCVD 系统中，对气密性的要求是非常严格的，如反应室的压力应控制在 0.1 bar(bar 为压力单位，1 Pa=100 bar)左右，有利于晶体的生长，更重要的是，反应中的气体多是剧毒、易燃气体，气密性不佳将导致严重的安全事故。

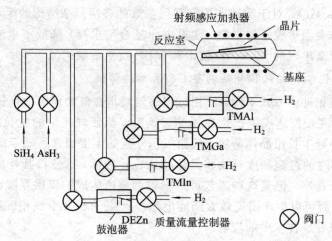

图 2-20　GaAs 薄膜的 MOCVD 生长系统示意图

GaAs 的本征载流子浓度为 $1.3 \times 10^6$ cm$^{-3}$。为了控制 GaAs 晶体的电阻率及其他电学性能，GaAs 晶体需要进行掺杂。根据不同的晶体生长方式，GaAs 选用的掺杂剂是不同的，如前所述，对于 LPE 工艺生产的 GaAs 薄膜，掺杂剂一般选择 Zn、Te、Sn 等金属单质材料；而对于 MOCVD 技术生长 GaAs 薄膜，可以 $SiH_4$ 为气体源掺 Si 作为 n 型掺杂剂，以二乙基锌为气体源掺 Zn 作为 p 型掺杂剂，或者以氢稀释的硒化氢为 n 型掺杂剂，二甲基锌为 p 型掺杂剂等。

与液相外延方法相比，MOCVD 技术具有明显的优势：MOCVD 技术的适用范围是很广的，几乎可以生长所有化合物及合金半导体，在生长过程中只需通过气源的变换，即可得到不同成分的膜层，尤其适合生长超薄的多层异质薄膜结构，这就为获得更高转换效率的太阳能电池提供了可能。另外，MOCVD工艺对外延膜层的参数可进行精确控制，可生长出纯度很高、厚度均匀、表面光亮的外延膜层，且特别适合外延大面积膜层，因而制成的太阳能电池效率高、可靠性好。但是，MOCVD技术也存在一些缺点，与LPE方法相比，MOCVD的设备昂贵，工艺成本高，技术也相对复杂，要获得高质量的膜层，需对气体压力、流速、气体混合比率、生长温度、衬底晶体取向等因素进行综合考虑与设置。另外，工艺中采用的气源大多数属于易燃、剧毒气体，对尾气处理和安全保护的要求也很高。尽管如此，人们仍通过对MOCVD技术进行不断的技术改进来扩展其应用，时至今日，MOCVD已成为生产Ⅲ-Ⅴ族化合物太阳能电池最为主要的技术手段。

3）分子束外延制备GaAs单晶薄膜

分子束外延技术是在传统的真空蒸发技术的基础上发展而来的，由Bell实验室的Arthur与Cho于20世纪70年代初首先提出[47]，其方法是将半导体衬底放置在超高真空（$<10^{-10}$ Torr）腔体中，系统中相对地放置衬底和多个分子束源炉（喷射炉），将需要生长的单晶物质元素和掺杂剂按元素分别放在不同的喷射炉中，并将各元素材料分别加热到相应的温度，使它们的分子（或原子）以一定的热运动速度和一定的束流强度比例喷射到加热的衬底表面上，通过与表面的相互作用，即可在衬底上生长出极薄的单晶膜层。在MBE过程中，可通过各源炉前的挡板来改变外延层的组分和掺杂。

MBE系统的组成主要包括进样室、表面分析室、生长室、衬底传递机构与过程控制系统等几部分。在进样室中，主要进行样品的装取，并对衬底进行低温除气；表面分析室中可对样品进行表面成分、电子结构和杂质污染等情况进行分析；生长室包括发射炉、衬底夹、加热器等部分，用于实现对样品的分子束外延生长；衬底传递机构与过程控制系统主要负责样品在各个腔室之间的传递以及闸门、热电偶、加热器等的控制。在整个系统中，每个腔室都具有独立的抽气设备，各室之间用阀门隔开，以保证不会产生相互影响。

与一般气相外延方法类似，MBE工艺的成膜过程大体包括反应物扩散至衬底表面、反应物吸附于衬底表面、表面过程（化学反应、迁移、成核及并入晶格等）、附加产物从表面脱附等几个步骤。用MBE生长GaAs薄膜主要利用到达衬底表面的Ga原子束和As的二聚物$As_2$及四聚物$As_4$的分子束。$As_2$分子参与生长的关键是在单个Ga原子上的$As_2$分子的分解化学吸附反应。外延层的生长速率与Ga原子的到达率有关，如在（001）面上，Ga原子的到达率为$10^{14}\sim10^{15}$个/（$cm^2 \cdot s$）时，外延层的生长速率为$1\ \mu m/h$。可见该方法的成膜速度是很慢的，同时，为了保持按1∶1组分生成GaAs，需要在富As的条件下进行生长，此时若衬底温度合适，则可实现二维层状生长高质量、表面平整的GaAs（001）面。MBE制备Ⅲ-Ⅴ族化合物材料时，通常选用Be和Si分别作p型和n型的掺杂剂。

MBE工艺是一种可在原子尺度上精确控制外延层厚度、掺杂和界面平整度的薄膜制备技术，它具有以下突出优点：首先，MBE在喷射室内安放了多个喷射炉，可精确调制各组分的分子流，同时配以多种表面分析仪实时观测膜层的生长情况，可外延出原子级厚度的膜层，并能对膜层组分和掺杂情况进行精确控制。其次，系统中的超高真空度降低了工艺环境对膜层的污染，提高了成膜质量。另外，较低的衬底温度也降低了界面处的晶格失配效应和衬底杂质向膜层中的扩散。但是 MBE 系统非常复杂，且价格昂贵，外延膜层的生长速率也很缓慢，由于其生长机制是非平衡过程，其生产出的太阳能电池效率也不及 MOCVD 工艺，因此，在太阳能电池制备领域中的应用不及 MOCVD 技术普遍。

**2. CIS/CIGS 太阳能电池工艺**

CIS、CIGS 薄膜太阳能电池均可分为单结和多结电池，典型的 CIS、CIGS 单结电池结构分别如图 2-18、图 2-19 所示。此类薄膜电池的背电极、透明导电层等膜层均可采用磁控溅射工艺制作，技术已较为成熟。影响电池性能和质量的关键在于吸收层即 CIS/CIGS 膜层的制备，下面将主要介绍吸收层的制备工艺。

一般而言，太阳能电池中 CIS/CIGS 吸收层为 $1 \sim 2 \ \mu m$ 左右的 p 型层，与 GaAs 薄膜电池不同，CIS/CIGS 薄膜为多晶结构，晶粒大小一般在微米量级。CIS/CIGS 薄膜由多元化合物组成，因此，精确控制各元素间的配比是十分重要的，若 Cu、In(Ga)、Se 各元素的比例不同，将在很大程度上影响膜层的电导率和导电类型。以 CIS 材料为例，若材料配比中富 Cu，则膜层导电类型为 p 型；而材料配比中富 In 则可能为 p 型也可能为 n 型。具体分析，当 Cu/In>1 时，不论 Se/(Cu+In) 之比是大于 1 还是小于 1，薄膜的导电类型都为 p 型，而且具有低的电阻率，载流子浓度为 $10^{16} \sim 10^{20}/cm^3$，但是当 $[Se/(Cu+In)]>1$ 时，发现有 $Cu_{2-x}Se$ 存在，这种物质是影响 CIS 电池光电性能的主要原因，当它存在于晶粒间界时，将大大阻止载流子在晶粒间的运动，使得 CIS 材料失去光伏特性。当 Cu/In<1，而 $[Se/(Cu+In)]>1$ 时，薄膜为 p 型且具有中等的电阻率，或薄膜为 n 型，具有高的电阻率；若 $[Se/(Cu+In)]<1$，则薄膜为 p 型且具有高的电阻率，或薄膜为 n 型且具有低的电阻率。实际工业生产中，富 Cu 薄膜生产出的太阳能电池效率相对较低，一般多采用富 In 薄膜材料制得高效 CIS 电池。由此可见，CIS/CIGS 薄膜电池生产工艺中对控制组元成分精度的要求很高，以便获得理想中的吸收层薄膜。

目前，制备 CIS/CIGS 薄膜吸收层的方法很多，如硒化法、共蒸发法、电化学沉积法、喷涂热解法、丝网印刷法等，其中最常用的技术则是共硒化法和蒸发法。下面将分别对这两种方法进行介绍。

1）硒化法制备 CIS/CIGS 薄膜

硒化法是指利用蒸发、溅射或电化学沉积等技术制备好 Cu-In(Ga) 金属预置层后，再在 $H_2Se$ 气氛中使金属预置层硒化，从而制备出 CIS/CIGS 薄膜的技术。

硒化法制备 CIS/CIGS 薄膜吸收层一般分为两个步骤。第一步，首先需在覆有 Mo 电极材料的玻璃衬底上淀积 Cu-In(Ga) 预制层，预制层的沉积方法主要包括真空蒸发法、溅射法、电沉积法、化学喷涂法等真空或非真空工艺。由于工艺更易于控制且适合大面积薄膜材料沉积，如今用于大规模工业化生产中的预制层沉积方法是直流磁控溅射法。该方法在常温下利用高纯的 Cu - Ga 合金靶和 In 靶，按照一定顺序溅射材料，在溅射过程中，需特别注意叠层顺序、厚度和各元素间配比的控制，如一般将 Cu/(In＋Ga) 的配比控制在 $0.85\sim0.9$ 之间，能够有效提高膜层质量。第二步，是在含硒气氛下对 Cu - In(Ga) 预置层进行快速热处理，从而得到 CIS/CIGS 薄膜。硒化工艺是在真空系统中完成的，在反应过程中，需通过 90% 的氩气或氮气载气，将稀释后的 $H_2Se$ 气体引入硒化炉，通过精确的流量控制，在硒化炉快速升温的条件下，$H_2Se$ 分解为原子态的 Se，并与预制层进行化合反应得到高质量的 CIS/CIGS 薄膜。图 2 - 21 即为 $H_2Se$ 硒化反应装置示意图[48]。

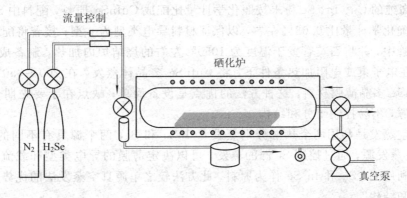

图 2 - 21   $H_2Se$ 硒化反应装置示意图

在硒化工艺中影响膜层质量的因素有很多，除前面提到的元素配比外，工艺温度、载气流速等也直接影响着成膜质量。首先，在预置层的硒化过程中，温度的控制特别重要，研究发现，在 $575\sim600\,℃$ 之间硒化的薄膜具有最好的择优取向和黄铜矿结构，同时，硒化过程中温度的变化需在短时间内完成，如发生硒化反应的升温阶段，衬底温度需在 $1\sim2$ 分钟内提高到 $500\,℃$ 以上，以避免材料损失和杂质的扩散与氧化，提高成膜质量。另外，载气流速也对薄膜的形貌产生一定影响，比如，当 Ar 气流大于 $0.10\ m^3/h$ 或 $N_2$ 气流小于 $0.40\ m^3/h$ 时，都会使生成的薄膜疏松、多孔。为了进一步改进器件性能，许多电池生产厂家还在硒化过程中加入 $H_2S$ 气体，这样形成的吸收层就为 $CuInGa(S, Se)_2$ 材料，这样做可以使得薄膜中 Ga 的纵向浓度梯度实现理想的 V 形分布，提高表面带隙，降低器件的表面复合，提高了器件的开路电压。

与共蒸发技术相比，硒化法的优势在于其工艺成本较低，且更加适合大面积薄膜的制作。利用这种技术，壳牌太阳能公司制造出了第一个具有商业价值的 CIGS 太阳能电池。然而，硒化法制备出的 CIS/CIGS 薄膜材料和电池的质量还是低于共蒸发工艺的。更严重的是，$H_2Se$ 气体有剧毒易挥发且易燃易爆，因此，人们又发展出了固态源硒化法。这种方法用固态硒颗粒替代了 $H_2Se$ 气体作为硒源，通过对蒸发舟中的硒颗粒加热使其产生硒蒸气，再通过惰性气体载气送至加热的预置层衬底并实现硒化。这种方法的技术成本低，易于实现且安全无毒；缺点是易造成硒蒸气压不足，影响 CIS/CIGS 膜层的质量和大面积均匀性。

2）共蒸法制备 CIS/CIGS 薄膜

共蒸法是指利用不同的蒸发源，在真空腔体内同时或分步把金属、金属合金或金属氧化物加热使其蒸发，在衬底表面沉积形成 CIS/CIGS 薄膜的一种物理沉积方法。对 CIS 薄膜来说，常用的共蒸法包括单源真空蒸发、双源真空蒸发和三源真空蒸发三种方法。

单源真空蒸发是利用单一热源加热 CIS 合金，使之蒸发并沉积到衬底上，获得 CIS 薄膜。首先将高纯的 Cu、In、Se 粉末按照化学计量比配成 $CuInSe_2$ 原料，配料中 Se 的含量通常要超过准确化学计量比 0.02% 左右，以保证材料导电类型为 p 型；接着将配好的原料放在真空石英管中，并将石英管置于温度为 1050℃ 左右的烧结炉内加热，制备成 $CuInSe_2$ 多晶体；最后在电子束或电阻加热条件下，将 $CuInSe_2$ 多晶体蒸发，在 200～350℃ 的衬底上沉积出 $CuInSe_2$ 多晶薄膜材料。这种方法的优点是设备简单；缺点在于要先期合成 CIS 合金作为蒸发源，不易控制组分和结构。

双源真空蒸发是利用两个热源分别蒸发 $CuInSe_2$ 和 Se，两个源具有不同的蒸发条件，$CuInSe_2$ 为主蒸发源，通过控制 Se 源的蒸发，可以决定薄膜的导电类型和载流子浓度。双源蒸发也可利用 $Cu_3Se_2$ 和 $In_2Se_3$ 作为原料。此方法较之单源真空蒸发法的优势是易于控制薄膜的组分和结构。

三源真空蒸发法是利用三个热源分别蒸发高纯 Cu、In、Se 粉料，三源同时共蒸或在 Se 蒸气下分步蒸发 Cu 和 In，通过控制各自的蒸发速率等参数，在 350～450℃ 左右的衬底上制备 $CuInSe_2$ 多晶薄膜材料。采用三元真空蒸发法的关键在于控制三者的蒸发和沉积速率，以获得预期的成分。此方法相较于前两种方法，更易控制薄膜的组分和结构，且不用合成蒸发源材料。三源真空蒸发方法在 Boeing 公司和美国可再生能源实验室（NREL）得到实用，目前用这种技术所制造的 CIS 太阳能电池的光电转换效率最高。

对于 CIGS 薄膜来说，多元共蒸发法是使用最广泛和最成功的方法。该方法能够制备出最高效率的 CIGS 薄膜电池，其吸收层中 Ga/(Ga+In) 比值接近 0.3。CIGS 薄膜的共蒸发工艺采用了四个蒸发源分别蒸发 Cu、In、Ga、Se 四种元素，多元共蒸发法制备 CIGS 薄膜的设备示意图[49]如图 2-22 所示。沉积材料中的金属组分与源的蒸发速率相对应，而每个源的蒸发速率由监控系统中四重质谱仪或原子吸收谱仪构成的反馈环进行控制。在蒸发过程中，Se 的蒸发总是过量的，以避免薄膜缺 Se，而多余的 Se 并不化合到吸收层中，而是在薄膜表面再次蒸发。

多元共蒸发法制备 CIGS 吸收层可采用一步法、二步法和三步法。一步法的沉积过程中，Cu、In、Ga、Se 四蒸发源的流量不变，这种工艺较为简单，适合大面积生产，但是形成薄膜的晶粒尺寸小且不形成梯度带隙。二步法工艺首先在衬底温度 400~450℃ 时，沉积第一层富 Cu 的 CIGS 薄膜，这种膜层具有较大的晶粒尺寸；再在 550℃ 衬底温度下沉积贫 Cu 的 CIGS 薄膜，以提高膜层的电阻率。三步法在硒气氛中利用不同的衬底温度蒸发形成薄膜，易于形成柱状的大晶粒，且 Ga 元素更容易被掺入，形成理想的 V 型浓度梯度分布，但是该技术实现难度较大，对设备的要求也较高，更加适合制备实验室规模的电池和小组件。

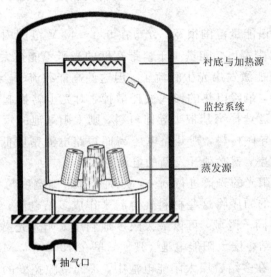

图 2-22 多元共蒸发法制备 CIGS 薄膜的设备示意图

图 2-23 所示为三步共蒸发工艺衬底温度随时间的变化曲线。由图可见，第一步，将衬底温度保持在 350℃ 左右，真空蒸发 90% 的 In、Ga、Se 三种元素，在衬底上制备出 $(In_{0.7}Ga_{0.3})_2Se_3$ 预置层；第二步，将衬底温度提高到 550~580℃，共蒸发 Cu、Se，形成表面富 Cu 的 CIGS 薄膜；第三步，保持衬底温度不变，在富 Cu 的薄膜表面继续共蒸发剩余 10% 的 In、Ga、Se，最终得到 $CuIn_{1-x}Ga_xSe_2$ 薄膜。

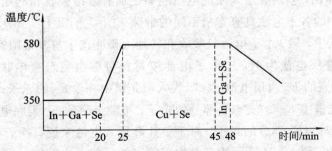

图 2-23 三步共蒸发工艺衬底温度随时间变化曲线

与硒化法相比，共蒸法的一个优势是材料沉积和薄膜形成可在同一个步骤里完成，相对降低了工艺的复杂程度，若能对蒸发元素的化学配比做到较精确地控制，可有效提高电池的转换效率。但是，共蒸发法中对源材料的利用率较低，因而成本较高，对大面积膜层的沉积存在局限，这也限制了其在工业生产上的应用。

# 2.5　多结叠层太阳能电池

众所周知，太阳光谱能量范围很宽，分布在 $0.4\sim 4$ eV 范围内，而半导体的光谱响应取决于所选择材料的禁带宽度，能量小于禁带宽度的光子不能被太阳电池吸收，而能量远大于禁带宽度的光子虽能激发出光生载流子，但这些高能载流子会很快弛豫到能带边，将多余的能量传递给晶格，最终以热的形式被耗散掉，对光电转换起不到应有的作用。对于单结太阳能电池而言，若选择窄禁带半导体材料，则太阳电池的短路电流密度高而开路电压低；若选择宽禁带半导体材料，则开路电压高而短路电流密度低。因此，要想进一步提高太阳能电池的转换效率，就必须开发新的电池形式。

人们发现，若将太阳光的光谱进行划分，分别选择带隙宽度与各部分光谱最匹配的材料，并按带隙由大到小的顺序将这些材料叠合起来作成多结电池，各结子电池选择性吸收和转换太阳光光谱的不同子区域，可以最大限度地利用太阳光光谱，获得最高的光电转换效率。这种电池就是多结叠层太阳能电池。其实，早在 1960 年，M. Wolf 就曾提出过多结太阳能电池的概念[50]。在多结叠层太阳能电池中，不同带隙宽度的子电池相互叠加，太阳光首先进入顶部带隙最宽的子电池，未被吸收的波长较长的光逐级向下透射进各级子电池，直至被全部吸收。这种形式的太阳能电池，不仅扩展了对太阳辐射光谱的利用范围，并且提高了单位波长区间内的光电转换效率，是太阳能电池设计理念的一次飞跃。

## 2.5.1　多结叠层太阳能电池的种类及工作原理

与单结电池相比，多结叠层太阳能电池能够更加有效地吸收和利用太阳光。从原理上来看，叠层电池中的各子电池具有宽窄不同的带隙 $E_{gi}$，它们以上、下叠层的顺序组成串联式的多结电池，其中，第 $i$ 个子电池只吸收和转换太阳光谱中与其带隙宽度 $E_{gi}$ 相匹配的波段的光。以三结叠层电池为例，三个子电池按材料带隙由宽至窄串联排列，其中 $E_{g1} \geqslant E_{g2} \geqslant E_{g3}$，带隙最宽的 $E_{g1}$ 为顶电池，它吸收太阳光谱中 $h\nu \geqslant E_{g1}$ 的光子；带隙 $E_{g2}$ 为中间电池，它吸收太阳光谱中 $E_{g1} \geqslant h\nu \geqslant E_{g2}$ 部分的光子；带隙最窄的 $E_{g3}$ 为底电池，它吸收和转换太阳光谱中 $E_{g2} \geqslant h\nu \geqslant E_{g3}$ 部分的光子。对于单片叠层式电池来说，各子电池在光学和电学意义上都是串联的。图 2-24 所示为三结太阳能电池的等效电路图，该叠层电池的开路电压等于各子电池的开路电压之和减去各子电池间的隧穿结电压，即 $U_{OC} = U_{OC1} + U_{OC2} +$

$U_{OC3} - U_{12} - U_{23}$；短路电流则满足连续性原理，即 $I_{SC} = I_{SC1} = I_{SC2} = I_{SC3}$。可见，多结电池中最小的光生子电流限制了整个电池短路电流的大小，在设计时，应使各子电池光电流尽量接近，这样可获得最大的转换效率。在理想情况下，可忽略并联电阻 $R_{sh}$ 以及隧穿电阻 $R_{tj}$ 的影响，此时，该三结叠层电池的短路电流密度满足下列方程：

$$\ln\left(\frac{J_{SC1} - J}{J_{01}} + 1\right) + \ln\left(\frac{J_{SC2} - J}{J_{02}} + 1\right) + \ln\left(\frac{J_{SC3} - J}{J_{03}} + 1\right) = 0 \qquad (2-29)$$

其中，$J_{SCi}$ 和 $J_{0i}(i=1，2，3)$ 分别表示三个子电池的短路电流密度和反向饱和电流密度；而开路电压可表示为

$$U_{OC} = \frac{kT}{q}\left[\ln\left(\frac{J_{SC1} - J}{J_{01}} + 1\right) + \ln\left(\frac{J_{SC2} - J}{J_{02}} + 1\right) + \ln\left(\frac{J_{SC3} - J}{J_{03}} + 1\right)\right]$$

$$\approx \frac{kT}{q}\ln\left(\frac{J_{SC1} J_{SC2} J_{SC3} - J}{J_{01} J_{02} J_{03}}\right) \qquad (2-30)$$

其中，$k$ 为玻耳兹曼常数；$q$ 为电子电量；$T$ 为热力学温度。

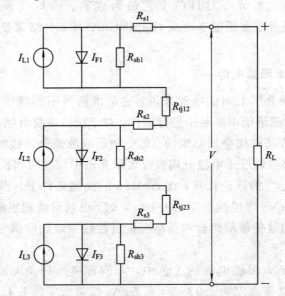

图 2-24　三结叠层太阳能电池等效电路图

叠层电池相比于单结电池的一大优势就在于大大提高了电池的光电转换效率。Henry 理论估算了一个太阳光强下，单结、双结、三结电池的极限效率分别为 37%，50% 和 56%[51]。根据他的理论计算，子电池数目继续增加时，效率的增加将减缓，另外，从现有工艺水平的角度考虑，制备四结及以上的叠层电池的工艺复杂性很高，导致材料和器件质量下降，所得电池的效率反而不如三结电池高。因此，本节主要就较为常见的双结和三结叠层电池展开介绍。

由于多结叠层太阳能电池最初是由简单的单结薄膜电池发展而来的，最常见的Ⅲ-Ⅴ族化合物 GaAs 基薄膜太阳能电池理所应当成为了研究的热点。多结理论计算表明，一个太阳强度下，双结 GaAs 太阳能电池的极限效率为 30%，三结 GaAs 太阳能电池的极限效率为 38%，四结 GaAs 太阳能电池的极限效率为 41%。近年来，随着薄膜制备技术的不断发展和完善，特别是 MOCVD 和 MBE 技术的成熟，人们逐渐拓展了用于研制多结叠层电池的Ⅲ-Ⅴ族化合物材料种类，除 GaAs 及其相关化合物外，还出现了以 InP 和相关化合物为基础的 InP 基Ⅲ-Ⅴ族化合物。一些常用的叠层电池材料都是以三元或四元Ⅲ-Ⅴ族混晶的形式出现，如 GaInP、AlGaInP、InGaAs 及 GaInNAs 等。采用这些材料制备太阳能电池具有一些独特的优势，首先，这些材料大都是直接带隙半导体，相对于间接带隙半导体，其光电转换效率更高；其次，多元Ⅲ-Ⅴ族混晶可选择的材料种类多，通过调节化合物材料的组分，能够实现对禁带宽度和晶格常数的调节，可进一步优化多结太阳能电池的结构，提高转换效率；最后，这些材料一般都具有良好的抗辐射特性，为多结叠层电池的空间应用打下了良好的基础。本节将对目前工艺最为成熟、最具代表性的 AlGaAs/GaAs、GaInP/GaAs 双结薄膜叠层太阳能电池及 GaInP/GaAs/Ge 三结薄膜叠层太阳能电池进行详细介绍。

**1. 双结薄膜叠层太阳能电池**

对于单片双结薄膜叠层太阳能电池来说，它是由两种不同禁带宽度的材料分别制成上、下子电池，并通过隧道结串联起来进行工作；对于机械堆叠双结薄膜太阳能电池来说，各级子电池是以机械方法逐层叠加起来的，每一个子电池是分开接触的，不需要隧道结连接。两种类型的电池都是通过子电池分别吸收太阳光谱中短波段和长波段的光进行光电转换的。根据 Kurtz 等人[52]的理论计算，在 AM1.5 的光照条件下，当双结薄膜太阳能电池中顶电池带隙为 1.75 eV、底电池带隙为 1.13 eV 时，可获得最理想的光电转换效率。然而在实际中，两种材料的最佳带隙组合和晶格匹配度往往很难同时满足，需采用一些折中的方案或进行工艺改进。

在生产单结 GaAs 太阳能电池的工艺中，人们普遍采用 AlGaAs 材料制作窗口层，$Al_{0.37}Ga_{0.63}As$ 材料的禁带宽度为 1.93 eV，而 GaAs 禁带宽度为 1.42 eV，且工艺上已实现了在 GaAs 层上外延生长 $Al_{0.37}Ga_{0.63}As$，因此，$Al_{0.37}Ga_{0.63}As$/GaAs 双结电池最先引起人们的关注。1988 年，B. C. Chung 等人[53]用 MOCVD 技术生长了 $Al_{0.37}Ga_{0.63}As$/GaAs 双结电池，其电池面积为 0.5 cm$^2$，AM1.5 效率达到 23.9%。需要指出的是，他们的电池结构中并未采用隧道结连接，而是采用了复杂的电极制作工艺。尽管日本电子通讯室的 Chikara Amano 采用 MBE 技术制作出了隧道结连接的 $Al_{0.4}Ga_{0.6}As$/GaAs 双结电池，但是人们发现，由于工艺中系统残留气体非常容易使 Al 发生氧化，要生长高质量的 $Al_{0.37}Ga_{0.63}As$ 层是非常困难的，这会降低少子寿命，使得太阳能电池电流密度很难提高。此后，对

AlGaAs/GaAs 双结太阳能电池的研究一直未取得重大进展。直到 2001 年，日本日立公司先进研究中心的 Ken Takahashi[54]等人通过采用 $p-p^--n^--n$ 结构的 $Al_{0.36}Ga_{0.64}As$ 顶电池、$n^+-Al_{0.15}Ga_{0.85}As/p^+-GaAs$ 隧道结以及 $p-n$ 结构 GaAs 底电池，将 $Al_{0.36}Ga_{0.64}As/GaAs$ 叠层电池的效率提高到了 $27.6\%$（AM1.5）。该电池结构如图 2-25 所示。虽然后来 Ken 等人又通过掺杂剂改进和新型隧道结结构将该电池效率提高至 $28.85\%$（AM1.5），其最大输出功率已是同等条件下单结 GaAs 电池的 1.14 倍，但与后来出现的 InGaP/GaAs 叠层电池相比，AlGaAs/GaAs 电池的界面复合速率还是太高，这导致了其短路电流密度偏小，影响了转换效率的进一步提高。

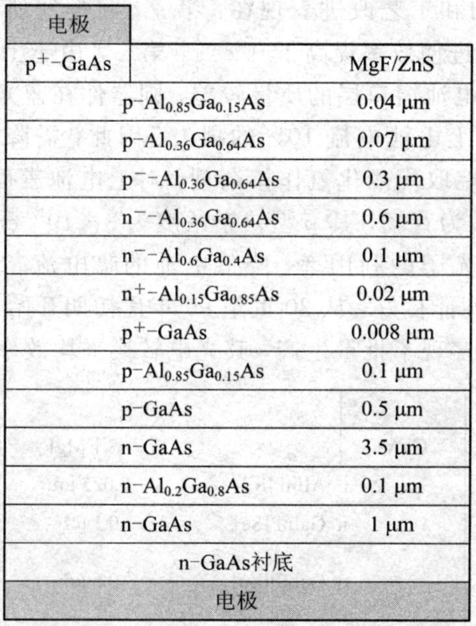

| 电极 | |
| --- | --- |
| $p^+-GaAs$ | MgF/ZnS |
| $p-Al_{0.85}Ga_{0.15}As$ | 0.04 μm |
| $p-Al_{0.36}Ga_{0.64}As$ | 0.07 μm |
| $p^--Al_{0.36}Ga_{0.64}As$ | 0.3 μm |
| $n^--Al_{0.36}Ga_{0.64}As$ | 0.6 μm |
| $n^--Al_{0.6}Ga_{0.4}As$ | 0.1 μm |
| $n^+-Al_{0.15}Ga_{0.85}As$ | 0.02 μm |
| $p^+-GaAs$ | 0.008 μm |
| $p-Al_{0.85}Ga_{0.15}As$ | 0.1 μm |
| $p-GaAs$ | 0.5 μm |
| $n-GaAs$ | 3.5 μm |
| $n-Al_{0.2}Ga_{0.8}As$ | 0.1 μm |
| $n-GaAs$ | 1 μm |
| n-GaAs衬底 | |
| 电极 | |

图 2-25　AlGaAs/GaAs 叠层太阳能电池结构示意图

另一种常见的双结 GaAs 薄膜电池是 GaInP/GaAs 电池。在这种结构的电池中，上电池 GaInP 材料的禁带宽度为 1.85 eV，与底电池 GaAs 材料的禁带宽度较为匹配，该双结电池的工作电压为单结 GaAs 电池的两倍多，工作效率大大提高。与 AlGaAs/GaAs 叠层电池相比，GaInP/GaAs 的界面复合速率更低[55]，而电池的抗辐射性能更好，使得其具有更高的电池性能与更加长久的空间应用寿命。$Ga_{1-x}In_xP/GaAs$ 叠层电池结构最早于 20 世纪 80 年代末由美国国家可再生能源实验室的 J. M. Olson 等人[55]提出，他们在 p 型 GaAs 衬底上用 MOCVD 技术生长出小面积（0.25 cm$^2$）$Ga_{0.5}In_{0.5}P/GaAs$ 双结叠层电池结构，工艺中Ⅲ族元素气源是 TMIn、TMGa、TMAl，Ⅴ族元素气源是 $AsH_3$、$PH_3$，掺杂剂是 DEZn 和 $H_2Se$。上、下电池的基区均为经过 Zn 掺杂的 p 型材料，掺杂浓度约为 $1\times10^{17}\sim$

$4 \times 10^{17}$ cm$^{-3}$；而反射区和窗口层则为经过 Se 掺杂的 n 型层，浓度约为 $10^{18}$ cm$^{-3}$；上、下电极间采用了高电导的 GaAs 隧道结，掺杂浓度约为 $10^{19}$ cm$^{-3}$。电池的上、下电极接触均为镀 Au，栅线面积大约占全面积的 5%。抗反射层为 MgF$_2$/ZnS，层厚分别为 120 nm 和 60 nm。整个外延工艺在 700℃ 左右的反应温度下进行。该电池效率达到了 27.3%（AM1.5）[56]。同时，他们指出可通过调整生长温度与生长速率，使 Ga$_{0.5}$In$_{0.5}$P 的禁带宽度在 1.82 eV 到 1.89 eV 之间变化，以达到与 GaAs 更好的带隙匹配。

1994 年，通过采用有效的结构改进，Ga$_{0.5}$In$_{0.5}$P/GaAs 电池的效率被提高到 29.5%（AM1.5）[57]，其短路电流密度达到 16.4 mA/cm$^2$，开路电压达到 2.398 V，而填充因子为 0.882。该电池主要的结构和工艺改进表现在：第一，将栅线所占表面积的比例由原来的 5% 降低到 1.9%，这一改进使效率提高了 0.8%。第二，由于上电池的表面主要吸收太阳光中的短波部分，如果上电池窗口层的质量较差，则器件在蓝光尾部波长范围内的量子效率会降低，这大约会造成上电池电流 10% 的损失。因此，需降低窗口层 AlInP 中的氧含量，将磷烷纯化或用乙硅烷取代硒化氢作掺杂剂，对上电池表面进行有效钝化。第三，采用 0.07 μm 的 GaInP 层作为背场，其 p 型掺杂浓度为 $3 \times 10^{17}$ cm$^{-3}$，该背场的存在可有效减少界面符合，提高入射光子的利用率，降低电池的暗电流。该电池的结构示意图如图 2-26 所示。由于本身的性能良好，从 20 世纪 90 年代初期开始，Ga$_{0.5}$In$_{0.5}$P/GaAs 双结薄膜叠层太阳能电池就已经实现了批量生产，其光电转换平均效率已达到 22%。

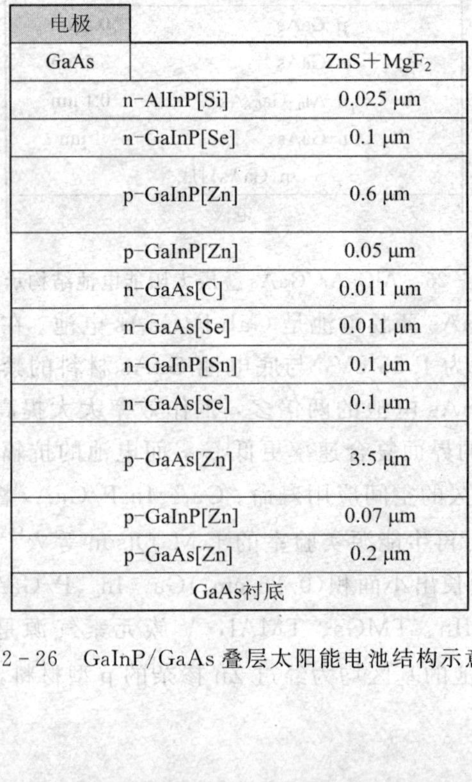

| 电极 | |
|---|---|
| GaAs | ZnS＋MgF$_2$ |
| n-AlInP[Si] | 0.025 μm |
| n-GaInP[Se] | 0.1 μm |
| p-GaInP[Zn] | 0.6 μm |
| p-GaInP[Zn] | 0.05 μm |
| n-GaAs[C] | 0.011 μm |
| n-GaAs[Se] | 0.011 μm |
| n-GaInP[Sn] | 0.1 μm |
| n-GaAs[Se] | 0.1 μm |
| p-GaAs[Zn] | 3.5 μm |
| p-GaInP[Zn] | 0.07 μm |
| p-GaAs[Zn] | 0.2 μm |
| GaAs衬底 | |

图 2-26　GaInP/GaAs 叠层太阳能电池结构示意图

1997 年，日本能源公司的 T. Takamoto 等人又提出了一种在 P$^+$-GaAs 衬底上的大面积(4 cm$^2$)双隧道结 GaInP$_2$/GaAs 双结电池，其光电转换效率达到 30.28%（AM1.5）[58]。该电池制造工艺中采用立式旋转托盘 MOCVD，以 TMIn、TMGa、TMAs 为Ⅲ族源，以 AsH3、PH3 为Ⅴ族源，以 H$_2$Se、DEZn 为掺杂剂。图 2-27 所示即为双隧道结 InGaP/GaAs 双结叠层太阳能电池结构示意图，其中 GaAs 底电池包括 p$^+$-InGaP BSF 层、p-GaAs 基区、n$^+$-GaAs意发射区和 n$^+$-AlInP 窗口层；InGaP 顶电池则包括 p$^+$-AlInP/p$^+$-InGaP BSF 层、p-InGaP 基区、n$^+$-InGaP 发射区和 n$^+$-AlInP 窗口层，电池的上、下电极分别采用Au-Ge/Ni/Au 和 Au 材料，顶电极栅线设计面积小于 2%。该电池在结构上的最大特点是采用了 n$^+$-AlInP/n$^+$-InGaP/p$^+$-InGaP/p$^+$-AlInP 的双异质结隧道结构，隧道结的设计对提高叠层电池的光伏性能至关重要，隧道结中所含有的杂质会向上电池、下电池和隧道结内部扩散，这都可能成为载流子陷阱，从而降低电池性能，因此，在上、下电池间构造双异质结隧道结，可对隧道结中杂质形成有效势垒，抑制杂质的扩散效应。以上改进有效地提高了电池的开路电压和总体转换效率。实验表明，在室温和 AM1.5 的光强条件下，电池的短路电流密度为 14.22 mA/cm$^2$，开路电压达到 2.488 V，填充因子为 0.856，而转换效率则提升至 30.28%。

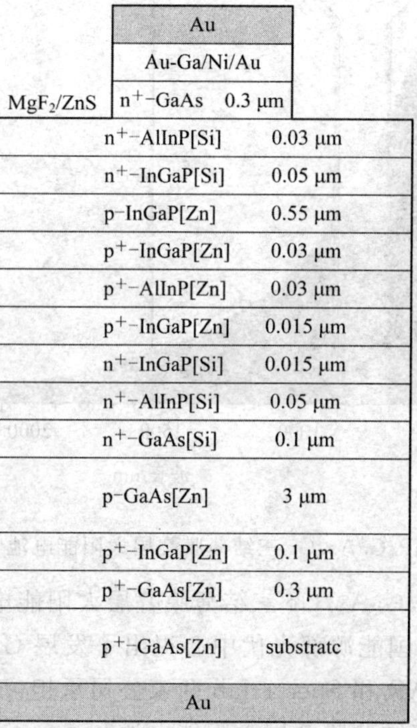

| Au | | |
|---|---|---|
| Au-Ga/Ni/Au | | |
| MgF$_2$/ZnS | n$^+$-GaAs | 0.3 μm |
| n$^+$-AlInP[Si] | | 0.03 μm |
| n$^+$-InGaP[Si] | | 0.05 μm |
| p-InGaP[Zn] | | 0.55 μm |
| p$^+$-InGaP[Zn] | | 0.03 μm |
| p$^+$-AlInP[Zn] | | 0.03 μm |
| p$^+$-InGaP[Zn] | | 0.015 μm |
| n$^+$-InGaP[Si] | | 0.015 μm |
| n$^+$-AlInP[Si] | | 0.05 μm |
| n$^+$-GaAs[Si] | | 0.1 μm |
| p-GaAs[Zn] | | 3 μm |
| p$^+$-InGaP[Zn] | | 0.1 μm |
| p$^+$-GaAs[Zn] | | 0.3 μm |
| p$^+$-GaAs[Zn] | | substrate |
| Au | | |

图 2-27 双隧道结 InGaP/GaAs 双结薄膜叠层太阳能电池结构示意图

## 2. 三结薄膜叠层太阳能电池

在双结 GaInP/GaAs 薄膜太阳能电池的基础上，人们提出了 GaInP/GaAs/Ge 三结薄膜太阳能电池结构。经过理论计算，三结薄膜叠层太阳能电池材料最优带隙组合应该是 1.83 eV、1.16 eV 和 0.71 eV。如前所述，在制备单结 GaAs 太阳能电池时，考虑到 GaAs 材料价格昂贵且机械强度低，出现了以 Ge 作为外延衬底的 GaAs 薄膜电池，这正是利用了 Ge 与 GaAs 在晶格常数和热膨胀系数方面都十分接近，且在 Ge 表面适宜外延生长 GaAs 的特性。因此，在制备三结薄膜叠层太阳能电池时，人们首先想到的就是 GaInP/GaAs/Ge 的电池结构，该叠层电池材料不但晶格匹配良好，且具有合理的带隙分布，从上电池到下电池，带隙分别为 1.85 eV、1.42 eV、0.7 eV，GaInP 顶电池可以吸收波长在 $0.3\sim 0.65~\mu m$ 范围内的光子能量，GaAs 中间电池可以吸收波长为 $0.65\sim 0.85~\mu m$ 的光子能量，Ge 底电池可以吸收波长为 $0.85\sim 1.8~\mu m$ 的光子能量，从而构成了较为理想的晶格匹配三结薄膜叠层太阳能电池。图 2-28 所示即为各叠层材料吸收太阳光谱的范围。

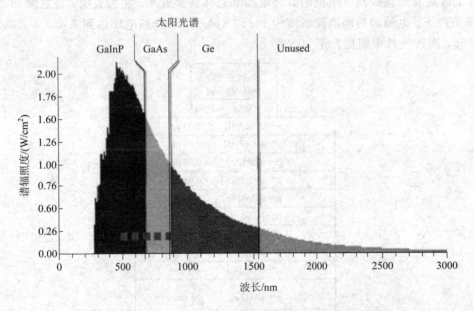

图 2-28　GaInP/GaAs/Ge 三结薄膜叠层太阳能电池吸收太阳光谱范围

实际上，国外对 GaInP/GaAs/Ge 三结薄膜叠层太阳能电池的研究从 20 世纪 90 年代初期就开始了。1995 年，美国能源部光伏中心提出了发展 GaInP/GaAs/Ge 太阳能电池产业的计划，主要由 TECSTAR 和 Spectralab 两家公司承担，他们分别研制了 p-n/p-n/n 结构的 $GaInP_2$/GaAs/Ge 双结薄膜叠层太阳能电池和 n-p/p-n/p 结构的 $GaInP_2$/GaAs/Ge 三结薄膜叠层太阳能电池，其中，Spectralab 公司的三结薄膜叠层太阳能电池批量生产效率为 24.2%，最高效率为 25.5%。1996 年，美国光谱实验室研制成功的三结 $GaInP_2/$ $GaAs/Ge$ 叠层太阳能电池 AM0 最高效率达到了 25.7%；1997 年，三结 $Ga_{0.5}In_{0.5}P/$ $GaAs/Ge$ 太阳能电池大批量生产平均效率达到了 24.5%；通过技术创新，2000 年改进后的三结 $GaInP_2/GaAs/Ge$ 太阳能电池最高效率达到了 29%；2002 年，改进型三结电池大批量生产平均效率达到了 26.5%[59]。在保有高效率的同时，这类电池还具有高抗辐射特性，这主要是由 GaInP 上电池的高抗辐射特性来保证的。表 2 - 1 为三家批量生产 GaInP/ $GaAs/Ge$ 太阳能电池厂家的部分产品参数。

表 2 - 1　美国 Spectralab、Emcore 公司及德国 Azurspace 公司三结
GaInP/GaAs/Ge 太阳能电池相关参数

| 厂商名称 | 产品规格 | 寿命初期转换效率 | 寿命末期转换效率 | 衬底 | 外延技术 | 晶片厚度 | 尺寸 | 重量 |
|---|---|---|---|---|---|---|---|---|
| Spectralab | $GaInP_2/GaAs/Ge$ Improved Triple Junction | 26.8% | 22.5% | Ge | MOVPE | 140 $\mu m$ | 31 cm² | 84 mg/cm² |
| | $GaInP_2/GaAs/Ge$ Ultra Triple Junction | 28.3% | 24.3% | Ge | MOVPE | 140 $\mu m$ | 32 cm² | 84 mg/cm² |
| | $GaInP_2/GaAs/Ge$ Next Triple Junction | 29.9% | 26.6% | Ge | MOVPE | 140 $\mu m$ | 60 cm² | 84 mg/cm² |
| Emcore | $InGaP_2/GaAs/Ge$ 3rd Generation Triple Junction | 29.5% | | Ge | MOCVD | 140 $\mu m$ | ≈32 cm² | 84mg/cm² |
| Azurspace | $GaInP_2/GaAs/Ge$ 30% class | 30% | | Ge | MOVPE | 150±20 $\mu m$ | 30.18 cm² | ≤86 mg/cm² |
| | $GaInP_2/GaAs/Ge$ 28% class | 28% | | Ge | MOVPE | 150±20 $\mu m$ | 30.18 cm² | ≤86 mg/cm² |
| | $GaInP_2/GaAs/Ge$ 27% class | 27% | | Ge | MOVPE | 150±20 $\mu m$ | 30.18 cm² | ≤86 mg/cm² |

　　为了进一步提高三结薄膜叠层电池的光电转换效率，人们发现在中间层电池 GaAs 材料中掺入 1% 的 In，可进一步提高膜层与 Ge 的晶格匹配度，增大电池的短路电流密度。然而 $Ga_{0.99}In_{0.01}As$ 的带隙在 1.2 eV 左右，与三结最优带隙中间层电池 1.16 eV 的带隙要求存在一定差距，这将导致三结电池串联后的电流不匹配，使顶层和中间层电池的短路电流均略小于底层 Ge 结电池的短路电流。更进一步，可以在 $Ga_{0.5}In_{0.5}P/GaAs/Ge$ 叠层电池的

GaAs/Ge 之间增加一层 GaInNAs 太阳能电池,其禁带宽度在 1.05 eV 左右,形成四结薄膜太阳能电池,其太阳能光电转换理论效率达到近 40%。然而复杂的四元材料体系在生长上很难保证材料的质量,更无法保证材料的重复性和稳定性,因此,对于新型多元四结太阳能电池还处在理论研究阶段。

## 2.5.2 多结叠层太阳能电池的制作工艺

上节介绍的多结叠层太阳能电池多是单片多结太阳能电池,不同子电池间通过隧道结进行连接,即所谓的隧道结串接法。除此方法之外,还可通过一种机械堆叠法来制作多结叠层太阳能电池。

机械堆叠法是先制备出若干独立的太阳能电池;再利用金属电极,将各级子电池以机械方法逐层叠加,并通过各种串、并联形成最终的多结叠层电池。该方法制作的太阳能电池中,各级子电池无需通过隧道结连接,它们在光学上是串联的,而在电学上则是相互独立的,故不需要进行电流匹配和晶格匹配,因此,对材料的选择范围比隧道结串接电池更广,且电池的总效率等于各级子电池效率之和,充分利用了每个子电池的电功率。机械叠层法制造的最具代表性的太阳能电池是首先由美国的 Frass 提出的 GaAs/GaSb 电池,该电池中上、下子电池由机械方法叠合而成,为四端输出器件,GaAs 顶电池由 MOCVD 技术生长,其上淀积 AlGaAs 窗口层;而 GaSb 底电池由 Zn 扩散方法制备,顶电池的下电极需做成梳状电极,并与底电池的上电极严格对准,通过外电路的串、并联可实现子电池的电压匹配。尽管机械叠层工艺对子电池的限制较少,理论上也能获得更高的效率,但是,实际中需要非常复杂的串、并联外电路,其制作工艺也非常复杂,不适宜大规模生产。因此,目前主要还是采用隧道结连接的单片叠层式多结太阳能电池。

隧道结串接法是在单片衬底上逐层外延生长各级子电池,不同子电池间通过超薄重掺杂的隧道结进行连接,载流子在隧道结中通过隧穿效应进行输运。这种工艺制作出的叠层电池中,各子电池在光学和电学意义上都是串联的,且要求各子电池的极性相同,即都是p/n 结构或 n/p 结构,隧道结的作用是防止各子电池 p-n 结直接连接所造成的反偏截止。

在隧道结串接法制备多结电池工艺中,隧道结的制作是至关重要的,要获得性能良好的叠层电池,在隧道结中就不能造成明显的电压损失和电流损失,因此,形成隧道结的材料必须有良好的透光性,使入射光尽量不在隧道结内部产生损失,同时良好的 $I-U$ 特性及导电性能能够保证高的隧穿电流及低的电压损失,另外隧道结材料的晶格常数和热膨胀系数也应尽可能与其上、下层材料相匹配。针对以上要求,人们研究了材料类型、掺杂浓度、掺杂类型及生长条件等对形成隧道结的影响,一般认为,提高掺杂浓度、降低隧道结宽度可提高隧穿电流,降低电压损失。在选择掺杂剂时,还要考虑扩散杂质的固溶度和扩散系数。高的固溶度是保证高掺杂浓度的前提，而过大的扩散系数会使 p-n 结耗尽层变宽，不能有效形成隧道结，因此，隧道结 p 型掺杂一般采用扩散系数较小的碳，而 n 型掺杂则选用硅。另外，选用宽禁带材料可显著降低对光的吸收，从而保证各叠层子电池的光吸收，但是，隧道结带隙过宽，也会使多结叠层太阳能电池在特定偏压下的隧穿电流减小，解决这一问题的一个方法是可以在禁带中引入一个新的能级，通过陷阱辅助隧穿来增加隧穿电流。例如，Zide 等人[60]在隧道结中嵌入了半金属 ErAs 纳米晶粒，由 ErAs 纳米晶粒提供的能级，使隧道结隧穿电压由 0.7 V 左右下降到 0.3 mV 左右，降低了 3 个数量级。

另一方面，在制作隧道结连接的单片叠层电池时，必须考虑最佳带隙组合和晶格匹配这一对因素。目前，以 MOCVD 为代表的主流外延生长技术只能实现晶格匹配材料的外延生长，如果满足晶格匹配要求，就难以满足对太阳光有最佳转换效率的带隙组合要求；而如果选择对太阳光吸收最佳的带隙组合材料，则会造成材料间晶格的不匹配。针对这一问题，人们提出了一些新的解决办法，其中比较有代表性的是渐变缓冲层技术和低温键合技术。

渐变缓冲层技术的特点是采用多层组分渐变的缓冲层结构来解决不同材料间的晶格失配问题。在 $Ga_{0.5}In_{0.5}P/GaAs/In_{0.3}Ga_{0.7}As$ 三结电池结构中，中间层的 GaAs 电池和底层的 $In_{0.3}Ga_{0.7}As$ 电池存在 2‰的晶格失配，无法直接实现这两层材料的叠层外延生长。美国 NREL 的 J. F. Geisz 等人[61]在底层和中间层电池材料之间加入了一个组分为 $Ga_xIn_{1-x}P$ 的渐变缓冲层结构，该结构中包含 9 层 $Ga_xIn_{1-x}P$，9 层材料中 Ga 的原子组分由 0.25 渐变到 0.51，厚度共计 1 $\mu m$。同时，配以电池的逆向生长技术，即在 GaAs 衬底上先生长顶层电池，最后生长底层电池，使渐变缓冲层以上只有底层电池一结电池结构。这样的技术组合能够解决晶格不匹配的问题，将失配和位错限制在渐变缓冲层区域内，使得多结太阳能电池的转换效率进一步提高。渐变缓冲层技术已成为目前解决晶格失配问题的主流技术。

低温键合技术是指将两片镜面抛光的晶片在没有施加任何外力锻压和宏观粘胶的情况下，室温形成范德瓦尔斯结合，并通过高温退火在界面形成原子结合的过程。采用低温键合技术，可以将晶格严重失配的材料直接连接起来，且连接机械强度非常高。然而，键合技术目前也面临着一定的应用障碍：键合界面通常存在着大量的位错和缺陷，由此可能产生光损耗和电损耗等一系列问题，使得采用键合技术设计的太阳能电池普遍没有获得更高的转换效率[62]。

## 2.6  微纳电子技术在太阳能电池发展中的应用

随着太阳能电池在材料、设计、工艺水平方面的不断进步，太阳能产业近年来呈现出飞速发展的态势。虽然世界各国都在低成本、高效率的太阳能电池的研发上投入大量精力，但是，要将太阳能作为一种常规的能源进行大规模推广和应用，在现阶段还是存在不小的困难，这主要表现在太阳能电池发电价格是常规能源的数倍，这大大限制了它的发展和应用。欲解决这一问题，一方面，需要进一步降低太阳能电池的生产成本；另一方面，需要不断提高光/电转换效率，以提高太阳能电池发电的性价比。针对以上两点要求，传统技术已很难作出大的突破，人们将目光转向快速发展中的新型微纳电子技术。

众所周知，现代太阳能电池技术已发展进入第三代。第一代太阳能电池是基于半导体晶片的，如单、多晶硅太阳能电池。第二代太阳能电池主要指薄膜电池，本章前几节介绍过的非晶硅薄膜电池、化合物半导体薄膜电池、多结薄膜电池等都属于这一范畴。在第二代太阳能电池之后，各种新技术、新工艺生产的电池都可归为第三代太阳能电池，虽然对其确切的定义还未形成统一的认识，但人们公认第三代太阳能电池应在低成本的基础上，具有远高于 Shockley-Queisser 极限（32.8%）的高效率。2004 年，Green 教授提出第三代太阳能电池构想，认为第三代太阳能电池应是一种"高效率、低成本、长寿命、无毒性和高稳定性的接近理想化的光伏电池"[63]。

随着半导体技术向着纳米尺度不断发展，人们逐渐意识到新型的纳米材料与纳米光电子技术具有一些独特的优势，是制备第三代优质电池的可行途径。例如，纳米材料的晶粒尺寸更小，与载流子的平均自由程可以比拟，因此，载流子在其中的散射概率大大降低，提高了载流子的收集效率；纳米微结构可形成量子阱超晶格，具有灵活的带隙调谐能力，其微带效应提高了对太阳光谱的吸收，使转换效率得以增长；量子点阵列利用量子隧道效应，降低了材料对载流子输运的限制，抑制了载流子的复合；纳米线具有低的反射率，纳米薄膜具有良好的光吸收特性；特别的是，许多量子点和纳米晶粒被证明具有多激子产生的能力，这将有效提高电池的转换效率。

本节将简要介绍几类具有代表性的纳米结构太阳能电池，这些电池利用了纳米材料所特有的分立光谱特性、量子限制效应、良好的光吸收特性或多激子产生能力，在制作低成本、高效太阳能电池方面具有很大的发展潜力。

## 2.6.1　量子阱太阳能电池

半导体量子阱（Quantum Well，QW）是一种一维量子限制结构，量子阱太阳能电池是指采用量子阱作为有源区的太阳能电池。它一般由两种或两种以上材料构成，禁带宽度较小的材料构成量子阱，而禁带宽度较大的材料构成势垒层。在量子阱结构中，能级是量子化的，当势垒足够薄时，相邻量子阱中量子化能级会形成共有化的子能带，称为微带，此时电子波函数会在相邻阱间产生叠加，形成所谓的超晶格结构。量子阱太阳能电池的最大特点是，可以通过改变势阱材料和势阱宽度，改变能级分裂的距离，实现导带中微带与价带中微带能量差的调节，形成不同的带隙宽度，从而拓展对太阳能光谱的吸收范围。另外，量子阱中电声子相互作用满足能量守恒，动量已不是一个好量子数，碰撞电离将得到增强。

最早出现的量子阱太阳能电池是由 Aperathitis 等人[64]采用 AlGaAs/GaAs 材料实现的，他们通过在该 p-i-n 型太阳电池的本征层中植入多量子阱(MQW)结构，有效拓展了电池的长波响应，在很薄的有源层内有效提高了电池的短路电流密度。目前，多量子阱电池的研制主要集中在晶格匹配的 AlGaAs/GaAs 和 InP/InGaAs 系统以及晶格不匹配的应变超晶格 GaAs/InGaAs 和 InP/InAsP 系统，采用的工艺主要包括分子束外延(MBE)和金属有机物化学气相沉积(MOCVD)技术。日本丰田工大 M. J. Yang 等人用 MBE 技术研制了应变超晶格 GaAs/InGaAs p-i(MQW)-n 太阳能电池，效率达到 18%(AM1.5)，而在 4 倍光强下，效率上升到 22%[65]。英国伦敦帝国理工大学的 D. B. Bushnell 等人对 GaAs/InGaAs 多量子阱太阳能电池进行了多年的研究，他们采用 GaAsP/InGaAs 应变超晶格系统来减轻 GaAs 和 InGaAs 之间的晶格失配应力，改进了 GaAs/InGaAs 多量子阱太阳能电池的性能，获得了 21.9%(AM1.5)的效率[66]。

## 2.6.2　量子点太阳能电池

量子点(Quantum Dot, QD)又可称为纳米晶，是一种在三维尺度上都足够小的纳米材料，通常由Ⅱ族、Ⅲ-Ⅴ族元素以及过渡金属元素组成。量子点的粒径一般介于 2~10 nm 之间，并可在这一微小空间中限制电子。当材料颗粒尺度进入纳米量级时，会展现出不同于大尺度颗粒的独特的量子效应，如量子限域效应、尺寸效应、宏观量子效应、表面效应等，这启发人们将量子点用于新型半导体元器件的研制。

在第三代太阳能电池的研制中，量子点太阳能电池是最新且最具希望的电池种类之一。将量子点用于太阳能电池的制作，现阶段主要表现为以下两种形式。

一种是在 p-i-n 电池的 i 层中植入多个量子点层，形成基质材料/量子点材料的周期结构。2001 年 V. Aroutiounian 等人首先提出了 InAs/GaAs 量子点太阳能电池的概念[67]。这种类型的电池具备传统太阳能电池所没有的一些优点。首先，它利用了量子点的量子尺寸限制效应，可通过改变量子点的尺度、密度、层数等结构参数调整量子点材料层的带隙，例如，即使采用相同材质的量子点材料，只要改变量子点大小，就可以改变其对光波的吸收波长：尺寸小的量子点可以吸收高能量范围的太阳光，而尺寸大的量子点可以吸收低能量范围的太阳光。利用这一效应可灵活调整光吸收谱的能量范围，有效提高载流子的收集效率。其次，相邻量子点层的量子点之间存在强耦合效应，使得光生载流子可通过共振隧穿过程注入到相邻的 n+ 和 p+ 区中去，从而显著提高了电池的内量子效率及短路电流密度。另外,在量子点阵列中还可以产生多激子增强效应以增加光生电流。在传统的太阳能电池中,一个光子只能激发一个电子-空穴对,不能充分利用高能端光子的能量。2002 年美国国家能源实验室 Nozik 和澳大利亚新南威尔士大学 Green 两个小组的研究同时指出:某些半导体量子点在被来自于光谱末端的蓝光或高能紫外线轰击时,能释放出两个以上的电子[68-69],其量子产额可以高达 300% 以上。尽管对量子点产生多激子增强效应的机制还不是很清楚,但实验结果表明,在 PbSe、PbS、PbTe 量子点中的确存在这一现象,这将使高能光子的能量损耗大大降低,有效提高了电池的转换效率。

另一种具有代表性的量子点太阳能电池是量子点敏化太阳能电池。传统的有机燃料敏化电池多采用钌络合物制作,其制备过程比较复杂,钌金属价格昂贵,同时,燃料的激发态寿命短,长期稳定性差。因此,人们开始采用量子点作为敏化剂,制作出了低成本、长寿命、高效率的量子点敏化光电池。这种电池的结构中采用了有机与无机复合体系,其电解池是由光阳极、电解质和光阴极组成的"三明治"结构,光阳极主要是在导电衬底材料上制备一层多孔半导体薄膜,如 TiO$_2$ 纳米晶多孔膜,并吸附一层光敏化剂;光阴极是在导电衬底上制备一层含铂或碳等的催化材料。常用的量子点敏化剂主要有窄带隙的 CdSe、CdS、CdTe、InP、InAs、PbS 和 PbSe 等。量子点作为敏化剂具有显著的优势:首先,如前所述量子点具有的限域效应和多激子产生能力可以有效拓宽电池对太阳光谱的吸收范围,提高电池转换效率;其次,相对于有机染料,量子点具有非常好的光学稳定性;更重要的是,量子点敏化剂种类繁多,成本低廉,合成量子点的工艺温度低,并可以采用廉价的液相法进行制备,大大节约了工艺成本。

### 2.6.3  纳米线、纳米管太阳能电池

继量子阱与量子点之后,纳米线、纳米管是新发展起来的一种准一维纳米结构。与零维量子点相比,纳米线、纳米管阵列结构具有更大的表面/体积比,且具有直线电子传输特性,使得这类结构更利于光能的吸收和光生载流子的快速转移。

近年来对 Si 纳米线的研究表明,其在 500~1500 nm 波长范围内呈现出远高于 Si 单晶和多晶 Si 膜的光吸收系数,并且 Si 纳米线阵列还具有更优异的抗反射特性和良好的电接触性。采用纳米线与聚合物混合结构制作太阳能电池成为纳米太阳能电池技术的新发展方向。例如,对于新型材料石墨烯,由于它的稳定性和惰性结构,使得很难在不损害电气和结构属性的前提下直接在原始石墨烯表面上形成半导体纳米结构,美国麻省理工学院(MIT)研究人员采用了聚合物涂层来改变其性能,在表面覆盖一层氧化锌纳米线,然后覆盖一层光感材料(铅硫化物量子点),研发出一种基于涂覆一层纳米线的石墨烯薄片太阳能电池。

除了纳米线及其阵列外，碳纳米管在制作新型太阳能电池方面也表现出良好的特性，首先，碳纳米管自身具有较宽的带隙，因此拓宽了对太阳光谱的吸收范围；其次，它对载流子具有弱散射作用，提高了载流子的输运效率；它具有很大的比表面积和占空比，有利于光的吸收和载流子的近似直线传输。若将量子点和垂直生长在导电衬底上的一维纳米线或纳米管阵列相结合，则能有效提高量子点敏化太阳能电池效率。一维纳米阵列把光生电子直接传输到电极，可有效避免电子传输时在介孔 $TiO_2$ 粒子间的碰撞跳跃。

# 第3章　氢能及氢能发电体系

氢是未来最理想的二次能源，储量丰富，用于燃料电池中，可具有 60％～70％ 转换率。若解决产氢及储氢成本问题，氢能发电体系（燃料电池）极有可能成为第四代能源的主打之一。

## 3.1　氢能及氢能应用领域

### 3.1.1　氢能简介及发展概况

**1. 氢能**

氢能源自氢气发生化学变化所释放出的能量。氢气在化学变化中氢原子断键吸收能量后与其他原子重新组合形成新的化合键释放能量（例如与氧气燃烧反应生成水）。

氢具有以下性质和特点[70]：

（1）燃烧热值高于所有的单位化石燃料和生物质燃料。表 3-1 列出几种常见燃料的燃烧值。

表 3-1　几种常见燃料的燃烧值

| 名　　称 | 煤 | 汽油 | 天然气 | 酒精 | 氢气 |
|---|---|---|---|---|---|
| 燃烧值/(MJ/kg) | 15～27 | 47.3 | 36.22 | 29.7 | 141.6 |

（2）无色无味无毒，并且燃烧的产物是水，是最清洁的能源。

（3）来源丰富，氢气可以由水制取，而水是地球上最为丰富的资源，演绎了自然物质循环利用、持续发展的经典过程。

由于氢具有以上的优点，而目前又面临化石燃料短缺的窘境，因此氢能有望成为 21 世纪化石燃料的替代者。

1766 年英国科学家卡文迪许（Heny Cavendish）发现氢的存在，并在 1782 年由拉瓦锡（A. L. Lavoisier）命名。氢的利用最早是在 20 世纪上半叶，用于充气飞艇运输以及探测。但由于 1939 年的"兴登堡"飞艇事件，氢不再被使用。20 世纪中后期爆发的石油危机引起了人们对可持续发展的重视。近年来氢燃料电池技术的发展，推动了"氢经济"时代的到来。氢经济结构图[71]如图 3-1 所示。

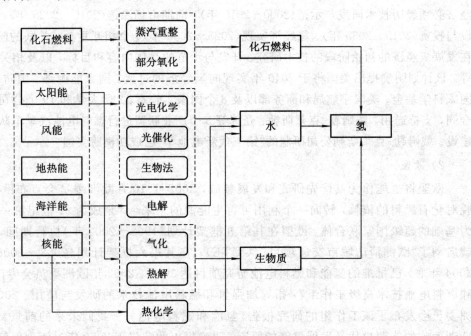

图 3-1 氢经济结构图

## 2. 氢经济的发展历史

氢能具有来源丰富、热效率较高、能量密度大、使用清洁、可运输、可储存、可再生等特点，各国政府都高度重视氢能的发展，将其视为 21 世纪的绿色能源和战略能源。世界上主要发达国家和相关国际组织都对氢能研发和实现向氢经济的转型给予了很大重视，进行了大量宏观战略研究，制定了长期研发计划，并投入巨资进行氢能相关技术研发[72]。1990年国际能源署制订了氢能和燃料电池研究开发和示范实施协议。2003 年包括我国在内的15 个国家和欧盟发起成立了"氢经济国际伙伴计划"，旨在建立一种国际合作机制，以推动氢能实用化的技术研发和使用的规范化。

### 1) 美国

1970 年第一次石油能源危机时，美国通用汽车公司技术研究中心提出了"氢经济"的概念。它主要描绘未来氢气取代石油成为支撑全球经济的主要能源后，整个氢能源生产、配送、储存及使用的市场运作体系。1976 年美国斯坦福研究院就开展了氢经济的可行性研究。1990 年美国通过了氢能研究与发展、示范法案，美国能源部（DOE）启动了一系列氢能研究项目。2003 年 5 月美国能源部科学办公室召开"氢生产、储存和利用的基础能源科学讨论会"。2004年2月，美国能源部出台了《氢态势计划：综合研究、开发和示范计划》[73]。该计划阐述了美国能源安全所面临的挑战及发展氢经济的必要性和紧迫性，制定了美国发展氢经济必须经历技术研发与示范(2000—2015年)、前期市场渗透(2010—2025年)、基础设施建设与投资(2015—2035年)、氢经济实现(2025—2040年)4个相互重叠、关联的阶段，确定了在发展氢经济的初始阶段的技术研究、开发与示范的具体内容和目标，以及相关的后续行动等。该计划明确提出美国将于2040年实现向氢经济的过渡。国家能源部、国防部、交通部、国家科学基金、美国宇航局和商务部以及8个国家实验室、2所大学和19个公司签署了研发合同，支持通用、戴姆勒-克莱斯勒、壳牌等5个产业联盟进行燃料电池汽车车队的技术设施建设。戴姆勒-克莱斯勒公司研制的"第五代新电池车"已成功横跨美国[74]。

2) 欧盟

欧盟将氢能作为其优先研究和发展领域，2002年10月欧洲委员会宣布欧洲将逐步摆脱对化石燃料的依赖，转向一个利用可再生能源的未来，计划成为21世纪第一个完全以氢为基础的超级国家联合体。欧盟在其第五框架计划(1998—2002年)执行期间，于2001年就启动了"欧洲清洁城市交通项目"(CUTE)；在其第六框架计划(2002—2006年)中，至2004年底，已批准的氢能和燃料电池研究项目达30项。2002年欧洲委员会专门成立了"氢和燃料电池技术高级工作组"，指导加强氢和燃料电池技术的研发与应用。2003年6月欧洲委员会发布了该工作组的研究报告《氢能和燃料电池——我们未来的前景》[75]，阐述了欧洲面临的能源挑战及发展氢能的原因，明确提出欧洲将于2050年过渡到氢经济，制定了欧洲实现向氢经济过渡的近期(2000—2010年)、中期(2010—2020年)和长期(2020—2050年)3个阶段及其主要的研发和示范行动计划路线图，并提出了相关对策建议。

3) 日本

日本在1993年制定的"新阳光计划"[76]中，计划到2020年投资30亿美元用于氢能关键技术(高效分解水技术、储氢技术、氢燃料电池发电技术)的研发。2003年6月，日本经济产业省公布了《日本实现燃料电池和氢技术商业化的途径》[77]，提出日本发展氢和燃料电池技术是降低能源利用对环境的影响和加强能源安全的需要，并计划在2020年实现拥有燃料电池汽车500万辆和建成固定燃料电池系统10 000 MW；2030年实现拥有燃料电池汽车1500万辆和建成固定燃料电池系统12 500 MW。

4) 中国

我国也很重视对氢经济相关的氢能和燃料电池技术的研发。2003年11月我国加入了"氢能经济国际合作伙伴"(IPHE)，成为其首批成员国之一。在国家科技部和各部委基金项目的支持下，我国已初步形成了一支由高等院校、中科院、能源公司、燃料电池公司、汽车制造企业等为主的从事氢能与燃料电池研究、开发与利用的专业队伍，研发领域涉及氢经济相关技术的基础研究、技术开发和示范试验等方面。特别是科技部资助的2项国家

"973"项目"氢能规模制备、储运及相关燃料电池的基础研究"[78](2000年)和"利用太阳能规模制氢的基础研究"[79](2003年)参与单位众多,影响较大。

目前,我国部分公司和单位(如北京世纪富原燃料电池有限公司、中科院大连化学物理所等)都能研制从几十瓦到几十千瓦级 PEMFC 电堆。1998 年,北京理工大学和清华大学核能与新能源技术研究院在质子交换膜燃料电池本体技术发展的基础上,开发了燃料电池微型电动车。

## 3.1.2 氢能应用领域

氢能作为一种清洁、高效、安全、可持续的新能源,被视为 21 世纪最具发展潜力的清洁能源,是人类的战略能源发展方向。世界各国如冰岛、中国、德国、日本和美国等不同的国家之间在氢能交通工具的商业化方面已经出现了激烈的竞争。虽然其他利用形式是可能的(例如取暖、烹饪、发电、航行器、机车),但氢能在小汽车、卡车、公共汽车、出租车、摩托车和商业船上的应用已经成为焦点。

### 1. 航天

1928 年,德国齐柏林公司利用氢的巨大浮力,制造了世界上第一艘"LZ-127 齐柏林"号飞艇,如图 3-2 所示。它首次把人们从德国运送到南美洲,实现了空中飞渡大西洋的航程。大约经过了 10 年的运行,航程 16 万多千米,使 1.3 万人领受了上天的滋味,这是氢气的奇迹。

图 3-2　LZ-127 齐柏林

然而,更先进的是 20 世纪 50 年代美国利用液氢作超音速和亚音速飞机的燃料,使B57 双引擎轰炸机改装了氢发动机,实现了氢能飞机上天。特别是 1957 年前苏联宇航员加加林乘坐人造地球卫星遨游太空和 1963 年美国的宇宙飞船上天;紧接着 1968 年阿波罗号飞船实现了人类首次登上月球的创举。这一切都依靠着氢燃料的功劳。面向科学的 21 世纪,先进的高速远程氢能飞机和宇航飞船商业运营的日子已为时不远。图 3-3 所示为都灵理工学院开发的氢能驱动飞机。

图 3-3   都灵理工学院开发的氢能驱动飞机

**2. 氢能汽车**

图 3-4 所示为利用氢能的汽车。以氢气代替汽油作汽车发动机的燃料,已经过日本、美国、德国等许多汽车公司的试验,技术是可行的,目前主要是面临廉价氢的来源问题。氢是一种高效燃料,每公斤氢燃烧所产生的能量为 33.6 千瓦小时,几乎等于汽车燃烧的 2.8 倍[80]。氢气燃烧不仅热值高,而且火焰传播速度快,点火能量低(容易点着),所以氢能汽车比汽油汽车总的燃料利用效率可高 20%。当然,氢的燃烧主要生成物是水,只有极少的氮氧化物,绝对没有汽油燃烧时产生的一氧化碳、二氧化碳和二氧化硫等污染环境的有害成分。氢能汽车是最清洁的理想交通工具。

图 3-4   利用氢能的汽车

**3. 氢能发电**

大型电站,无论是水电、火电或核电,都是把发出的电送往电网,由电网输送给用户。

但是各种用电户的负荷不同，电网有时是高峰，有时是低谷。为了调节峰荷，电网中常需要启动快和比较灵活的发电站，氢能发电就最适合扮演这个角色。利用氢气和氧气燃烧，可组成氢氧发电机组。这种机组是火箭型内燃发动机配以发电机，它不需要复杂的蒸汽锅炉系统，因此结构简单，维修方便，启动迅速，要开即开，欲停即停。在电网低负荷时，还可吸收多余的电来进行电解水，生产氢和氧，以备高峰时发电用。这种调节作用对于电网运行是有利的。另外，氢和氧还可直接改变常规火力发电机组的运行状况，提高电站的发电能力。例如氢氧燃烧组成磁流体发电；利用液氢冷却发电装置，进而提高机组功率等。

更新的氢能发电方式是氢燃料电池。这是利用氢和氧（或空气）直接经过电化学反应而产生电能的装置。换言之，也是水电解槽产生氢和氧的逆反应。20世纪70年代以来，日本、美国等国加紧研究各种燃料电池，现已进入商业性开发，日本已建立万千瓦级燃料电池发电站，美国有30多家厂商在开发燃料电池。德国、英国、法国、荷兰、丹麦、意大利和奥地利等国也有20多家公司投入了燃料电池的研究，这种新型的发电方式已引起世界的关注[81]。表3-2列出部分类型的燃料电池信息。

表3-2　部分燃料电池

| 燃料电池种类 | 工作温度（℃） | 发电效率（%） | 燃　料 | 催化剂 | 特　　点 |
|---|---|---|---|---|---|
| 磷酸盐型 | 100～200 | 约45 | 燃料以氢、甲醇等为宜，氧化剂用空气 | Pt系列 | 目前发电成本尚高，每千瓦小时约40～50美分 |
| 融熔碳酸盐型 | 650～700 | 55 | 燃料可用氢、一氧化碳、天然气等，氧化剂用空气 | 镍 | 电解质是液态的，发电成本每千瓦小时可低于40美分 |
| 固体氧化物型 | 1000 | 45～55 | | 钙、钛、矿 | 用于固定电站，可望发电成本每千瓦小时低于20美分 |
| 碱性燃料电池 | 80 | 60 | 燃料为氢气，氨或者连氨，氧化剂用空气或氧气 | 铂、金、银、镍、锰 | 电解质液态，产生二氧化碳 |
| 离子交换膜燃料电池 | 100 | 75 | | | 纯氧作氧化剂 |
| 可逆式质子交换膜燃料电池 | 80 | 40～50 | 燃料为氢气，氧化剂用空气或氧气 | 聚合物 | 适用便携式电源 |

燃料电池理想的燃料是氢气，因为它是电解制氢的逆反应。燃料电池的主要用途除建立固定电站外，特别适合作移动电源和车船的动力，因此也是今后氢能利用的孪生兄弟。

# 3.2 氢的制取和存储

氢气是氢经济的核心，是氢燃料电池的原料，氢燃料电池作为第四代能源的候选，高效率、低成本获氢技术是必要条件。目前，传统的制氢方法有天然气制氢、煤制氢、电解法制氢等，这些都是主要制氢的手段，成本低，产率高。但由于石化类能源的即将枯竭，目前传统的制氢方法以石化类为原料，不可以支撑将来作为氢燃料电池的氢源获取途径。特别是电解法制氢，是靠消耗电获氢再产电，不是氢燃料电池氢原料获取的合理方法。太阳能光催化裂解水制氢和生物质制氢是新型制氢技术。假如实现太阳能高效、低成本、光催化裂解水制氢技术，就有望实现从海水中提取氢。

## 3.2.1 传统获氢技术

在地球上的氢元素多以稳定的化合态存在。氢气作为氢经济的基础，寻求低成本的制氢技术是目前的研究热点。下面介绍几种制氢技术[82]。

### 1. 天然气制氢

开采出的天然气含有多种成分，主要成分是烷烃，其中甲烷占绝大多数，另有少量的乙烷、丙烷和丁烷。此外它一般还有硫化氢、二氧化碳、氮与水气和少量一氧化碳及微量的稀有气体，如氦和氩等[83]。

世界上拥有天然气制氢技术的公司主要有法国的 Technip，德国的 Lurgi、Linde、Uhde，英国的 Fuster Wheeler 以及丹麦的 Topsoe[84]。图 3-5 所示为 Technip 公司的一家制氢厂[85]。

图 3-5 Technip 公司的一家制氢厂

天然气制氢的基本做法涉及蒸汽重整、部分氧化，或者两者依次进行（自热重整），整个工艺流程一般由原料气处理、蒸汽转化、CO 变化和氢气提纯四大单元组成[86]。原料气处理单元的主要作用是采用 MnO 和 ZnO 等脱硫剂除去 $H_2S$ 和 $SO_2$。蒸汽转化单元的作用是以水蒸气为氧化剂，Ni 作催化剂，将烃类物质转化得到转化气。CO 变化单元的作用是在催化剂作用下，使转化气内的 CO 与水蒸气发生反应生成 $CO_2$ 和 $H_2$。氢气提纯单元的作用是脱去碳化物得到高纯度氢气。

目前，天然气制氢技术有[87]：天然气蒸汽转化法制氢（SRM）、天然气部分氧化法制氢（POM）、甲烷自热转化法制氢（ATRM）和甲烷催化裂解法制氢。

天然气蒸气转化法制氢是在催化剂存在及高温条件下，使甲烷与水蒸气反应，生成 $H_2$、CO 等混合气。涉及的主要化学反应式为

$$\begin{cases} CH_4 + H_2O = CO + 3H_2 \\ \Delta H = 49 \ kcal/mol \end{cases} \tag{3-1}$$

$$\begin{cases} CO + H_2O = CO_2 + H_2 \\ \Delta H = -10 \ kcal/mol \end{cases} \tag{3-2}$$

天然气部分氧化法制氢是对甲烷和氧气进行不完全氧化得到 CO 和 $H_2$。要求加热到 750~800℃ 以求转化效率达到 90% 以上，有无催化剂均可。涉及的化学反应式为

$$\begin{cases} CH_4 + \frac{1}{2}O_2 \leftrightarrow CO + 2H_2 \\ \Delta H = -9 \ kcal/mol \end{cases} \tag{3-3}$$

甲烷自热转化法制氢是对之前两种方法的结合，涉及的化学反应较为复杂，主要有以下反应：

$$2CH_4 + 3O_2 = 2CO + 4H_2O \tag{3-4}$$
$$CH_4 + H_2O = CO + 3H_2 \tag{3-5}$$
$$CO + H_2O = CO_2 + H_2 \tag{3-6}$$

甲烷催化裂解法制氢是在催化剂存在的条件下，高温裂解甲烷得到 C 和 $H_2$，产物中不含碳氧化合物。涉及的化学反应式为

$$\begin{cases} CH_4 = C + 2H_2 \\ \Delta H = 18 \ kcal/mol \end{cases} \tag{3-7}$$

在四种方法中[89]，天然气蒸气转化法制氢开发最早且最成熟，不需要氧，也不需要空分装置，但成本高、能耗大、维修费用高，成品气 $H_2/CO$ 高。天然气部分氧化法制氢能耗低，可常压操作，反应速率高于天然气蒸汽法制氢 1 到 2 个数量级，操作空速大，但高纯氧来源以及催化剂床层热点问题、催化剂反映稳定性以及操作体系安全性等问题是其发展的难点。近年来，钙钛矿型致密透氧膜受到人们的普遍关注，该过程集空分与反应为一体，降低了操作成本，还可以通过膜壁控制氧气的进料，有效地控制反应进程，但膜的透氧量和膜的热稳定性问题制约着该过程的发展。甲烷自然转化法制氢可在燃烧室的上、下部同时完成甲烷的氧化和蒸汽转化，这样降低了反应温度并节约能耗，但需要使用氧气，增加

了成本。甲烷催化裂解法制氢避免了提纯氢的工序,降低了成本,但会使催化剂失活。

**2. 煤制氢**

用煤制氢曾经是主要的制氢方法。后来随着天然气制氢技术的兴起,用煤制氢降低了发展趋势。我国煤炭资源相对丰富,成本较天然气便宜,是国内制氢的一个重要途径。

在煤气化制氢过程中,也不可避免地会产生$CO_2$,但这种高压、高纯度$CO_2$(浓度接近100%)完全区别于化石燃料燃烧过程产生的常压、低浓度$CO_2$(浓度仅为12%左右)。

日本制定了 HyPr-Ring 的实验研究和开发计划,取得了重要的实验研究结果,并进行了初步系统分析。HyPr-Ring 基本思路如图3-6所示;图3-7所示为 HyPr-Ring 计划中煤制氢系统[90]。

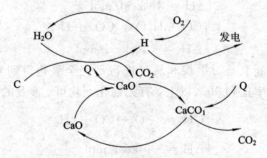

图 3-6  HyPr-Ring 基本思路

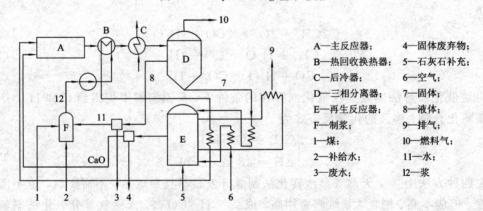

A—主反应器;       4—固体废弃物;
B—热回收换热器;   5—石灰石补充;
C—后冷器;         6—空气;
D—三相分离器;     7—固体;
E—再生反应器;     8—液体;
F—制浆;           9—排气;
1—煤;             10—燃料气;
2—补给水;         11—水;
3—废水;           12—浆;

图 3-7  日本 HyPr-Ring 计划中煤制氢系统

用煤制氢的方法:一是煤的气化[91],即利用气化技术产生合成气(一氧化碳和氢气为主,并带有一些蒸汽和二氧化碳),这种合成气可以进一步与水发生反应,增加氢的产量;二是煤的焦化[92],即将煤在隔绝空气的条件下,加热到900~1000℃得到焦炭和焦炉煤气,其中焦炉煤气成分中有氢气(55%~60%,体积 V)、甲烷(23%~27%)和 CO(6%~8%)等。

煤气化制氢技术涉及比较复杂的步骤，一般需要经过气化、CO 变换、酸性气体脱除与氢气提纯等环节，可得到不同纯度的氢气[91]。图 3-8 所示是煤气化制氢流程图。

图 3-8　煤气化制氢流程图

气化过程是在高温条件下，原煤与气化剂反应生成气体产物。气化剂一般为水蒸气或氧气(空气)。气化产物一般含有 $H_2$、CO、$CO_2$。涉及的化学反应式有

$$\begin{cases} C + H_2O(g) = CO + H_2 \\ \Delta H = -131.2 \text{ kJ/mol} \end{cases} \tag{3-8}$$

$$\begin{cases} CO + H_2O(g) = CO_2 + H_2 \\ \Delta H = -10 \text{ kcal/mol} \end{cases} \tag{3-9}$$

气体产物中含有氢气等组分，其含量随不同气化方法而异。气化的目的是制取化工原料或城市煤气。大型工业煤气化炉(如鲁奇炉)是一种固定床式气化炉，所制得煤气组成中氢气占 37%～39%(体积)、一氧化碳占 17%～18%、二氧化碳占 32%、甲烷占 8%～10%。两种鲁奇炉示意图如图 3-9 所示。

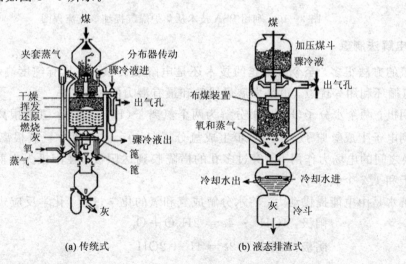

(a) 传统式　　　　　(b) 液态排渣式

图 3-9　两种鲁奇炉示意图

CO 变换过程是在有催化剂条件下将气化产物中的 CO 继续反应变成 $H_2$ 和 $CO_2$。按催化剂分类，Fe-Cr 系催化剂，操作温度在 350～550℃，但催化剂抗硫能力差，只能在低硫环境中使用；Cu-Zn 系催化剂，操作温度在 200～280℃，催化剂抗硫能力最差；Co-Mo 系催化剂，操作温度在 200～550℃，且抗硫能力强。在一般制氢装置中，Co-Mo 系催化

剂多应用于 CO 变换工艺。

酸性气体脱除过程是以去除 $CO_2$ 气体为主要目的从而得到纯净的 $H_2$ 的,脱除方法有溶液物理吸收、溶液化学吸收、低温蒸馏和吸附四类[93]。其中溶液物理吸收应用于压强较高时;溶液化学吸收相对压强偏低,这两种脱除方法应用最普遍。

目前,氢气提纯过程多采用深冷法、膜分离法、吸收-吸附法、钯膜扩散法、金属氧化物法以及变压吸附法等。在规模化、能耗、操作难易程度、产品氢纯度、投资等方面都具有较大综合优势的分离方法是变压吸附法(PSA)。PSA 技术是利用固体吸附剂[94]对不同气体的吸附选择性及气体在吸附剂上的吸附量随压力变化而变化的特性,在一定压力下吸附,通过降低被吸附气体分压使被吸附气体解吸的气体分离方法。图 3-10 所示是利用 PSA 技术从焦炉煤气提纯氢气流程图[95]。

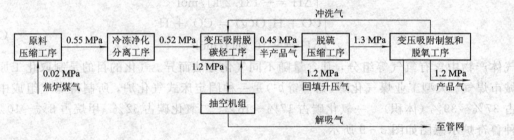

图 3-10　利用 PSA 技术从焦炉煤气提纯氢气流程图

### 3. 电解法制氢

制氢的方法很多,至今最优越的技术还是电解水制氢。它具有纯度高、操作简单、无污染、可循环利用等优点,也是发展最成熟和最有潜力的技术。

在阴极,两个水分子($H_2O$)被分解为两个氢离子($H^+$)和两个氢氧根离子($OH^-$),氢离子得到电子生成氢原子,并进一步生成氢分子($H_2$),而那两个氢氧根离子($OH^-$)则在阴、阳极之间的电场力作用下,穿过多孔的横隔膜到达阳极,在阳极失去两个电子生成一个水分子和 1/2 个氧分子[96]。

电解水是由电能提供动力,将水分解成氢和氧的化学过程。化学反应式为

$$
\begin{cases}
阳极:4OH^- - 4e = 2H_2O + O_2 \\
阴极:2H_2O + 2e = H_2 + 2OH^- \\
总反应:2H_2O = 2H_2 + O_2, \Delta H = +289 \text{ kJ/mol}
\end{cases}
\tag{3-10}
$$

电解水需要外加一大于水分解电压的直流电压,用于克服电解池内的各种电阻和电极的极化过电位。故有下式:

工作电压 $E$ = 水的分解电压 $E_{H_2O}$ + 电解池电阻压降 $IR$ + 阴极析氢过电位 $\eta_{H_2}$
+ 阳极析氧过电位 $\eta_{O_2}$

理想情况下，水的分解电压 $E_{H_2O}$ 为 1.23 V。

从对氢能源研究以来，电解水技术也得到高速发展。至今，已有碱性电解槽、聚合物薄膜电解槽和固体氧化物电解槽三类电解槽[97]，逐步提高了电解效率。

碱性电解槽是研究时间最长、技术最为成熟的，具有操作简单、成本低的优点，只是效率是三者中最低的。它的形式很多，由结构可分为箱式和压滤式；由电气连接方式可分为单极式和双极式。箱式电解槽一般在常压下运行，压滤式电解槽多在加压条件下使用。图 3-11 所示为碱性电解槽示意图。图 3-12 所示为压滤式离子交换膜电解槽。

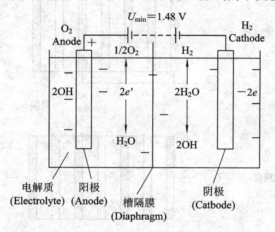

图 3-11　碱性电解槽示意图

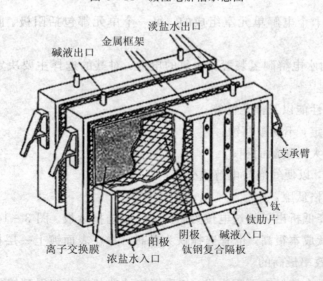

图 3-12　压滤式离子交换膜电解槽[98]

如图 3-13 所示，在单极式电解槽中电极是并联的，而在双极式电解槽中则是串联的[99]。双极式的电解槽结构紧凑，减小了因电解液的电阻而引起的损失，从而提高了电解槽的效率。但双极式电解槽在另一方面也因其紧凑的结构增大了设计的复杂性，从而导致制造成本高于单极式的电解槽。鉴于目前更强调的是转换效率，现在工业用电解槽多为双极式电解槽。

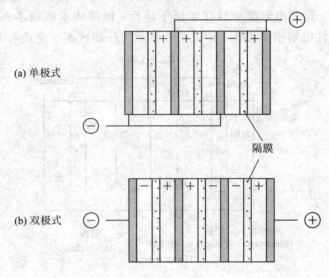

图 3-13　单-双极式电解槽示意图

电解槽是由若干个电解单元室组成的，每一个单元都包括阳极、阴极、电解质以及隔膜。

（1）阳极。作为水电解制氢装置析出氧的电极，对其的选择主要决定于阳极上的动力学过程。一般要求是[100]：

① 良好的导电性能以及催化性能；
② 自身结构稳定，不易被腐蚀；
③ 和液体有较大的接触面积；
④ 可去除气泡，以便气泡与电解质分离；
⑤ 无毒并且价格低廉。

在材料上，以降低析出氧的过电位为原则，一般选择钛板。图 3-14 所示为电解槽所使用的钛电极。但钛成本很高，也有选择铁为基板，并在表面镀上一层抗腐蚀的镍。镍也是金属元素中析氧效率最高的[101]。

在结构上，以增大接触表面积为优，如采用烧结碳基镍分解得到镍粉或烧结由碳基镍化学气相沉积而成的多晶镍来提高与电解质的接触面积。20 世纪 60 年代发展的多孔电极，

图 3-14  电解槽所使用的钛电极

相对于平板电极，有效作用面积更大，且利于气泡的去除，更降低了电解槽的工作电压。

此外，还有合金电极：$Ni_2Co$ 合金、$Ni_2Mo$ 合金等；$AB_2O_4$ 尖晶石型氧化物电极：$CuCo_2O_4$、$NiCo_2O_4$ 等；$ABO_3$ 钙钛矿型氧化物：$LnMO_3$（Ln 为镧系元素）、$SrFeO_3$ 等；贵金属氧化物：$RuO_2$、$IrO_2$ 和 $RhO_2$ 等[102]。

（2）阴极。与阳极近似，需要较低的析氢过电位与较大接触面积，良好的催化性能以及去除气泡、不易被腐蚀等要求。

目前，工业用析氢电极主要为镀镍铁板。在实验室中，合金类 Ni-Mo、Co-Mo、Ni-Co 等因为有较好的析氢性能而被研究，近年来稀土元素的加入更加大了其析氢活性。纳米合金类 Ni-Co、Ni-S 等电极，活性更大，更耐腐蚀和高温[103]。复合电极类如 Ni-WC、Co-WC、Ni-Mo-$RuO_2$ 等也具有较好的催化活性。

（3）电解质。在电解水的过程中，发生的是水分解，由于纯水的电阻率很大、电流很小，因此需要添加一些电解质，增加水的导电性能，提高产气率。对电解质的要求有：

① 离子导电性能强；

② 挥发性小；

③ 对电解槽材料腐蚀性小。

实际上可选的电解质一般有硫酸、氢氧化钾和氢氧化钠三种，但由于硫酸腐蚀性强，需要使用耐腐蚀贵金属制作电解槽而增加成本，而氢氧化钠和氢氧化钾相对腐蚀性小，只需要在电解槽上镀镍即可很好的解决腐蚀问题，并且能降低析氢电位和电解槽电耗。在电解过程中，需要补充纯水来保持电解液溶度变化不大。氢氧化钾对比氢氧化钠，它有较高的电导率，并且一般情况下蒸汽压要比氢氧化钠低[104]，所以工业上倾向于用氢氧化钾作为电解质。

电解质溶度与导电率的关系如图 3-15[105] 所示。可以看出，硫酸有最高的导电率，氢氧化钠导电率最低，氢氧化钾是平稳变化。

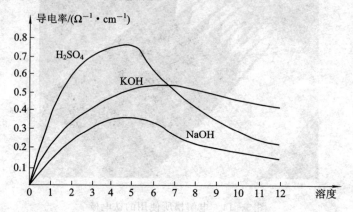

图 3-15　电解质浓度与导电率的关系

电解液温度对导电率的影响如图 3-16 所示。可以看出，它们都是线性增加的，氢氧化钾优于氢氧化钠。

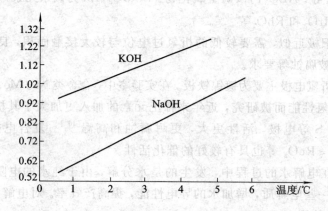

图 3-16　电解液导电率与温度的关系

电解质一般采用化学纯，但为了降低氯离子含量，可使用分析纯。氯化物的进入会在电解过程中产生氯气腐蚀电极，并且污染产物气体，还对操作员身体有害。杂质金属的存在会沉积在阴极上影响其活性，甚至会导致电极中毒而失去活性[106]。

配置电解液的溶液绝对不可使用自来水，必须是去离子水或者蒸馏水。

（4）隔膜。隔膜是电解槽的主要部分之一，其作用是防止阴、阳两电极产物混合，避免发生不利的反应，同时避免阴、阳极接触导致短路等。实际上，电解槽一般都是用隔膜将阴、阳极室隔开的。

为了能使离子通过，隔膜需有一定的孔隙率，并且不使分子和气泡通过。当有电流流过时，隔膜的欧姆电压降要低。这些性能要求在使用过程中基本保持不变，并且要求在阴、阳极室电解液的作用下，有良好的化学稳定性和机械强度。

在电解水时，阴、阳极室的电解液相同，电解槽的隔膜只需将阴、阳极室隔开，以保证氢、氧的纯度，并防止氢、氧混合发生爆炸。更多见的比较复杂的情况是，电解槽中阴、阳极室的电解液组成不同。这时隔膜还需要阻止阴、阳极室电解液中电解产物的相互扩散和作用，如氯碱生产中隔膜法电解槽中的隔膜，可以增大阴极室氢、氧离子向阳极室扩散和迁移的阻力[107]。

总结对隔膜的要求就是：

① 允许电解质离子通过，杜绝分子以及气体通过；

② 孔隙率要大，降低电阻值；

③ 物理与化学性质均一，电流分布均匀；

④ 具有一定的机械强度和化学稳定性，耐腐蚀等。

此外，对隔膜还有价格低廉、原材料来源广、废料易处理、易工业化等要求。

石棉隔膜是碱性水电解槽最早采用的一种隔膜，具有比较高的拉伸度，耐化学和热侵蚀，并且价格低廉，导电性好。其缺点是性能不稳定，例如石棉纤维易脱落，温度较高时在碱液中易膨胀、松脱，甚至发生溶解。而且石棉材料是一种致癌物质，加工过程对人体伤害很大。近年来，人们发现在石棉中加入树脂作为增强材料，或以树脂为主体作成微孔隔膜，在稳定性和机械强度方面都有很大改进。例如，加入聚四氟乙烯树脂作成的石棉隔膜工艺上操作是无毒的，降低污染，成品膜层均匀，结构紧凑，提高了耐腐蚀性能和机械性能，但是在技术上需要精确控制聚四氟乙烯熟知的用量，而且增加了成本[108]。图 3-17 所示为电解隔膜石棉布[109]。

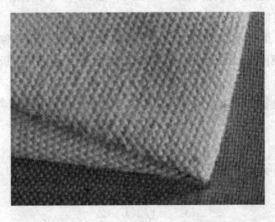

图 3-17 电解隔膜石棉布

由陶瓷材料烧结制备的无机隔膜具有较好的热稳定性和化学稳定性。一般陶瓷材料选用碱土金属 Zr 和 Ti 的氧化物。H. Wendt 曾使用 Ni 网为支撑体，加入 Ni 和氧化物陶瓷微粒烧结制成一种隔膜，其厚为 0.2 mm，强度高，对离子电阻小，气体分离性好[110]。烧结制成的隔膜，常与电极一起被用于零极距电解槽，电阻低，设备消耗低，但制模工艺复杂，隔膜尺寸受到限制，仅用于中小型电解槽[111]。

有机隔膜最早是合成木浆、聚烯烃纤维等，但由于耐腐蚀性差且电阻很大而受到限制。近年来，耐腐蚀的高分子聚合物如聚砜（PSF）类、聚四氟乙烯（PTFE）类和聚苯硫醚（PPS）类等材料广受重视。但它们都属于疏水性的，制成的隔膜不易被电解质浸润，从而形成气泡，导致电阻很大，增加能耗以及降低气体纯度。所以一般还会对其进行改性来保证膜的亲水性。采用电沉积和模压技术已经制成 PTFE 多孔隔膜，电阻为 0.02 $\Omega/m^2$，化学稳定性好，工作温度为 200℃。J. Kerres 等人[112]选用聚砜类树脂、聚乙烯基吡咯烷酮（PVP）为添加剂，通过相转化法制备了不同孔隙率的微孔聚合物膜，并对其进行电解测试。他们发现 PVP 的使用使隔膜的亲水性、孔隙率得到较大改善。Zirfon 膜[113]也是用于碱水电解制氢的一种聚合物隔膜，其主要成分为无机粒子 $ZrO_2$ 和聚砜或 PTFE，薄膜厚0.3 mm 左右，掺杂 $ZrO_2$ 是为了改善其亲水性。这种膜在 90℃、质量分数为 30% 的 KOH 电解液中具有优异的稳定性，对离子的电阻仅为石棉隔膜的 1/10～1/5。

此外，固体聚合物电解质电解制氢技术和高温水蒸气电解制氢技术也蓬勃发展。

固体聚合物电解质电解制氢的优点是：

① 电流密度更高，能量效率高，产氢能耗低；

② 不需要催化电极保留或支撑电解质；

③ 体积小，重量轻；

④ 性质稳定，无腐蚀液体或游离酸，水是唯一液体，用于电解和冷却。

电解槽由 3 部分组成：

① 电解质：粗糙、柔韧的全氟磺酸聚合物薄膜（四氟乙烯和全氟磺酸单体）；

② 催化电极：有磺酸基团，耐酸的贵金属或氧化物作电极（阳极 Pt、Ir 合金或氧化物，阴极铂黑）；

③ 集电极：保证电极作用面积上液体均匀，提供密封，采用碳氟聚合物胶剂。

阴极反应式 $$2H^+ + 2e^- = H_2 \tag{3-11}$$

阳极反应式 $$H_2O = 1/2O_2 + 2H^+ + 2e^- \tag{3-12}$$

高温水蒸气电解制氢技术是由固体氧化物燃料电池派生出来的。反应式如下：

阴极反应式 $$H_2O + 2e^- = H_2 + O^{2-} \tag{3-13}$$

阳极反应式 $$O^{2-} = 1/2O_2 + 2e^- \tag{3-14}$$

蒸汽电解装置结构示意图[114]如图 3-18 所示。

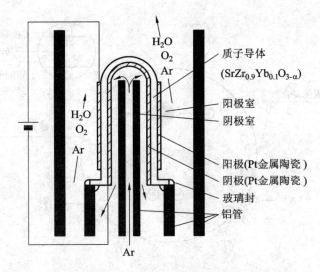

图 3-18　蒸汽电解装置结构示意图

右侧标注（从上到下）：
质子导体
$(SrZr_{0.9}Yb_{0.1}O_{3-\alpha})$
阳极室
阴极室
阳极(Pt金属陶瓷)
阴极(Pt金属陶瓷)
玻璃封
铝管

　　传统的制氢方法以石化类为原料，不可以支撑将来作为氢燃料电池的氢源获取途径。特别是电解法制氢，是靠消耗电获氢再产电，不是氢燃料电池氢原料获取的方法。

## 3.2.2　新型获氢技术

### 1. 太阳能光催化裂解水制氢

　　自 1972 年 Fujishima 等人[115]首次发现单晶 $TiO_2$ 电极上能够光催化分解水后，Carey 等成功地将 $TiO_2$ 用于光催化降解水中有机污染物，半导体光催化迅速受到各国环境和能源研究者的普遍关注。当前环境问题和能源危机成为制约人类发展的两大瓶颈。光催化技术有望成为解决环境和能源问题的有效方式，因为通过将太阳能转化为洁净氢能的光解水技术将彻底解决化石能源枯竭的危机。

　　1）半导体光催化机理

　　光催化反应是以半导体粒子吸收光子产生电子空穴引发的。图 3-19 所示为半导体光催化反应原理[116]，它给出了半导体在吸收光子能量等于或大于禁带宽度能量后发生的反应历程。

　　步骤 1：电子和空穴在半导体内部复合的过程；

　　步骤 2：电子和空穴在半导体表面复合的过程。

　　反应式：$h^+ + e^- \rightarrow h\nu$ 或热

　　步骤 1、2 为去激化过程，对光催化反应无效。

　　步骤 3：表示在半导体表面电子将水还原成氢气；

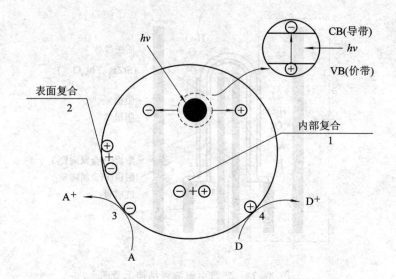

图 3 - 19  半导体光催化反应原理

步骤 4：在半导体表面空穴将水氧化成氧气。

步骤 3、4 是在半导体表面的氧化剂和还原剂分别发生还原和氧化过程而引发的光催化反应。

反应过程如下（以 $TiO_2$ 为例）[117]：

$$TiO_2 \xrightarrow{h\nu} e^- + h^+ \qquad (3-15)$$

$$h^+ + H_2O \rightarrow H^+ + \cdot OH \qquad (3-16)$$

$$e^- + O_2 \rightarrow \cdot O_2^- \xrightarrow{H^+} HO_2 \cdot \qquad (3-17)$$

$$2HO_2 \cdot \rightarrow O_2 + H_2O_2 \qquad (3-18)$$

$$H_2O_2 + \cdot O_2^- \rightarrow \cdot OH + OH^- + O_2 \qquad (3-19)$$

$$h^+ + e^- \rightarrow h\nu \text{ 或热} \qquad (3-20)$$

$$H_2O \xrightarrow{h\nu} H_2 + \frac{1}{2}O_2 \qquad (3-21)$$

其中，$\cdot OH$ 是氢氧自由基；$\cdot O_2^-$ 为超氧阳离子；$HO_2 \cdot$ 为过氧化羟基自由基。

纳米 $TiO_2$ 为 n 型半导体。光辐射在半导体上，当辐射的能量大于或相当于半导体的禁带宽度时，半导体内电子受激发从价带跃迁到导带，而空穴则留在价带，使电子和空穴发生分离；随后空穴和电子与吸附在 $TiO_2$ 表面上的 $H_2O$、$O_2$ 等发生作用，生成 $\cdot OH$ 和 $\cdot O_2^-$ 等高活性基团，然后分别在半导体的不同位置将水还原成氢气或者将水氧化成氧气[118]。当然产生的空穴和电子还有复合的可能，会降低水分解效率。

为了阻止半导体粒子表面和体相的电子再结合(步骤 1、2),反应物须预先吸附在其表面上。要使水完全分解,热力学要求半导体的导带电位比氢电极电位 $E_{H^+/H_2}$ 稍负,而价带电位则应比氧电极电位 $E_{O_2/H_2O}$ 稍正。图 3-20 列出了一些半导体材料的能带结构和光解水所要求的位置关系,表明许多半导体材料不能进行光解水的原因所在[119]。理论上半导体禁带宽度大于 1.23 eV 就能进行光解水,但由于存在过电位,最合适的禁带宽度为 1.8 eV。通常窄禁带宽度的半导体容易发生光腐蚀(如 CdS)导致寿命降低,而禁带宽度大的稳定的半导体(如 $TiO_2$)只能部分利用或不能利用太阳能,造成使用条件受限,从而需要人工光源。

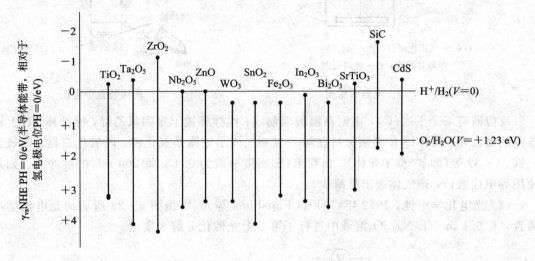

图 3-20    一些半导体材料的能带结构和光解水所要求的位置关系

2)光催化裂解水系统

光催化裂解水系统包括反应器、工作电极、电解液等主要装置,其余的还有气体收集、存储或者测量装置等。下面详细介绍几种不同的光催化裂解水系统,包括反应器、工作电极材料及电解液。

自从 1972 年 Fujishima 和 Honda[115] 发现 $TiO_2$ 单晶电极可以实现光分解水制氢以来,光催化的研究在理论上和应用上都有了很大的进展,在实验装置上也有了较大的改进。就目前现有的实验装置,可分为粉末状催化剂反应器和光化学电池(PEC)两大类。明显,前者催化剂以粉末状存在,后者则是作成电极片形式。

(1)粉末状催化剂反应器。2000 年,Tokio Ohta[120] 用图 3-21 所示实验反应器和图 3-22 所示连接装置[121]的实验反应器进行实验。搅拌速度($w$)范围从零到 1500 转,得到气体的逸出速度 $w$ 与 $t$(时间)是非线性的。

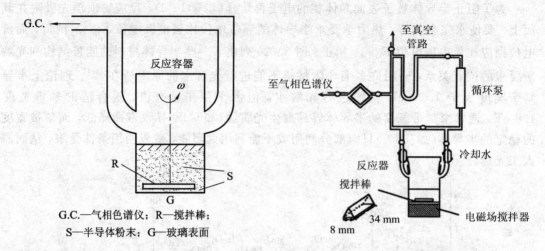

G.C.—气相色谱仪；R—搅拌棒；
S—半导体粉末；G—玻璃表面

图 3-21  实验反应器示意图           图 3-22  连接装置示意图

反应器有一个平底(G)，由耐高温玻璃制成；搅拌棒镀上聚四氟乙烯，搅拌棒(R)上覆盖聚四氟乙烯。搅拌棒 R 必须保持在与 G 接触。该半导体是氧化镍、四氧化三钴、四氧化三铁、$Cu_2O$ 等(即 $p^-$ 型半导体)。该粉末(S)密度一般为 0.1 g 每 200 mL 的纯净水。如果使用导电性液体，则气体逸出将减少。

(2) 光电化学电池。1972 年，Akria Fujishima 等人[122]用图 3-23 所示的光电化学池装置，在 0.1 mol/L $Na_2SO_4$ 溶液中进行了第一个光催化分解水实验。

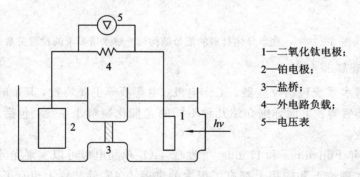

1—二氧化钛电极；
2—铂电极；
3—盐桥；
4—外电路负载；
5—电压表

图 3-23  光照下 $TiO_2$ 电极的光电化学池装置示意图

1975 年，Fujishima 等人[123]改进装置，用图 3-24 所示的光催化分解水实验装置再次进行了光催化分解水实验，电解液为 0.006 mol/L KOH 溶液。

这个是一个典型的实验装置，在倒置的漏斗管上收集气体，再用于检验，它没有气体的排出体系和检验体系。

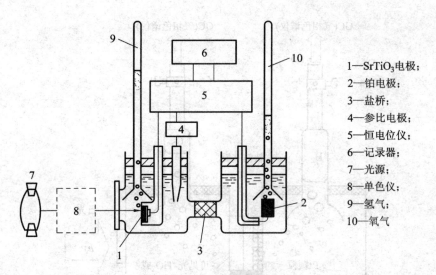

图 3-24　光催化分解水实验装置示意图

1—SrTiO₃电极；
2—铂电极；
3—盐桥；
4—参比电极；
5—恒电位仪；
6—记录器；
7—光源；
8—单色仪；
9—氢气；
10—氧气

2000 年，Fujishima 等人[124]再一次改进了光催化反应装置，改进后的光化学电池原理示意图如图 3-25 所示。

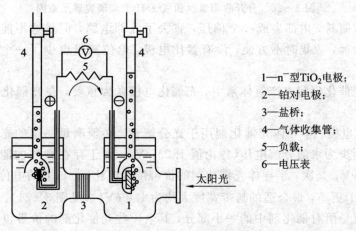

图 3-25　光化学电池原理示意图

1—n⁻型$TiO_2$电极；
2—铂对电极；
3—盐桥；
4—气体收集管；
5—负载；
6—电压表

2008 年，Masaya Matsuoka 等人[125]改装了以往的装置，用图 3-26 所示的装置进行实验。使用 Vis - $TiO_2$/Ti/Pt 或者 NaOH(x) - Vis - $TiO_2$/Ti/Pt；$TiO_2$ 电极：1.0 mol/L NaOH 溶液；Pt 电极：0.5 mol/L $H_2SO_4$ 溶液。

一个质子交换膜也安装在 H 型玻璃容器里，以提供电气连接，它允许电子在两个分开的水域传送，该功能和盐桥一个道理。$TiO_2$ 浸没在 1.0 mol/L NaOH 溶液中，铂片浸没在 0.5 mol/L $H_2SO_4$ 溶液里面，制造了一个化学偏压(0.826 V)，辅助电子通过金属基底从 $TiO_2$ 向铂片这边迁移。

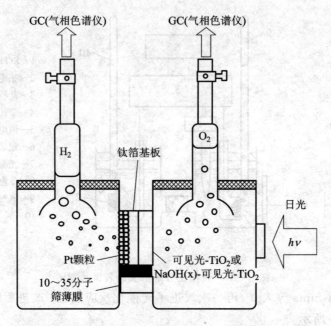

图 3-26 分开收集氢气和氧气 H 型玻璃容器示意图

该装置非常简易，内部生成一个偏压，省去了外部电路，但是这不能测量光电流，电极离收集装置太远，收集时不方便，没有参比电极，电位测量也少了一个参照，测量误差较大。

在以上的光催化裂解水产氢体系中，光催化电极尤为重要，在光催化裂解水中起着核心的主导作用。

（3）光催化电极。半导体光催化剂用于光分解水，必须满足一定的充分条件，光催化剂的禁带宽度至少为水的分解电压（理论值 1.23 eV），由于存在额外的能量消耗，禁带宽度要大于 1.23 eV；其次，半导体光催化剂的价带位置应比 $O_2/H_2O$ 的电位更正，而导带的位置应比 $H^+/H_2$ 更负，最合适的禁带宽度大约为 1.8 eV（参见图 3-21）。能实现光分解水条件的催化剂仅是所有催化剂中的一小部分，其余一些光催化剂的价带位置或者导带位置与水的能带位置不匹配。比如在水溶液的 pH = 2 情况下，除 $SrTiO_3$、$KTaO_3$ 外，$WO_3$、$Bi_2O_3$ 等由于导带位置比 $H^+/H_2$ 更正，因此不能作为分解水的光催化剂。

在光解水领域中市场上最成熟的是二氧化钛（$TiO_2$）。$TiO_2$ 一种 n 型半导体，它主要有锐钛矿型和金红石型两种晶型。通常认为，前者具有更高的活性，其价带到导带的 $E_g$ 约为 3.2 eV。半导体理论可解释其光催化原理。半导体的能带是非连续的，在价带（VB）和导带（CB）之间存在禁带。当它受到光子能量大于等于禁带宽度的光照时，其价带上的 $e^-$ 就会被激发跃迁到导带，相应在价带上产生 $h^+$，形成 $h^+-e^-$ 对。产生的 $h^+$、$e^-$ 在内部电场作用下分离并迁移到材料表面。电子受体通过接受表面的电子而被还原，相应的空穴有很强的获得电子能力，即具有强氧化性，可夺取半导体颗粒表面被吸附物质或溶剂中的电子，最终完成光催化反应。

由于 $TiO_2$ 的禁带宽度为 3.2 eV，若利用太阳光进行光催化，则只能是紫外光部分(仅占<4%太阳光谱线)，因此造成 $TiO_2$ 太阳光光催化裂解水产氢率低(<3%)，离实际应用还很远。为了充分利用太阳光中 43% 的可见光进行光催化裂解水，半导体材料的禁带宽度为 3.1~1.8 eV(对应可见光谱线 400~700 nm)。那么满足利用太阳光进行光催化的半导体材料因具备禁带宽度在 3.1~1.8 eV，并且能带位置处于与水匹配包容水的能带(价带位置应比 $O_2/H_2O$ 的电位更正，而导带的位置应比 $H^+/H_2$ 更负)。太阳能能谱图如图 3-27 所示。

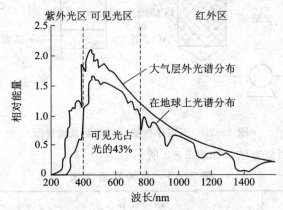

图 3-27 太阳能能谱图

对于太阳能光催化材料，目前主要分为：

① $TiO_2$ 类。对其掺杂、与其他半导体复合或耦合，使其与太阳光谱匹配可吸收可见光用于光解水。如：制备还原的 $MO_{2-x}X_x$(M=Ti, Ta；X=C, N, S, F, B)等，这类光催化剂对可见光的吸收虽有所提高并有良好的光催化效率，但注入的阴离子易分解，实际应用困难。

② 用先进的微纳技术合成新型光解水材料。比如掺 La 的 $NaTaO_3$ 和掺镍的 $InTaO_4$ 光催化剂都是通过引入杂质离子后获得成功的例子，大幅度提高了材料的光催化活性，或改变了光催化剂的性质，成为能够分解纯水的光催化剂。另外，催化剂还有 $Bi_2InNbO_7$、$CdS$、$ZnS$、$Bi_2W_2O_9$ 等[126]。

**2. 生物质制氢**

光合生物和发酵细菌两个类群因为体内存在氢代谢系统而能够产氢[127]。在氢代谢系统中，固氮酶是一种氧化还原酶，能够将空气中的 $N_2$ 转化成氨根离子或者氨基酸。

$$N_2 + 8e^- + 8H^+ + 16ATP = 2NH_4^+ + H_2 + 16ADP + 16Pi \qquad (3-22)$$

氢酶是一种催化酶，能够影响氢的催化反应：

$$2H^+ + 2e^- \leftrightarrow H_2 \qquad (3-23)$$

生物质制氢技术有望利用富含有机物的有机废水、城市垃圾等制氢生物质等为原料，既能缓解能源紧张的问题，又可以改善环境。固定床生物反应器制氢流程图如图3-28所示。

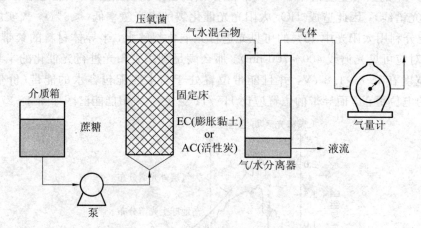

图 3-28　固定床生物反应器制氢流程图

此外，还有一些制氢方法，如表3-3所示。

表 3-3　几种制氢方法

| 制氢方法 | 内　容 | 涉及的化学反应 |
|---|---|---|
| 热化学分解水制氢[128] | 1300 K 时，水开始分解产生氢气和氧气 | $2H_2O = 2H_2 + O_2$ |
| 甲醛重整[129] | 高温裂解甲烷 | $CH_3OH = 2H_2 + CO$ |
| $H_2S$ 分解制氢[130] | 高温裂解 | $2H_2S = 2H_2 + S_2$ |

**3. 氢气的提纯**

无论采用何种方法制备氢气，都会含有杂质，这就需要进一步的提纯。

（1）低温分离法[131]：利用气体组分间沸点的差异，采用低温精馏实现混合气体组分的分离。操作步骤：首先，采用低温冷凝法除去杂质水和二氧化碳等；然后在不同温度下进行多次冷凝分离；再采用低温冷凝法精制，经预冷后的氢进入吸附塔，在液氮蒸发温度下，用吸附剂除去各种杂质。该方法的缺点：要先除去 $CO_2$ 和 $H_2O$ 等高沸点气体，预处理系统复杂；消耗大量能量制冷；设备复杂，需要多个吸附塔交替操作；产品纯度低，沸点相似的组分很难分离。

（2）膜分离法[132]：利用气体组分在中空纤维膜上渗透速率的差异实现混合气体的分离。该方法的局限性：处理系统复杂，膜对 $NH_3$、硫化物很敏感，要求原料气氛中 $NH_3$ 和 $H_2O$ 等均小于 $1 \times 10^{-6}$；得到的产品纯度不高，混合气体中的每种组分均可渗透；压力为气体渗透的动力,因此需要较大的压差,并且透过气体没有压力,能量损失较大。

(3) 变压吸附法[133]:利用不同气体在吸附剂上吸附性能的差异,以及同种气体在吸附剂上的吸附性能随压力的变化而变化的特性来实现混合气体的分离。该方法的特点:产品纯度高;工艺简单,原料气体中 $H_2O$、$H_2S$、$CO_2$ 等杂质组分可一步除去,不需要进行预处理;操作简便,能耗低,一般在常温和不高的压力下操作,设备简单,整个过程全部实现自动化;吸附剂寿命长,为半永久性使用,每年只需少量补充。大庆油田变压吸附-$H_2$ 供气装置如图 3-29 所示。

图 3-29 大庆油田变压吸附-$H_2$ 供气装置(15 000 $Nm^3/h$)

(4) 低温吸收-吸附法[134]:和变压吸附法原理相似。该方法的操作步骤:根据原料中杂质的种类,选择合适的吸收剂,例如甲烷、乙烯等,在低温条件下循环、吸收氢中的杂质;然后利用低温吸附法除去其中的微量杂质。

(5) 钯膜扩散法[135]:在一定温度下(400~500℃),氢分子在钯膜一侧离解成氢原子,溶于钯并扩散到另一侧,然后结合成分子。此方法经一级分离可得到 99.99%~99.9999% 纯度的氢。该方法对原料气中的氧、水、重烃、硫化氢、烯烃等的含量要求很严格:氧会在钯合金膜表面发生氢氧催化反应,反应产生大量热,使扩散室中钯合金膜局部过热受损;水、硫化氢、烯烃、重烃会使钯合金表面中毒。氢气进入钯膜之前,氧降至 $0.1 \times 10^{-6}$,水和其他杂质量降到 $1 \times 10^{-6}$ 以下。钯膜的渗透压力,通常膜前为 1.4~3.45 MPa,膜后压力为 448~690 KPa。由于钯属于贵金属,本方法只适于较小规模且对氢气纯度要求很高的场合使用[120]。

(6) 金属氢化物法[136]:利用储氢合金对氢的选择性生成金属氢化物,氢中的其他杂质浓缩于氢化物之外，随着废气排出。金属氢化物分离放出氢气，从而使氢气纯化，常用数个纯化器联合起来连续工作。工艺上包括吸氢和放氢、低温高压吸氢、高温低压放氢。

（7）催化脱氧法：用钯或铂作催化剂，氧和氢反应生成水，用分子筛干燥、脱水。该方法特别适用于电解氢的脱氧纯化，可制得纯度为 99.999％ 的高纯氢。

（8）联合工艺：将数种气体分离技术结合起来，如 PSA——低温吸附，PSA——膜分离。

### 3.2.3 氢的存储和运输

对氢经济而言，关键的经济决定因素是燃料配送系统的成本和安全问题。氢具有独特的性质，其扩散能力极强；气态时密度极低为 0.089 88 g/L，液态（－253℃）时为 70.8 g/L；可燃范围大，空气中的燃烧界限为 5％～75％（体积）。这些特性都给氢的配送过程带来特殊的成本和安全障碍。

氢可以以压缩气体或低温液体的形态运输，这将是初期的主导方式，随着需求量的增加，这种方法肯定会过于昂贵或发生危险。氢也可以与具有吸收能力的合金基体相结合，或者被吸附在一种基质上，或者以锂、钠等金属的化合物母体或氢化物的形式运输，但是这些技术尚未达到应用要求。从长远来看，最有效的产氢方式是大规模集中式生产。但目前的管道配送成本很高，与生产成本相当。

随着氢需求量在今后几十年的增长，氢的运输、配送和储存系统将发生多次变化。先从小规模配送和储存转到分布式生产和储存，再到集中式生产配以遍布各地的管线、配送和储存网[137]。

美国主要采用物理和化学方法来存储氢。物理方法存储氢就是将氢气压缩后装入高压气瓶，或将氢气液化后装入低温容器；化学方法存储氢就是将氢制成固态金属氢化物，在一定的压力和温度条件下，氢可以再被释放出来。目前，还没有一种氢能存储技术能满足生产者和用户所希望的存储指标。例如，高压气态氢，所占体积大，空间效能比差；氢气液化需要大量能量，液态氢的储存需要低温容器，成本很高；采用化学方法存储，虽然存储密度大，但增加了存储重量，给氢能的最终应用带来了不便[138]。

在美国，氢的短距离运输（在 100～200 英里范围内）主要采用将氢气压缩装入气瓶，然后用拖车来运输。氢的长距离运输（超过 200 英里范围）采取将氢液化装入低温储罐，再通过公路和铁路运输。在氢生产和使用比较集中的州，如印第安纳州、加利福尼亚州、得克萨斯州等采用了更为高效、便捷的管道运输，但这些运输管道是由氢的生产公司拥有和使用的。目前，美国还没有建立起高效、经济的氢能运输体系。

科学家们希望能够提高氢储存的效率、降低氢储存的成本，一种方法便是研究如何提高合金的储氢量。目前，在室温下，最好的氢吸收合金只能储存相当于其重量约 2％ 的氢，不能实际用于汽车的能量储存箱。另一种材料能够将氢储存量提高到 7％，但这需要高温或低温环境，增加了能耗和成本。

2006 年，美国国家标准和技术局的 Tanet Yildirim 博士领导研究小组[139]，通过理论计算发现，钛和一种乙烯小型碳氢化合物能够形成稳定的复合结构，这种复合材料能吸收相当于其重量 14％的氢。

表 3-4 列出一些存储氢气的方法[141-146]：

**表 3-4　存储氢气的方法**

| 方式 | 操 作 | 优 点 | 弊 端 |
|---|---|---|---|
| 气态储氢 | 采用高压压缩气体，压力为 12～82.5 MPa | — | 成本高，安全性不好，效率低等 |
| 液态储氢 | 低温、高压压缩气体 | 质量体积比大，适宜储存空间有限的运载场合 | 成本高，能耗大，效率低，安全性不好 |
| 金属氧化物储氢 | 用金属和氢反应生成金属氢化物而将氢储存和固定，基于反应可逆性，通过升温和减压释放氢气 | 储氢容量大，成本低，相对安全 | 储氢合金易粉化，经多次储放氢循环，储放性能明显降低，还需热交换附属设备 |
| 地下储氢 | 在密封地下加压储氢 | 只花费运费而不需要考虑储氢容器，成本低，安全 | 地理环境受限 |
| 纳米碳管储氢 | 利用表面尺寸均一的微孔吸附或在毛细力压缩氢气储存氢气 | 最佳条件下，储氢分数值可观 | 机理未充分理解，试验中储氢分数值在 0.4％～14％ 之间，重复性低 |
| 活性炭储氢 | 活性炭作吸附剂，中低温、中高压条件下吸附氢 | 成本低、储氢量高、解吸快、循环使用寿命长和易实现规模化 | |
| 玻璃微球储氢 | 在高温、高压下，氢气扩散进中空玻璃球内，然后等压冷却，达到储氢目的 | 成本低 | 释放氢时的加热方式不宜实现，需要制作高强度的空心微球 |
| 合成的聚氢化物 | 钛、铌、镁、锆等金属和它们的合金与氢气可形成储氢金属 | 部分金属储存方便，成本低，活性大等 | 部分金属成本高，吸收、释放氢缓慢 |
| 有机液体储氢 | 有催化剂，在低压、较高温下，一些有机液体可作氢载体，例如：苯、甲苯、甲基环己烷、萘等 | 储存，运输方便 | 释放氢的过程需要为可逆反应 |

按照运输时氢气所处的状态不同，可将氢气的运输方式[147]分为气态氢气运输、液态氢气运输和固态氢气运输。气态与液态氢气运输是将氢气加压或液化后再用交通工具运输，目前普遍适用。固态氢气运输发展还不成熟，市场上未见利用。

（1）气态氢气运输。将氢气加压，采用高压气瓶、拖车或者管道输送，盛装材质可选用钢材。集装格是由多个容量为 40 L 的高压钢瓶组成的，气瓶内部压力通常为 15 MPa，最大可达 40 MPa，容量为 1.8 kg，是需求量较小的用户运输氢气的方式。拖车一般装有若干个大型的钢瓶，其直径为 0.5 m，长约 10 m，内部压力约为 20 MPa，总容量高达几千立方米（标准状态），用于较大规模的氢气运输，但有运输距离限制。管道运输氢气主要在北美和欧洲等国，操作压力一般为 1～3 MPa，管直径约为 0.25～0.3 m，流量为 310～8900 kg/h。管道的投资比较高，现有的天然气管道如果能解决氢脆问题可改装为输氢管道，主要用于输送化工厂的氢气。

（2）液态氢气运输。将氢气深冷至 21 K 液化后，利用槽罐车或者管道运输。槽罐车容量大约为 65 m³，每次可运输约 4000 kg 氢气。液态氢气运输的优点在于能量密度高，适合远距离运输。液氢也可以使用拖车或者火车运输。

# 3.3  氢能发电体系

## 3.3.1  氢能发电体系概念及原理

将氢源燃料电池和电力变换装置有机组合起来就可构成氢能发电系统。氢能发电是通过燃料电池内部的电化学反应把氢气所含的能量直接、连续地转换成电能。其显著特点是清洁、高效。氢能发电系统主要由氢源燃料电池和电力变换器及其控制系统组成[147]。

早在 1839 年，英国人 W. Grove 就提出了氢和氧反应可以发电的原理，这就是最早的氢-氧燃料电池（FC）[149]。20 世纪 60 年代初，由于航天和国防的需要，因此开发了液氢和液氧的小型燃料电池。1988 年，Salfur Rahman 和 Kwa‐sur Tam 提出太阳能与燃料电池联合发电的概念[150]。1999 年 6 月，Solar Depot 公司以及 Sun Pirates 公司合作安装了太阳能燃料电池联合发电系统。就总体来说，氢能发电体系中以燃料电池或者联合辅助燃料电池的使用为主。

### 1. 燃料电池的原理[148]

燃料电池与普通电池相似，由阳极、阴极和电解质组成。其工作原理可看成电解水的逆反应，即氢气与氧气发生电化学反应生成水并释放出电能。以质子燃料电池为例，其单元电池的结构与工作原理如图 3‐30 所示，它采用质子交换膜作电解质，当阳极和阴极分别供给氢气和氧气或空气时，在催化剂的作用下氢气在阳极上氧化被离解成电子和氢质子。

$$H_2 = 2H^+ + 2e^-, \qquad E^0_{H_2} = 0.00 \text{ V}$$

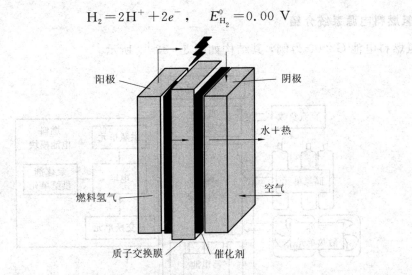

图 3 - 30　质子燃料电池单元电池结构示意图

由于质子交换膜只允许质子通过而不允许电子通过,因此阳极反应生成的氢质子可通过质子膜到达阴极,而电子则只能通过外电路和负载才能到达阴极,在阴极氢质子和电子与氧气发生还原反应生成水。

$$2H^+ + \frac{1}{2}O_2 + 2e^- = H_2O, \qquad E^0_{H_2} = 1.23 \text{ V}$$

与此同时,电子在外电路的连接下形成电流,向外部释放电能。根据能斯特(Nernst)方程,可分别计算出阳极和阴极的平衡电位以及单元电池的电动势。对氢/氧燃料电池,当生成的水为液态时,单元电池的电动热为 1.23 V。但当电池工作向外输出电流时,内部将产生各种极化反应(主要有活化极化、浓差极化和欧姆极化),其伏安特性如图 3 - 31 所示。

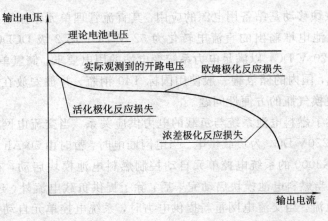

图 3 - 31　伏安特性

**2. 氢燃料电源系统介绍**

以氢燃料电池 G3000 为例，其结构如图 3-32[151] 所示。

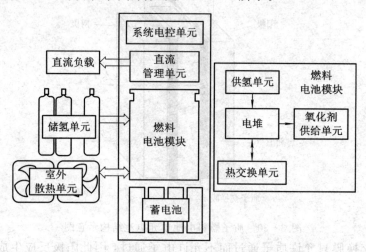

图 3-32　氢燃料电池系统结构示意图

可以看出，G3000 分为 6 个模块，分别为系统电控单元、直流管理单元、燃料电池模块、蓄电池、室外散热单元、储氢单元。其中，燃料电池模块包含燃料电池电堆（简称电堆）及其辅机（即供氢单元、氧化剂供给单元和热交换单元）。系统电控单元控制辅机为电堆提供必要的燃料和氧化剂，并控制室外散热单元将燃料电池产生的余热排出系统。除此之外，系统电控单元还负责遥感、遥测和遥控功能的实现。直流管理单元负责将燃料电池电堆输出的直流电整流为稳定的 220V DC 作为备用电源系统的总输出，它还负责系统的能量管理。

G3000 为了兼顾移动基站备用电源的应用，其直流管理单元采用 2 级 DCDC 转换，第 1 级转换将燃料电池电堆输出的直流电转化为 52 V DC；第 2 级 DCDC 将第 1 级输出的 52 V DC 升压至 220 V DC，以满足电力系统变电站的用电要求。储氢单元由储氢罐、汇流排、控制阀等构成，国内的储氢罐一般使用国标 T40 钢瓶，并被安放在室外，有利于解决氢气的安全性和更换气瓶的方便性问题。

图 3-33 描述了燃料电池系统与负载的电力供应关系。当交流电网供电时，整流模块将 220V AC 变为 220V DC，为负载供电。当电网断电时，暂时由 50 Ah 启动用蓄电池提供 3 kW 电力，同时 G3000 的系统电控单元自动控制燃料电池模块启动，在很短的时间内逐步替代启动电源。当燃料电池模块启动完毕后，除了提供负载电流外，还提供对 50 Ah 启动蓄电池的充电电流。当交流电网重新提供电力时，系统电控单元自动关闭燃料电池的电力输出。

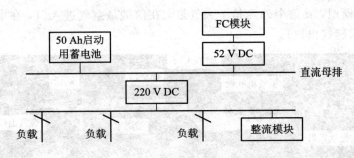

图 3-33　燃料电池系统与负载的电力供应关系示意图

## 3.3.2　氢能发电体系应用技术

对未来氢经济而言，氢的主要应用技术包括燃料电池、燃气轮机发电、内燃机和火箭发动机。

**1. 燃料电池**

燃料电池与传统电池相比有以下优点[151]：

(1) 产生条件简单。燃料电池在工作时，只要供给燃料就可以产生电能，其放电是连续进行的，燃料电池所能够产生的电能只和燃料的供应有关，燃料电池本身的质量和体积并不大。

(2) 能量转换效率高。根据电化学原理，燃料电池是直接将化学能转化为电能的，理论上的转换效率为90%以上，但由于极化的影响，电池的实际转换效率约为40%～60%，热电合并的效率为80%左右。

(3) 污染小，噪声低。采用氢燃料电池发电只会产生水和热，对环境无污染。燃料电池与其他火力发电相比，在使用时，对减少大气污染物排放有突出的优势。

(4) 适用能力强。燃料电池可以使用多种的初级燃料，如天然气、煤气、甲醇、乙醇、汽油；也可使用发电厂废弃的低质燃料，如褐煤、废木、废纸，甚至城市垃圾等，经专门装置重整制取。然而由于技术的原因，燃料电池的大规模使用还需要相当长的一段时间。

(5) 可靠性高。燃料电池发电装置由单个电池堆叠至所需规模的电池组构成，由于这种电池组是模块结构，因而维修十分方便。

**2. 燃气轮机发电**

燃气轮机属热机，空气是工作介质，空气中的氧气是助燃剂，燃料燃烧使空气膨胀做功，也就是燃料的化学能转变成机械能。燃气轮机[153]的原理是靠燃烧室产生的高压、高速气体推动燃气叶轮旋转。

图 3-34 所示是一台燃气轮机原理模型剖面，通过它来了解燃气轮机的工作原理。从

外观看燃气轮机模型，其整个外壳是个大气缸，在前端是空气进入口，在中部有燃料入口，在后端是排气口（燃气出口）。

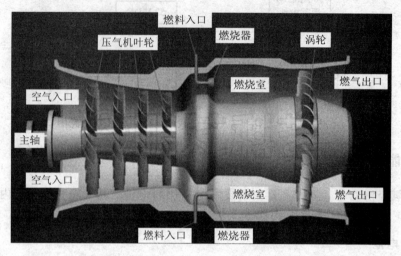

图 3-34　模型燃气轮机结构

　　在图 3-34 中，燃气轮机主要由压气机、燃烧室、涡轮三大部分组成。左边部分是压气机，有空气入口，左边四排叶片构成压气机的四个叶轮，把进入的空气压缩为高压空气；中间部分是燃烧器段（燃烧室），内有燃烧器，把燃料与空气混合进行燃烧；右边是涡轮（透平），是空气膨胀做功的部件；右侧是燃气排出口。

　　图 3-35 所示为燃气轮机的简单工作过程：空气从空气入口进入燃气轮机，高速旋转的压气机把空气压缩为高压空气，其流向见浅色箭头线；燃料在燃烧室燃烧，产生高温高压空气；高温高压空气膨胀推动涡轮旋转做功；做功后的气体从排气口排出，其流向见深色箭头线。在空气和燃气的主要流程中，只有压气机、燃烧室和燃气透平这三大部件组成

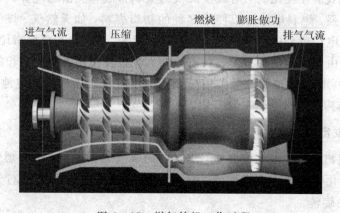

图 3-35　燃气轮机工作过程

的燃气轮机循环，通称为简单循环。大多数燃气轮机均采用简单循环方案。因为它的结构最简单，而且最能体现出燃气轮机所特有的体积小、重量轻、启动快、少用或不用冷却水等一系列优点[154]。

在燃气轮机中，压气机是由涡轮带动旋转的，压气机的叶轮与涡轮安装在同一根主轴上组成燃气轮机转子，如图 3-36 所示。

图 3-36  燃气轮机转子

燃烧室产生的高温膨胀气体是同时作用到涡轮叶片与压气机叶片上的，如何保证涡轮带动压气机正向旋转呢？简单说，涡轮叶片工作直径大于压气机出口处的叶片工作直径，涡轮叶片的面积也大于压气机出口处的叶片面积，这就初步保证在同一压力下涡轮的输出力矩大于压气机所需的力矩。当然，更重要的是压气机叶片与涡轮叶片的良好空气动力学设计才能保证两者高效运行。燃气轮机在设计时就要保证涡轮机的功率要大于压气机所需的功率，才能使燃气轮机在带动压气机的同时还能向外输出功率。目前常用的燃气轮机功率为 50～240 kW，常用燃料为天然气。

燃气轮机具有以下特点[155]：

(1) 节约能源。用于发电，可以采用联合循环和电、热、冷联供的形式，能量的综合利用率可达 85%～90%。

(2) 降低污染。可使用清洁能源，燃烧室可以采用低排放式的，从而使污染大大降低。先进的燃气轮机，$NO_x$ 的排放小于 $25 \times 10^{-6}$，CO 和 UHC 的排放小于 $10 \times 10^{-6}$。

(3) 适应多种能源形式。可以燃用气体燃料和液体燃料，还可以燃用高、中、低热值的燃料(如天然气、焦炉煤气、高炉煤气、煤层气、气化煤、生物质气化气等)。

(4) 投资少。燃气轮机电站的投资约为燃煤电站的 75%～85%。

(5) 建设周期短。

(6) 用途广。如用作高速列车动力等。

提高燃气轮机的热效率，需要更好的耐高温材料，可改进冷却技术来提高燃气的初温，提高压比以充分利用余热。出于减少氮化物的排放，可以考虑在燃气内加入氢气。有研究表明，氢气以合适比例加入还可以降低 CO 的排放量。与天然气比，$H_2$ 有更大的火焰燃烧速度和更宽的燃烧范围。

### 3. 内燃机

内燃机是将热能转化为机械能的一种热机，将液体或气体燃料与空气混合后，直接输入汽缸内部的高压燃烧室燃烧、爆发产生动力。它具有体积小、质量小、便于移动、热效率高、启动性能好的特点。常见的有柴油机和汽油机[156]。

内燃机的工作循环由进气、压缩、燃烧和膨胀、排气等过程组成。这些过程中只有膨胀过程是对外做功的过程，其他过程都是为更好地实现做功过程而需要的过程。按实现一个工作循环的行程数，工作循环可分为四冲程和二冲程两类。

四冲程是指在进气、压缩、做功（膨胀）和排气四个行程内完成一个工作循环，此间曲轴旋转两圈。四冲程示意图[157]如图3-37所示。进气行程：进气门开启，排气门关闭。流过空气滤清器的空气，经化油器与汽油混合形成的可燃混合气，经进气管道、进气门进入气缸。压缩行程：气缸内气体受到压缩，压力增高，温度上升。膨胀行程是在压缩上止点前喷油或点火，使混合气燃烧，产生高温、高压，推动活塞下行并做功。排气行程：活塞推挤气缸内废气经排气门排出。此后再由进气行程开始，进行下一个工作循环。

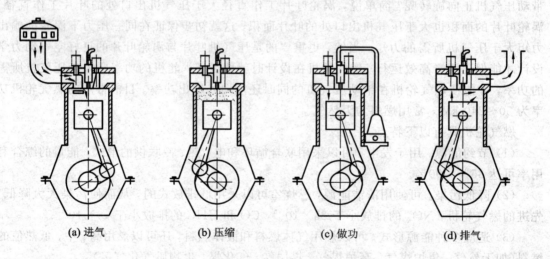

(a) 进气　　　　(b) 压缩　　　　(c) 做功　　　　(d) 排气

图3-37　四冲程示意图

二冲程是指在两个行程内完成一个工作循环，此期间曲轴旋转一圈。二冲程示意图如图3-38所示。首先，当活塞在下止点时，进、排气口都开启，新鲜充量由进气口充入气缸，并扫除气缸内的废气，使之从排气口排出；随后活塞上行，将进、排气口均关闭，气缸内充量开始受到压缩，直至活塞接近上止点时点火或喷油，使气缸内可燃混合气燃烧；然后气缸内燃气膨胀，推动活塞下行做功；当活塞下行使排气口开启时，废气即由此排出，活塞继续下行至下止点，即完成一个工作循环。

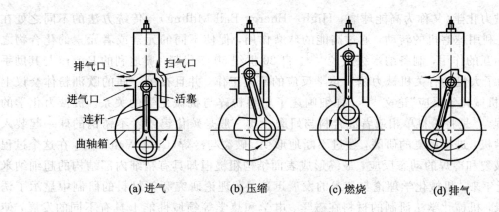

图 3 - 38 二冲程示意图

内燃机的排气过程和进气过程统称为换气过程。换气的主要作用是尽可能把上一循环的废气排除干净，使本循环供入尽可能多的新鲜充量，以使尽可能多的燃料在气缸内完全燃烧，从而发出更大的功率。

内燃机一般使用石油燃料，排出的废气中含有害气体的成分较高。为了降低温室气体以及缓解石化类燃料的短缺，需要对传统内燃机进行改进。一是提高发动机的效率，二是改变发动机使用的原料。氢因具有燃烧热值高、密度小、扩散大、空燃比大，燃烧范围比石油宽并且是可再生原料以及燃烧产物无污染等优点，被尝试作为可替代原料之一。目前已研制出可运行的氢燃料汽车。

**4. 火箭发动机**

第二次世界大战期间，氢就被用作火箭发动机的液体推进剂。1970 年，阿波罗登月飞船使用的就是液氢燃料。氢燃料意味着减少燃料自重，增加有效的负荷，这对航天飞机是十分有必要的。更因为其能量密度高，所以一直是航天飞机的发动机推进剂。

# 3.4 微纳电子技术在氢能中的应用

微纳电子技术在氢能及氢能发电体系中的应用主要体现在微米及纳米粉体材料的合成与膜的制备技术上。

材料的合成和制备主要分气、液、固三种方法。由于气相沉积法（CVD、PVD、MBE等）工艺复杂、成本高、片子不能做大等，因此低成本的氢能及氢能发电体系倾向于选液相或固相法工艺。固相法中高能球磨及厚膜丝网印刷技术成本低、工艺一致性好、可批量生产等，特别是高能球磨技术不仅是一种通过物理方法获得微纳材料的一种有效途径，它还是一种机械化学合成方式法，通过此途径，可有效合成纳米材料的高性能粉体。它解决了传统固相法中高温固相法不能获得纳米材料的问题。

机械力化学（又称为高能球磨，High - Energy Ball Milling）与传统方法的不同之处在于，它是利用球磨机的转动，通过高能的球磨作用，促使不同的元素或者元素的化合物之间产生相互的作用，制备纳米级微粒[110]。自 20 世纪 50 年代起，奥地利的 Peters 与其助手 Pajoff 做了大量的有关机械力诱发化学反应的研究工作，并且在第一届的欧洲粉体会议上发表了"机械化学反应"论文[111]，详细阐述了粉料粉碎与机械化学的关系。机械力化学的基本过程[112]是将粉料单相或者混合料与研磨介质一般是碳化钨或者不锈钢的球一起装入高能球磨机，进行反复的研磨，经过不断地形变、破裂与冷焊（Cold Welding），在这个过程中达到破裂和冷焊的动态反应，最终形成表面结构粗糙但却具有精细内部结构的超细纳米粉体。近年来，机械化学理论与技术的发展迅速，在理论研究和新材料的研制中显示了诱人的前景，机械化学法研制的材料在磁学、电学和热学等领域性能上具有不同的发展，使其成为一种使材料具有更多性能的可能的新工艺，其应用领域已经大大超过了其传统的应用领域。

机械化学法不仅用于制备高性能结构材料，而且广泛用于合成新型功能材料，即涉及平衡材料，亦包括亚稳态材料。作为一种新型的材料合成方法其有独特的优势：

（1）节约能源，可以在低温下完成原来需要高温才能完成的反应；

（2）可以合成亚稳态材料，在不断球磨过程中产生大量的缺陷和亚稳态，在较低的温度下合成，有助于保持这种亚稳态的特性；

（3）通过粉磨的过程合成的原料，粉体的颗粒小、比表面积大，而且反应的活性高；

（4）在结合处理的同时还具有混合的作用，使得粉体颗粒细化时得到均匀化。

合成过程具有高产率、低成本、工艺流程简单、产品性能优良等特点。

图 3 - 39 所示为高能球磨运行示意图，可见球和粉体的运行情况。由于罐子的转向和转台的方向是相反的，向心力在不断地变化之中，因此球与粉体混合物和罐子之间的相互作用使得粉体在罐子的内壁上面不断的碰撞、冲击，产生的能量在正常的情况下能够达到重力加速的 40 倍。

在高能球磨的过程中，粉末微粒主要受高能碰撞的影响。从微观上讲，机械合成可以被分为 4 个阶段：初始态、中间过渡态、结束态、合成态。

① 在球磨的初始态，粉体颗粒在球之间的冲撞力的作用下，被碾碎微观合成导致个体粉粒的形态发生改变，产生冷间焊合并形成局部层状组分。

② 在机械合成过程中的过渡态，与初始状态相比，这是重要变化发生的阶段。反复的破裂及冷焊过程导致细微粒子的产生，紧密的混合可以减少粉体主场的扩散距离。断键和冷键合是这个阶段主要的球磨过程。虽然在这个过程中可能发生一些溶解，但是整合合成后的粉体的组成仍旧是均一、同相的。

③ 结束态，在这个阶段中最明显的变化是粉体的粒径大量的降低和均一化。粉体在微区域的微观结构上显示的是相比于前两种状态有更多的同质性，已经有了部分的合成完成。

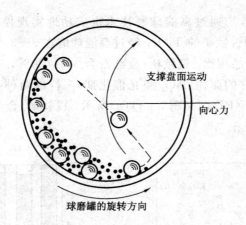

图 3 - 39　高能球磨运行示意图

④ 合成态，粉体具有很多亚稳态的结构，更进一步的机械球磨已经不能从物理上提升粉体的粒径的分布。在宏观上表现的与初始状态类似的真正的合成完成了。

作用机理：对于固相参加的化学反应是反应剂之间能够克服反应势垒，达到原子级的结合而发生的化学反应过程。其最重要的特点是反应剂之间存在界面。影响其反应的主要因素[110]有扩散层厚度、扩散速度、界面特性、环境温度和自由能的变化等，同时，化学反应本身的特性也是重要的一部分。

胡英等人[157]首次用高能球磨技术把 SrO 和 $TiO_2$ 机械化学合成了 30 nm 左右的 $SrTiO_3$ 粉体（如图 3 - 40(a)所示），同时用高能球磨技术也实现了将非纳米的 $SrTiO_3$ 机械物理法获得 30 nm 左右 $SrTiO_3$ 粉体[157]（如图 3 - 40(b)所示）。后续实验表明，纳米的 $SrTiO_3$ 材料具有良好的光催化性能[158]。

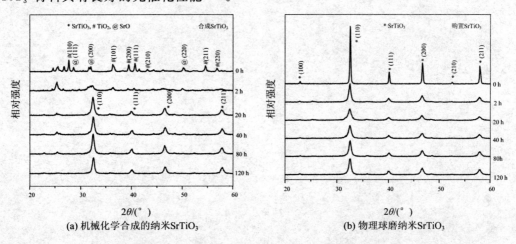

图 3 - 40　不同球磨时间 $SrTiO_3$ 粉体 XRD 图

另外，胡英研究小组[158]通过高能球磨技术也成功地实现控制晶相变化过程及比例。图 3-41 表明将非纳米的锐钛矿的 TiO₂，经过高能球磨在 3～3.5h，获得一定比例金红石 TiO₂ 的晶相，纳米 TiO₂ 晶相比：锐钛矿/金红石为 80%/20%，这也是首次通过高能球磨技术获取和 P25（目前最好的商用 TiO₂ 类光催化剂）一样的两种晶相的晶相比。不同球磨时间锐钛矿 TiO₂ 粉体的 XRD 图如图 3-41(a) 所示。锐钛矿/金红石晶相比例随球磨时间变化[158]如图 3-41(b) 所示。

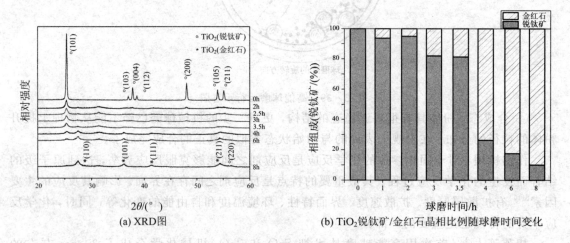

(a) XRD图　　　　　(b) TiO₂锐钛矿/金红石晶相比例随球磨时间变化

图 3-41　不同球磨时间锐钛矿 TiO₂ 粉体晶相变化性能

# 第4章 燃料电池

燃料电池在新能源中占有关键地位,上一章已从氢能角度论述了氢燃料电池及其可能成为第四代能源的主打之一。本章主要系统介绍燃料电池的基本概念、分类及原理;在氢燃料电池的基础上,讲述甲醇液态燃料电池原理及其在汽车动力系统中的应用;最后叙述微纳电子技术在燃料电池中的应用。

## 4.1 燃料电池及其发展远景

### 4.1.1 燃料电池的概念及工作原理

#### 1. 燃料电池的概念

燃料电池(FC)是一种等温并直接将储存在燃料与氧化剂中的化学能在环境友好条件下高效(50%~70%)地转化为电能的装置,也是一种新型的无污染、无噪音、大规模和大功率的汽车动力和发电设备,是近几年发展起来的新型绿色能源技术。它以无腐蚀、能量转化效率高、环境友好、燃料适应性强和寿命长等优点引起许多国家的重视。目前日本在燃料电池领域成绩斐然,其他发达国家也将大型燃料电池的开发作为重点研究项目。企业界也纷纷斥以巨资从事燃料电池技术的研究与开发,并取得了许多重要成果。燃料电池即将取代传统发电机及内燃机广泛应用于发电及汽车动力能源上。值得注意的是,这种重要的新型发电方式可以大大降低空气污染并解决电力供应、电网调峰问题。2 MW、4.5 MW、11 MW 成套燃料电池发电设备已进入商业化生产,各等级的燃料电池发电厂也相继在一些发达国家建成。从长远来看,燃料电池的发展、创新带来的革命,将如百年前内燃机技术突破取代人力造成工业革命;又如网络通信的发展改变了人们生活习惯的信息革命。

燃料电池的高效率、无污染、建设周期短、易维护以及低成本的潜能等将引爆 21 世纪新能源与环保的绿色革命。如今,在北美、日本和欧洲,燃料电池发电正以急起直追的势头快步进入工业化规模应用的阶段,将成为 21 世纪继火电、水电、核电后的第四代发电方式[160]。

## 2. 燃料电池的发展历程

1839 年，英国的 Willian Grove 发明了世界上第一个燃料电池，并用铂黑为电极催化剂制成简单的氢-氧燃料电池。1889 年 Mood 和 Langer 首先采用了燃料电池这一名称，并获得 200 mA/m² 的电流密度。1896 年，W. W. Jacques 提出了用煤作为燃料电池的燃料，但由于无法解决环境污染的问题而没有取得满意的效果。1897 年，W. Nernst 用氧化钇和氧化锆的混合物作为电解质，制作了固体氧化物燃料电池。1900 年，E. Baur 研究小组发明了熔融碳酸盐型燃料电池(MCFC)。此后，I. Taitelbaum 等人就此进行了一些拓展性的研究。1902 年 J. H. Reid 等人首先开始研究碱质型燃料电池(AFC)。1906 年，F. Haber 等人用一个两面覆盖铂或金的玻璃圆片作为电解质，与供气的管子相连，制作出了固体聚合物燃料电池(SPFC)的雏形[161]。由于对发电机和电极过程动力学的研究未能跟上，燃料电池的研究直到 20 世纪 50 年代才有了实质性的进展，英国剑桥大学的 Bacon 用高压氢、氧制成了具有实用功率水平的燃料电池。在 20 世纪 60 年代，这种电池成功地应用于阿波罗(Appollo)号登月飞船。从 20 世纪 60 年代开始，氢-氧燃料电池广泛应用于宇航领域，同时，兆瓦级的磷酸燃料电池也研制成功。从 20 世纪 80 年代开始，各种小功率燃料电池在宇航、军事、交通等各个领域中得到应用。

## 3. 燃料电池的特点

燃料电池是将燃料的化学能直接转化为电能的，没有像火力发电机那样通过锅炉、汽轮机、发电机进行能量形态变化，可以避免中间转换的损失，达到很高的发电效率。它还有以下一些特点：

(1) 不管是满负荷还是部分负荷，均能保持高发电效率；

(2) 不管装置规模大小，均能保持高发电效率；

(3) 具有很强的过负载能力；

(4) 通过与燃料供给装置组合，可以适用的燃料广泛；

(5) 发电出力由电池堆的出力和组数决定，机组容量的自由度大；

(6) 电池本体的负荷响应性好，用于电网调峰时优于其他发电方式；

(7) 用天然气和煤气等为燃料时，$NO_x$($NO$ 或 $NO_2$)及 $SO_x$($SO_2$ 或 $SO_3$)等排出量少，环境相容性较优。

因此，由燃料电池构成的发电系统对电力工业具有极大的吸引力。

## 4. 燃料电池的种类

燃料电池的分类方式很多，可依据其燃料种类、功率大小、电解质类型和工作温度等进行分类[162]。

(1) 按照所使用的燃料种类，燃料电池可以分为三类：

① 直接式燃料电池。即直接用氢气作为燃料。

② 间接式燃料电池。其燃料不是直接用氢气，而是通过某种方法(如蒸汽转化或催化重整)把甲烷、甲醇或其他烃类化合物转变成氢(或含氢混合气)后再供应给燃料电池来发电。

③ 再生式燃料电池。它是指把燃料电池反应生成的水，经某种方法分解成氢和氧，再将氢和氧重新输入燃料电池中发电。

(2)按电池输出功率大小，燃料电池可分为四类:

① 超小功率(<1 kW)燃料电池。

② 小功率(1~10 kW)燃料电池。低功率电源主要用于各种便携式电源，如移动通信、医疗、军用小型仪器等。

③ 中功率(10~150 kW)燃料电池。中功率燃料电池可用于机械或电气设备或家庭用的小型发电机组，尤其是作为各种车辆的驱动系统。

④ 大功率(>150 kW)燃料电池。大功率燃料电池可以作为独立电站、大型舰艇的电源。

(3)目前被国内外燃料电池研究者广为采纳的分类方法是依据燃料电池中所用的电解质类型的不同，将燃料电池分为五类:碱性燃料电池(AVe)、磷酸燃料电池(PAFC)、熔融碳酸盐燃料电池(MCFC)、固体氧化物燃料电池(SOFC)和质子交换膜燃料电池(PEMFC)。

(4)按照工作温度不同，可将燃料电池分为低温燃料电池、中温燃料电池和高温燃料电池。高温燃料电池是指电池堆内工作温度和排气温度较高的燃料电池，这类燃料电池包括熔融碳酸盐燃料电池(MCFC)和固体氧化物燃料电池(SOFC)[163]。其中，熔融碳酸盐燃料电池的工作温度是 600~650℃，固体氧化物燃料电池的工作温度是 800~1000℃。当燃料电池的工作温度在 600℃ 以上时，天然气、煤气、石油气、沼气等都可以加以利用，而且燃料本身的转换效率高。另外，高温燃料电池的排气温度较高，这将使它能够与燃气轮机等组成联合发电装置，而且成为最佳选择。因此，高温燃料电池由于可使用燃料的多样性以及高品位的废热而使它在发电系统中具有十分广阔的应用前景。

**5. 燃料电池的工作原理**

燃料电池是一种电化学装置，其结构与一般的蓄电池不同。其单体电池是由正、负两个电极(负极即燃料电极，正极即氧化剂电极)以及电解质组成的。不同的是，一般电池的活性物质储存在电池内部，因此，限制了电池容量；而燃料电池的正、负极本身不包含活性物质，只是个催化转换元件。因此燃料电池是名副其实的把化学能转化为电能的能量转换机器。当燃料电池工作时，燃料和氧化剂由外部供给并持续进行反应。原则上只要反应物不断输入，反应产物不断排出，燃料电池就能连续地发电。

下面以氢-氧燃料电池为例来说明燃料电池的工作原理。

氢-氧燃料电池的反应过程是电解水的逆过程，其反应原理示意图如图4-1所示。把氢和氧分别供给阴极和阳极，氢通过阴极向外扩散和电解质发生反应后，放出电子；这些电子通过外部的负载到达阳极。其电极反应为

负极：

$$H_2 + 2OH^- \rightarrow 2H_2O + 2e^- \quad (4-1)$$

正极：

$$\frac{1}{2}O_2 + H_2O + 2e^- \rightarrow 2OH^- \quad (4-2)$$

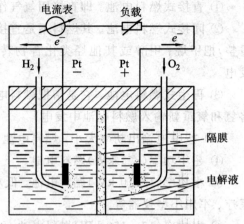

图 4-1 氢-氧燃料电池反应原理示意图

总电池反应：

$$\frac{1}{2}O_2 + H_2 = H_2O \quad (4-3)$$

当然，燃料电池还需要一套相应的辅助系统，如图4-2所示，包括反应剂(燃料、氧化剂)供给系统、排热系统，排水系统、电信能控制系统和安全系统等。在实用的燃料电池中，因工作的电解质不同，经过电解质与反应相关的离子种类也不同。

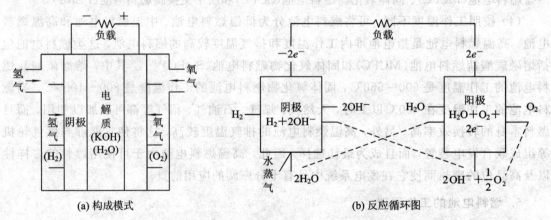

(a) 构成模式　　　　　　　　　　　(b) 反应循环图

图 4-2 氢-氧燃料电池组成和反应循环示意图

例如，磷酸燃料电池(Phosphoric Acid Fuel Cell，PAFC)和质子交换膜燃料电池(Proton Exchange Membrane Fuel Cell，PEMFC)，其反应与氢离子($H^+$)相关，发生的反应为

燃料极：

$$H_2 = 2H^+ + 2e^- \quad (4-4)$$

空气极：

$$2H^+ + \frac{1}{2}O_2 + 2e^- = H_2O \qquad (4-5)$$

全体：

$$H_2 + \frac{1}{2}O_2 = H_2O \qquad (4-6)$$

在燃料极(阴极)中，供给的燃料气体中的 $H_2$ 分解成 $H^+$ 和 $e^-$，$H^+$ 移动到电解质中与空气极(阳极)侧供给的 $O_2$ 发生反应；$e^-$ 经由外部的负荷回路，再返回到空气极侧，参与空气极侧的反应。一系列的反应促成了 $e^-$ 不间断地经过外部回路，因而就构成了发电。从反应式(4-6)可以看出，由 $H_2$ 和 $O_2$ 生成 $H_2O$，除此以外没有其他的反应，$H_2$ 所具有的化学能转变成了电能。但实际上，伴随着电极的反应存在一定的电阻，会导致部分热能产生，由此减少了转换成电能的比例。引起这些反应的一组电池称为组件，产生的电压通常低于 1 V。因此，为了获得大的出力需采用组件多层叠加的办法获得高电压堆。组件间的电气连接以及燃料气体和空气之间的分离，采用了称之为隔板的上、下两面中备有气体流路的部件。PAFC 和 PEMFC 的隔板均由碳材料组成。堆的出力由总的电压和电流的乘积决定；电流与电池中的反应面积成比例。

PAFC 的电解质为浓磷酸水溶液，而 PEMFC 电解质为质子交换膜。电极均采用碳的多孔体，为了促进反应，以 Pt 作为触媒，而燃料气体中的 CO 将造成触媒中毒，降低电极性能，为此，在 PAFC 和 PEMFC 的应用中必须限制燃料气体中含有的 CO 量，特别是对于低温工作的 PEMFC，应更严格地加以限制 CO 的含量。

磷酸燃料电池的基本组成和反应原理是：燃料气体或城市煤气添加水蒸气后送到改质器，把燃料转化成 $H_2$、CO 和水蒸气的混合物，CO 和水进一步在移位反应器中经触媒剂转化成 $H_2$ 和 $CO_2$。经过如此处理后的燃料气体进入燃料堆的阴极(燃料极)，同时将氧输送到燃料堆的阳极(空气极)进行化学反应，借助触媒剂的作用迅速产生电能和热能。

相对 PAFC 和 PEMFC，高温型熔融硫酸盐燃料电池(Molten Carbonate Fuel Cell，MCFC)和固体氧化物燃料电池(Solid Oxide Fuel Cell，SOFC)则不需要触媒，以 CO 为主要成分的煤气化气体可以直接作为燃料应用，而且还具有易于利用其高质量排气构成联合循环发电等特点。

MCFC 主要构成部件是含有与电极反应相关的电解质(通常是为 Li 与 K 混合的碳酸盐)和上、下与其相接的 2 块电极板(燃料极与空气极)，以及两电极各自外侧流通燃料气体和氧化剂气体的气室、电极夹等。电解质在 MCFC 约 $600\sim700℃$ 的工作温度下呈现熔融状态的液体，形成了离子导电体。MCFC 的电极为镍系的多孔质体，气室的形成采用抗蚀金属材料构成。

MCFC 的工作原理：空气极的 $O_2$(空气)和 $CO_2$ 与电相结合，生成 $CO_3^{2-}$(碳酸离子)，

电解质将 $CO_3^{2-}$ 移到燃料极侧，与作为燃料供给的 $H_2$ 相结合放出 $e^-$，同时生成 $H_2O$ 和 $CO_2$。其化学反应式如下：

燃料极：

$$H_2CO_3^{2-} = H_2O + 2e^- + CO_2 \qquad (4-7)$$

空气极：

$$CO_2 + \frac{1}{2}O_2 + 2e^- = CO_3^{2-} \qquad (4-8)$$

全体：

$$H_2 + \frac{1}{2}O_2 = H_2O \qquad (4-9)$$

在这一反应中，$e^-$ 同在 PAFC 中的情况一样，它从燃料极被放出，通过外部的回路返回到空气极，由 $e^-$ 在外部回路中不间断的流动实现了燃料电池发电。另外，MCFC 的最大特点是，必须要有有助于反应的 $CO_3^{2-}$ 离子，因此供给的氧化剂气体中必须含有碳酸气体。并且，在电池内部充填触媒，从而将作为天然气主成分的 $CH_4$ 在电池内部改质。目前，在电池内部直接生成 $H_2$ 的方法也已开发出来。在燃料是煤气的情况下，其主成分 CO 和 $H_2O$ 反应生成 $H_2$，因此，可以等价地将 CO 作为燃料来利用。为了获得更大的出力，隔板通常采用 Ni 和不锈钢来制作。

SOFC 是以陶瓷材料为主构成的，电解质通常采用 $ZrO_2$（氧化锆），它构成了 $O^{2-}$ 的导电体，$Y_2O_3$（氧化钇）作为稳定剂的 YSZ（钇稳定化氧化锆）。电池中的燃料极采用 Ni 与 YSZ 复合多孔体构成金属陶瓷，空气极采用 $LaMnO_3$（氧化镧锰），隔板采用 $LaCrO_3$（氧化镧铬）。为了避免因电池的形状不同，电解质之间热膨胀差造成裂纹产生等，开发了在较低温度下工作的 SOFC。该电池形状除了有同其他燃料电池一样的平板型外，还有为避免应力集中而开发的圆筒型。

SOFC 中的反应式如下：

燃料极：

$$H_2 + O^{2-} = H_2O + 2e^- \qquad (4-10)$$

空气极：

$$\frac{1}{2}O_2 + 2e^- = O^{2-} \qquad (4-11)$$

全体：

$$H_2 + \frac{1}{2}O_2 = H_2O \qquad (4-12)$$

在燃料极，$H_2$ 经电解质而移动，与 $O^{2-}$ 反应生成 $H_2O$ 和 $e^-$。空气极由 $O_2$ 和 $e^-$ 生成 $O^{2-}$。全体同其他燃料电池一样由 $H_2$ 和 $O_2$ 生成 $H_2O$。在 SOFC 中，因其属于高温工作型，因此，在无其他触媒作用的情况下即可直接在内部将天然气主成分 $CH_4$ 改质成 $H_2$ 加以利用，并且煤气的主要成分 CO 可以直接作为燃料利用。

## 4.1.2 燃料电池的应用及发展

燃料电池的特点决定了它具有广阔的应用前景。它可以用作小型发电设备，也可作为长效电池，应用在电动汽车上。燃料电池用作发电设备，是因为其在价格上有可能与一般的发电设备相竞争。燃料电池在电动汽车上商业应用的前景是远期的，因为汽车需要的是发电机，发电机的价格远比燃料电池要便宜，所以在短期内，燃料电池汽车在价格上难以与其他汽车相竞争。

质子交换膜型燃料电池（PEMFC）属于二次电池，是一种电化学装置，以氢气与氧气反应的化学作用直接产生电力。典型的燃料电池系统是指由氢气燃料与氧气（来自空气）在电池内产生的电化学反应，除提供电力外，其副产物是废热（电化学放热反应及水排放）。燃料电池不同于一般的二次电池，无需充电，只要能适度提供燃料（如氢气或甲醇重组等）及空气，即可持续产生电力。质子交换膜型燃料电池的电流密度可达数$(mA \sim A)/cm^2$。质子交换膜型燃料电池因具有极低污染、高效率、常温作动（80℃以下）、快速激活等优点，适合车辆动力的需求，近年来它逐渐朝可携带式（Portable）或静置型（Stationary）电力发展，未来极可能是低污染交通载具（巴士、汽车、机车或小型电动车辆）动力的主流。

磷酸盐燃料电池（PAFC）是目前商业化最好的一种，已应用于宾馆、医院和办公区中。质子交换膜燃料电池（PEMFC）比 PAFC 类型更适合于各种交通工具，可在相对较低的温度下运行，可适应不同功率变化的要求；固体氧化物燃料电池（SOFC）对高耗能企业具有利用前景；熔融碳酸盐燃料电池（MCFC）在由煤气和天然气作燃料的领域具有潜在价值；碱性燃料电池（AFC）最早用于 NASA 和太空项目，现在寻求在由氢能驱动的交通工具上使用。[161]

目前，燃料电池的研究与开发集中在 4 个方面：电解质膜、电极、燃料和系统结构。

### 1. 国内发展状况[163]

早在 20 世纪 50 年代，我国就开展燃料电池方面的研究，在燃料电池关键材料、关键技术的创新方面取得了许多突破，陆续开发出 30 kW 级氢-氧燃料电极、燃料电池电动汽车等。燃料电池技术特别是质子交换膜燃料电池技术也得到了迅速发展，相继开发出60 kW、75 kW 等多种规格的质子交换膜燃料电池组。电动轿车用净输出 40 kW、城市客车用净输出 100 kW 燃料电池发动机的开发成功，使中国的燃料电池技术跨入世界先进国家行列。

清华大学科研人员研制出新型铂/碳电极催化剂[165]。将碳载体在使用前置于一氧化碳中活化处理，即将碳载体置于流动的一氧化碳气中加热到 350～900℃，活化处理 1～12 h，再用沉淀法把 Pt 沉积到碳载体上，得到 Pt/C 催化剂。长春应用化学研究所研制出纳米级高活性电催化剂用作阳极催化剂[166]，该催化剂粒度均匀，粒径约$(4\pm0.5)$nm，电化学性能优于国际同类产品。复旦大学利用沉淀方法在表面活性剂存在时，制得纳米负载壁铂/碳催化剂，该催化剂使用效果非常好。此外，我国科研人员在研究催化剂时普遍把粉末状活性炭加入氯铂酸溶液，再加入过量甲醛还原，反应中采用软脂酸、硬脂酸或硅油作为表面活性剂，掺杂组分是 Pd、Ir、Ru 等金属元素或非金属物质之一。

**2. 国外发展状况**

由于燃料电池需要甲醇、烃类等燃料以及催化剂、聚合物电池膜等，燃料电池的市场化给化学品生产商、能源公司以及汽车制造商的合作创造了机遇，并带来了丰厚利润。杜邦公司成立了燃料电池业务部门，将以新产品为燃料电池系统的开发商服务，包括质子交换膜（PEM）、燃料电池部件（如膜电极组合件和导电板），还准备开发直接用甲醇的燃料电池技术。埃克森-美孚公司正致力于开发能把液态烃和氧化烃转变为氢气的低成本清洁工艺，该公司正在探索使用甲醇作为氢气的清洁来源。

在燃料电池的商业化进程中，各国研究机构和各大汽车公司都对氢源技术的系统研究给予了高度重视。许多公司和机构开始改变研究方向，开发新型固体氧化物燃料电池技术。这种燃料电池具有较高热效率，且可以使用汽油、天然气、甲醇、氢等多种燃料，可利用现有的加油站系统，不需要额外增加投资，生产成本仅 70 美元每千瓦，这意味着一台 20 kW 的汽车燃料电池动力系统的成本与目前内燃机大致相等。因此，欧美和日本电动汽车研究机构纷纷从固体高分子型燃料电池转向固体氧化物燃料电池，日本、美国已生产出样机并用于电动汽车上，并力争投入批量生产。

# 4.2　固态燃料电池及其性能参数

固体氧化物燃料电池（SOFC）是一种直接将燃料气和氧化气中的化学能转换成电能的全固态能量转换装置，具有一般燃料电池的结构。

固体氧化物燃料电池以致密的固体氧化物作电解质，在高温 800～1000℃下操作，反应气体不直接接触，因此可以使用较高的压力以缩小反应器的体积而没有燃烧或爆炸的危险。

## 4.2.1　固态燃料电池的种类

### 1. 管式 SOFC

管式 SOFC 结构剖面图如图 4-3 所示，它由许多一端封闭的电池基本单元以串联、并联形式组装而成。每个单元从里到外由多孔的 CaO、稳定的 $ZrO_2$ 支撑管、锶掺杂的锰酸镧

(LSM)空气电极、YSZ电解质膜和$Ni_2YSZ$陶瓷阳极组成。管式SOFC的优点是,单元间组装相对简单,不涉及高温密封技术难题,比较容易组成大规模电池系统。其缺点是,管式SOFC单元制备工艺复杂,通常采用三步电化学沉积法(EVD),原料利用率低,造价很高。

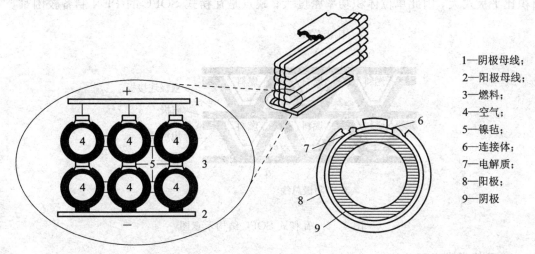

1—阴极母线;

2—阳极母线;

3—燃料;

4—空气;

5—镍毡;

6—连接体;

7—电解质;

8—阳极;

9—阴极

图4-3 管式SOFC结构剖面图

### 2. 平板式SOFC

平板式SOFC由于制备工艺相对简单和电池功率密度高的原因,近几年成为国际研究领域的主流,其结构如图4-4所示。平板式SOFC的电解质与电极烧结成一体,形成夹层平板结构(PEN平板),为了避免空气与燃料的混合,PEN板和双极连接板之间采用高温无机黏结剂密封。平板式SOFC的优点是,电池结构简单;电解质和电极制备工艺简单,容易控制,造价低;电池功率密度高。其缺点是,高温无机密封难,对双极连接板材料要求高。

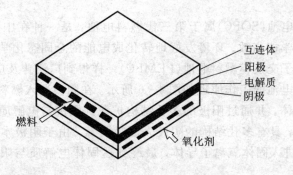

互连体
阳极
电解质
阴极

燃料

氧化剂

图4-4 平板式SOFC结构示意图

**3. 瓦楞式 SOFC**

瓦楞式 SOFC 结构与平板式 SOFC 基本相同，如图 4-5 所示。瓦楞式 SOFC 的 PEN 不是平板而是瓦楞的，它的优点是，其本身能形成气体通道，不需双极连接板，有效工作面积比平板式大，因此单位体积功率密度大；缺点是瓦楞式 SOFC 的 PEN 制备较困难。

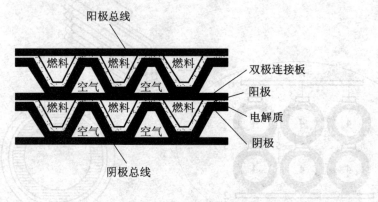

图 4-5　瓦楞式 SOFC 结构示意图

**4. 其他类型 SOFC**

日本 Chubu 电力公司和三菱重工联合开发的单块叠层结构 SOFC(MOLB)、瑞士 Sulzer 公司开发的热交换一体化 SOFC(Hexis)和 Ceramatec 公司开发的 CP$n$R 结构 SOFC (燃料处理器以串联形式组合在一起)，其目的都是为了获得更高的发电效率。

德国 Julich 国家研究中心、美国 Allied Signal 公司、加州理工大学及西北大学研究、开发的薄膜 YSZ 中温 SOFC 最大的优点是电池结构材料选择范围宽，制作成本大幅度下降，电池稳定性高。

## 4.2.2　固态燃料电池的概念及工作原理

固体氧化物燃料电池(SOFC)属于第三代燃料电池，是一种在中高温下直接将储存在燃料和氧化剂中的化学能高效、环境友好地转化成电能的全固态化学发电装置。它被普遍认为是在未来会与质子交换膜燃料电池(PEMFC)一样得到广泛普及应用的一种燃料电池。

固体氧化物燃料电池的工作原理如图 4-6 所示。在阳极通入燃料气，具有催化作用的阳极表面吸附燃料气体，并通过阳极的多孔结构扩散到阳极与电解质的界面；在阴极一侧持续通入氧气或空气，具有多孔结构的阴极表面吸附氧，由于阴极本身的催化作用，使得 $O_2$ 得到电子变为 $O_2^-$ 进入固体氧离子导体，最终到达固体电解质与阳极的界面，与燃料气体发生反应。

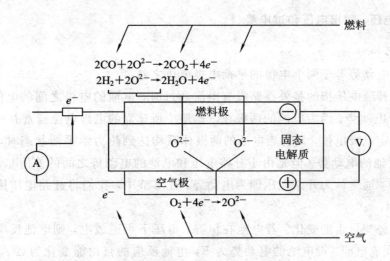

图 4-6 SOFC 的工作原理图

固体氧化物燃料电池具有如下优点:

(1) 可直接使用氢气、烃类(甲烷)等燃料气作燃料,而不必使用贵金属作催化剂,避免了其他燃料电池的酸碱电解质或熔盐电解质的腐蚀及封接问题。

(2) 广泛采用陶瓷材料作电解质、阴极和阳极,具有全固态结构,无液体泄漏现象,能提供高质余热,实现热电联产,燃料利用率高,能量利用率高达 80% 左右,是一种清洁高效的能源系统。

(3) 负荷响应快,运行质量高,有害气体 $SO_x$、$NO_x$ 及噪音排放都很低,陶瓷电解质要求中高温运行(600~1000℃),加快了电池的反应进行,还可以实现多种碳氢燃料气体的内部还原,简化了设备。

## 4.2.3 固态燃料电池的性能参数

燃料电池因为其积木化强,常常连接组合成为燃料电池堆,对某一设备进行集中供电,因此电池堆的工作不仅仅涉及单体 SOFC 的工作,还包括电池与电池之间的连接情况以及各种相互作用等[167]。为简化讨论,本书中只考虑单体 SOFC,因为现实中通常是先对小型的实验电池进行模型创建,然后得出大型电池或者堆的特性。

平板状 SOFC 的工作过程是一个传热、传质、能量交换与复杂化学反应相结合的过程。要全面掌握其特性需要从诸多方面进行分析与建模。然而电化学过程是 SOFC 中最为重要和基础的,而且由于我们是针对于单体 SOFC,因此可以忽略流体力学以及温度不均匀对 SOFC 的影响,单从 SOFC 电化学的角度对电池进行分析。

**1. 开路电压、输出电压和过电势**

1）开路电压

SOFC 的电动势等于两个电极的平衡电极电压之差。

SOFC 的开路电压指的是外线路没有电流通过时，电池的电极之间的电位差。开路电压一般均小于电动势，因为电池的两极在电解质中所建立的电极电位通常并非是平衡电极电位，而是稳定电极电位，只有当电池的两极体系均达到热力学平衡状态时，电池的开路电压才等于电池的电动势。但是由于开路电压和电池的电动势之间的差值非常小，所以在研究和计算中，通常认为开路电压即为电动势。在本节中，我们将开路电压用 $U$ 表示，电动势用 $E$ 表示。

（1）电动势与自由能变化。若电池在恒温、恒压下可逆放电，则电池反应的自由能变化（$\Delta G$）全部变成电能。设电池的电动势为 $E$，电池反应的自由能变化为 $\Delta G$，电池中相应地有 $n$ 摩尔电子发生了转移，那么通过全电路的电量就为 $nF$ 库仑，$F$ 为法拉第常数。由电学知识可知，所做电功为 $nFE$，因此

$$\Delta G = -nFE \tag{4-13}$$

（2）电动势的温度系数。由物理和化学知识可知

$$\left(\frac{\partial \Delta G}{\partial T}\right)_P = -\Delta S \tag{4-14}$$

将式（4-13）代入式（4-14），得到

$$\Delta S = nF\left(\frac{\partial E}{\partial T}\right)_P \tag{4-15}$$

式中，$\left(\frac{\partial E}{\partial T}\right)_P$ 指的是恒电压下电动势随温度的变化率，称为电动势的温度系数，单位为 $V \cdot K^{-1}$；$\Delta S$ 为摩尔熵，单位为 $J \cdot mol^{-1} \cdot K^{-1}$。

根据热力学第二定律，在恒温时：

$$Q_R = T\Delta S = nFT\left(\frac{\partial E}{\partial T}\right)_P \tag{4-16}$$

其中，$Q_R$ 为电池在可逆条件下放电时吸收或放出的热量，由 $\left(\frac{\partial E}{\partial T}\right)_P$ 的正或负可以确定电池工作时是吸热还是放热。

SOFC 的温度系数有 3 种不同的规律：

（1）电池反应后，当气体分子数（$\Delta n$）减少时，温度系数为负值（$\Delta S < 0$）；

（2）电池反应后，若气体分子数不变，即 $\Delta n = 0$，则温度系数为 0（$\Delta S = 0$）；

（3）电池反应后，当气体分子数增加时，电池的温度系数为正值（$\Delta S > 0$）。

对电池反应式 $H_2 + \dfrac{1}{2}O_2 = H_2O(g)$ 而言，$\Delta S < 0$，因而，$\left(\dfrac{\partial E}{\partial T}\right)_P < 0$。该反应为放热反应，电动势的温度系数小于零，意味着该电动势随温度的增加而下降。

2）输出电压

SOFC 的输出电压即为电池的工作电压，是指电流通过外电路时，电池两极之间的电位差。当电流通过电池内部时，必须克服由电极极化和欧姆极化所造成的阻力，因此，工作电压总是低于开路电压。

3）过电势

在电池开路时，电池的电压为开路电压 $E$。当电池的输出电流对外做功时，输出电压由 $E$ 下降为 $V$，这种电压降低即为极化，也称为过电势。图 4-7 所示为各种极化对电池电压的影响。

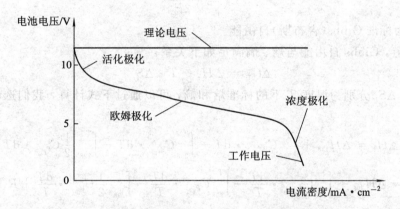

图 4-7　理论电压和工作电压与电流密度的关系

对于电极，当没有电流通过时，电极处于热力学平衡状态，与之相应的电位称为平衡电位 $\Phi_e$，此时，氧化反应与还原反应的速度相等，电荷交换和物质交换都处于动态平衡之中，净反应速度为零。而当有电流通过电极时，就有净反应发生，这表明电极失去了原有的平衡状态，这时电极电位会偏离平衡值，这种现象称为电极的极化。衡量电极极化程度的就是过电势。在后续的部分我们会分别详细介绍在建模中所考虑的各种极化。

4）SOFC 开路电压的计算

我们这里考虑的是纯氢气作为燃料的 SOFC，电池的总反应方程式为

$$H_2 + \frac{1}{2}O_2 = H_2O \tag{4-17}$$

由物理和化学知识，我们知道能斯特方程是一个重要的方程，它是用来计算电极上相对于标准电势 $E$ 来说的指定氧化-还原对的平衡电压，那么对于 SOFC 来说，其内部发生

的是电化学氧化还原反应，所以需要用能斯特方程来计算其理想电动势。

能斯特方程的标准形式为

$$E = E^{\ominus} + \frac{2.303RT}{nF} \lg \left( \frac{\text{氢化型}}{\text{还原型}} \right) \tag{4-18}$$

因此，在 SOFC 中，理想电动势为

$$E_{\text{理想}} = E_0 - \frac{RT}{2F} \ln \left\{ \frac{P_{H_2O}}{P_{H_2} P_{O_2}^{0.5}} \right\} \tag{4-19}$$

其中，$P_{H_2O}$、$P_{H_2}$、$P_{O_2}$ 分别为各气体的分压力，将在气体分压计算中介绍其计算方法；$R=$ 8.314 J/mol℃ 为通用气体常数；$F=96\ 487$ C/mol 为法拉第常数；$E_0$ 为标准电动势。

而 $E_0$ 可以通过以下方式进行计算[168]：

$$E_0 = \frac{-\Delta G_0}{2F} \tag{4-20}$$

式中，$\Delta G_0$ 为标准 Gibbs(吉布斯)自由能。

我们知道，Gibbs 自由能与焓、熵满足如下关系：

$$\Delta G_T = \Delta H_r - T \cdot \Delta S_r \tag{4-21}$$

其中，$\Delta H_r$、$\Delta S_r$ 分别为温度 $T$ 下的标准焓和熵，可以通过下式计算，我们选取 298 K(常温)作为分界：

$$\Delta H_r = \Delta H_{298} + \int_{298}^{T} C_{P_{H_2O}} \cdot \mathrm{d}T - \int_{298}^{T} C_{P_{H_2}} \cdot \mathrm{d}T - \int_{298}^{T} \frac{1}{2} C_{P_{O_2}} \cdot \mathrm{d}T \tag{4-22}$$

$$\Delta S_r = \Delta H_{298} + \int_{298}^{T} C_{P_{H_2O}} \cdot \frac{\mathrm{d}T}{T} - \int_{298}^{T} C_{P_{H_2}} \cdot \frac{\mathrm{d}T}{T} - \int_{298}^{T} \frac{1}{2} C_{P_{O_2}} \cdot \frac{\mathrm{d}T}{T} + R \ln \frac{P_0}{P}$$
$$\tag{4-23}$$

式中，$C_P$ 为气体定压摩尔热容，可以由下式计算：

$$C_P = a_0 + a_1 T + a_2 T^2 + a_3 T^3 \tag{4-24}$$

其中，$a_0$、$a_1$、$a_2$、$a_3$ 分别为热力学常数，其值如表 4-1 所示。

表 4-1　不同气体成分的摩尔热容计算常数

| 气体成分 | $a_0$ | $a_1 \times 10^2$ | $a_2 \times 10^6$ | $a_2 \times 10^9$ | 适应温度 |
|---|---|---|---|---|---|
| $H_2$ | 14.439 | $-0.9504$ | 1.9861 | $-0.4318$ | 273~1800 K |
| $O_2$ | 0.8056 | 0.4341 | $-0.1810$ | 0.027 48 | 273~1800 K |
| $H_2O$ | 1.7895 | 0.1068 | 0.5861 | $-0.1995$ | 273~1500 K |

将 $a_0$、$a_1$、$a_2$、$a_3$ 代入式(4-22)、式(4-23)、式(4-24)，可以得到 $\Delta G_0$ 是关于温度 $T$ 和压力 $P$ 的函数，其表达式为

$$\Delta G_0 = b_0 + b_1 T + b_2 T \ln T + b_3 T^2 + b_4 T^3 + b_5 T^4 - RT \ln \frac{P_0}{P} \qquad (4-25)$$

式中，$b_0 = -2.4113 \times 10^5$，$b_1 = -42.8213$，$b_2 = 13.0523$，$b_3 = -4.2005 \times 10^{-4}$，$b_4 = 2.1875 \times 10^{-7}$，$b_5 = -1.827 \times 10^{-11}$。

**2. 气体分压的计算**

假设单体电池输入的燃料气体组分如下：99.99%的高纯氢气以 200 mL/min 的速度输入单体电池，气体的输入压力为 0.1 MPa。其中，有 60 mL/min 的氢气参与电化学反应，氢气的利用率为 30%。

假设输入的氧化气体如下：95%的氧气以 200 mL/min 的速度输入单体电池，气体的输入压力也为 0.1 MPa。其中，大约有 50 mL/min 的氧气参与化学反应，氧气的利用率即为 25%。

由阳极反应 $H_2 + O^{2-} \rightarrow 2e^- + H_2O$，1 mol 的燃料气中，参与反应的氢气摩尔数为 $1 \times 30\% = 0.3$ mol，生成的 $H_2O$ 为 0.3 mol，反应后的混合气体中含有 $H_2$、$H_2O$ 的摩尔分数分别为 0.7 mol 和 0.3 mol。

体系平衡后总摩尔数为 1 mol，则 $H_2$、$H_2O$ 的分压分别为

$$P_{H_2} = 0.07 \text{ MPa}, \qquad P_{H_2O} = 0.03 \text{ MPa}$$

由阴极反应 $\frac{1}{2}O_2 + 2e^- \rightarrow O^{2-}$，1 mol 的氧气中，参与反应的氧气摩尔数为 $1 \times 25\% = 0.25$ mol，所以阴极室的 $O_2$ 的分压为

$$P_{O_2} = (1 - 0.25) \times 0.1 \text{ MPa} = 0.075 \text{ MPa}$$

**3. 电极极化及其计算**

上面我们提到，对于电极而言，当有电流通过时，就有反应发生，表面电极失去了原有的平衡状态，这时电极电位会偏离平衡值，发生极化。对于 SOFC 的电化学反应来说，极化通常可以分为活化极化、欧姆极化、浓差极化。

1）活化极化

由于反应物在电极表面激活电化学反应时必须克服势垒，从而造成反应延迟而引起的其电位偏离平衡电位的现象称为活化极化，又称电化学极化或化学极化。在低电流密度下容易出现活化极化。

由 Bulter-Volmer 方程[169]可知，电流密度 $i$ 为

$$i = i_0 \left\{ \exp\left(\frac{azF\eta_{act}}{RT}\right) - \exp\left[\frac{-(1-a)zF\eta_{act}}{RT}\right] \right\} \qquad (4-26)$$

其中，$a$ 为传输系数；$z$ 为参加电化学反应的电子转移数目；$i_0$ 为交换电流密度。通常我们

取 $a=0.5$，$z=1$，可得

$$i = 2i_0 \sinh\left(\frac{F\eta_{act}}{2RT}\right) \tag{4-27}$$

活化极化过电势为

$$\eta_{act} = \frac{2RT}{F} \sinh^{-1}\left(\frac{i}{2i_0}\right) \tag{4-28}$$

$i_0$ 与电荷传输阻力 $R_{ct}$ 和温度 $T$ 有关，可表示为

$$i_0 = \frac{RT}{zFR_{ct}} \tag{4-29}$$

电流密度可以表示为

$$i_0 = i_0^0 \prod_{k=1}^{K} X_k^{\gamma_k} \tag{4-30}$$

其中，$i_0^0$ 为一常数；$\gamma_k$ 和 $X_k$ 分别是第 $k$ 种物质在电极-电解质界面的反应数和摩尔分数。摩尔分数易得，但是反应数（尤其是阳极）却相当难确定。故本节中的 $i_0$ 按式(4-26)计算。

阳极活化过电势为

$$\eta_{act,a} = \frac{2RT}{F} \sinh^{-1}\left(\frac{i}{2i_{o,a}}\right) \tag{4-31}$$

阴极活化过电势为

$$\eta_{act,c} = \frac{2RT}{F} \sinh^{-1}\left(\frac{i}{2i_{o,c}}\right) \tag{4-32}$$

总的活化过电势为

$$\eta_{act} = \eta_{act,a} + \eta_{act,c} \tag{4-33}$$

2）欧姆极化

由电池中各部分电阻造成的极化称为欧姆极化。总的欧姆极化过电势为

$$\eta_0 = iR \tag{4-34}$$

其中，$R$ 为各部分的总电阻。各材料的电阻可为

$$R_i = \frac{\rho\delta}{A} \tag{4-35}$$

式中，$\delta$ 为材料厚度；$A$ 为材料截面积；电阻率 $\rho = ae^{(b/T)}$，其中，$a$、$b$ 为与材料相关的常数。

若选取 SOFC 单位面积的欧姆过电势，则有

$$\eta_0 = i \sum_n a_n e^{(b_n/T)} \delta_n \tag{4-36}$$

将 SOFC 分为 $n$ 份单位面积的基元，$a_n$、$b_n$、$\delta_n$ 为每一份基元材料的相关常数。

3）浓差极化

浓差极化又称浓度极化，当电池工作时，电极上的反应气体因为电化学反应而消耗，电极附近参与反应物质的浓度或者成团浓度会有明显的差异，这种浓度梯度造成流体不稳定的现象所引发的电势偏移就为浓差极化。

浓度过电势为

$$\eta_{\text{con}} = E - E_n = \frac{RT}{nF} \ln\left(\frac{C_R^0 C_0^r}{C_R^r C_0^o}\right) \tag{4-37}$$

其中，$C_R^0$ 为反应物初始浓度；$C_R^r$ 为电极处反应物浓度；$C_0^o$、$C_0^r$ 为生成物浓度。

由费克扩散定律可知，气体在多孔电极中的扩散过程：

$$J_i = -D_i \frac{\mathrm{d}C_i}{\mathrm{d}r} \tag{4-38}$$

其中，$J_i$ 为摩尔通量；$C_i$ 为气体浓度；$D_i$ 为综合考虑普通扩散和 Knudsen 扩散的扩散系数，表达式为

$$D_i = \left[\frac{\tau}{E}\left(\frac{1}{D_{i,m}} + \frac{1}{D_{i,k}}\right)\right]^{-1} \tag{4-39}$$

其中，$\tau$ 为多孔电极的曲折系数；$\varepsilon$ 为多孔电极的空隙率；$D_{i,k}$ 为 Knudsen 扩散系数，其表达式为

$$D_{i,k} = 97\bar{r}\sqrt{\frac{T}{M_i}} \tag{4-40}$$

其中，$\bar{r}$ 为平均孔半径；$M_i$ 为气体的分子量。而 $D_{i,m}$ 为气体 $i$ 在气体 $m$ 中的扩散系数，根据 Chapman-Enskog 理论，它可以写为

$$D_{i,m} = 1.8583 \times 10^{-3}\left(\frac{1}{M_A} + \frac{1}{M_B}\right)^{0.5}\frac{T^{3/2}}{P\sigma_{AB}^2\Omega_{OAB}} \tag{4-41}$$

其中，$\sigma_{AB}$ 为气体分子 A 与气体分子 B 的碰撞直径；$P$ 为总的压力；$\Omega_{OAB}$ 是 Lennard Jones 电势下的碰撞积分，它为温度 $T$ 的函数，但是由于在燃料电池工作温度范围内，其值随着温度变化不是很明显，故当二元气体确定后可以忽略该因子的影响。于是我们可以计算 $D_{i,m}$ 如下：

$$D = D_0\left(\frac{T}{T_0}\right)^{1.5}\left(\frac{P_0}{P}\right) \tag{4-42}$$

其中，$D_0$ 为当温度为 $T_0$、压力为 $P_0$ 时的扩散系数。于是有

$$D_{H_2,H_2O} = 8.39 \cdot 10^{-5}\left(\frac{T}{298}\right)^{1.5}\left(\frac{1}{P}\right) \tag{4-43}$$

$$D_{O_2,N_2} = 2.15 \cdot 10^{-5}\left(\frac{T}{298}\right)^{1.5}\left(\frac{1}{P}\right) \tag{4-44}$$

其单位为 $m^2/s$。

由法拉第定律可知，摩尔通量有

$$J_{H_2} = \frac{-i}{2F} \qquad (4-45)$$

$$J_{H_2O} = \frac{i}{2F} \qquad (4-46)$$

$$J_{O_2} = \frac{i}{4F} \qquad (4-47)$$

代入式(4-38)并且积分可得

$$C_{H_2}^r = C_{H_2}^0 - \frac{iE_a}{2FD_{H_2}} \qquad (4-48)$$

$$C_{H_2O}^r = C_{H_2O}^0 + \frac{i\delta_a}{2FD_{H_2O}} \qquad (4-49)$$

$$C_{O_2}^r = C_{O_2}^0 - \frac{i\delta_a}{4FD_{O_2}} \qquad (4-50)$$

其中，$C^0$ 为气体在气体通道中的浓度；$C^r$ 为电解质界面处的浓度；$\delta_a$、$\delta_c$ 分别为阳极和阴极的厚度。

将以上各值代入式(4-37)中，最终得到浓差极化过电势为

$$\eta_{con} = \eta_{con,a} + \eta_{con,c} = \frac{RT}{2F} \ln \frac{C_{H_2}^0 C_{H_2O}^r}{C_{H_2}^r C_{H_2O}^0} + \frac{RT}{4F} \ln \frac{C_{O_2}^0}{C_{O_2}^r} \qquad (4-51)$$

由以上分析可知，SOFC 实际输出的电压(有效电势)为开路电压减去各类极化影响的值，即

$$E = E_{理想} - E_{act} - \eta_0 - \eta_{con} \qquad (4-52)$$

这将作为我们最终建模的主要方程。

另外，在低电流密度时，活化极化起主要作用；在中等电流密度时，欧姆极化起主要作用；在高电流密度时，浓差极化起主要作用。

#### 4. 电化学效率

考虑电化学过程，不得不提到其效率问题，SOFC 只有在最佳状态(理想、可逆)时，才能输出 $\Delta G$。对于不同的电池设计，即使是相同的电化学反应、相同的反应焓变，也会有不同的电化学效率。

电化学效率也称为电压效率，其定义为

$$\eta_{et} = \frac{-nFV}{\Delta G} = \frac{V}{E_0} \qquad (4-53)$$

其中，$V$ 为 SOFC 的工作电压；$E_0$ 为 SOFC 的可逆电压。

# 4.3  固态燃料电池的制作工艺

## 4.3.1  固态燃料电池的材料

### 1. SOFC 的阴极材料

阴极又叫空气极，氧气在阴极上还原成氧负离子。其反应如下：

$$\frac{1}{2}O_2(g) + 2e^- = O^{2-}(s) \tag{4-54}$$

式中，(g)表示气体；(s)表示固体。

作为阴极材料必须满足以下要求：

(1) 电极材料具有较大的电子电导能力；

(2) 必须保持化学和维度的稳定性；

(3) 与电池其他材料具有好的热匹配性；

(4) 必须与电解质和连接材料具有好的相容性和低的反应性；

(5) 应该具有多孔属性，使得氧气能够很快地传送到电解质与阴极界面上。

可用作阴极材料的有贵金属、掺锡的 $In_2O_3$、掺杂的 $ZnO_2$、掺杂的 $SnO_2$ 等。但这些材料，或价格昂贵，或热稳定性差，所以 20 世纪 70 年代以后就被新开发出来的钙钛矿型氧化物所取代。由于在氧化钇稳定的氧化锆(YSZ)电解质高温 SOFC 中，$LaCoO_3$、$LaFeO_3$ 更容易与 YSZ 发生反应，在界面上生成电导率很小的 $LaZr_2O_7$。当 Sr 掺杂量在 0.3 左右时，界面反应产生的 $SrZrO_3$ 电导率更低，故此人们常把 $LaMnO_3$ 作为阴极的首选对象。另外，掺杂的 $YMnO_3$、$AgBi_{1.5}Y_{0.5}O_3$ 等材料也被认可用作 SOFC 的阴极材料。

### 2. SOFC 的阳极材料

阳极又叫燃料极，从阴极扩散过来的氧负离子在电解质与阳极的界面处发生如下的化学反应：

$$O^{2-}(s) + H_2(g) = H_2O(g) + 2e^- \tag{4-55}$$

因此，阳极材料必须在还原性气氛中具有稳定性、良好的导电性，并且电极材料必须具备多孔性以利于把氧化产物从电解质与阳极的界面处释放出来。最早，人们使用焦炭作为阳极，而后采用金属。由于 Ni 的价格较为便宜，因此被普遍采用[169]。但是 Ni 的热膨胀系数比 YSZ 稍大，并且在电池的工作温度下，Ni 会发生烧结，从而使得电极的气孔率降低。因此常常把 Ni 与 YSZ 粉末混合制成多孔金属陶瓷，YSZ 既是 Ni 的多孔载体，同时又是 Ni 的烧结抑制剂。而且该材料与 YSZ 电解质的黏结力好，热膨胀系数匹配。在金属陶瓷中，当 Ni 含量小于 30％时，离子电导占主导；其含量在 30％以上时，电导率有 3 个数量级以上的突变。Fukui 等人发现，Ni/YSZ 的热膨胀系数随 Ni 含量的增加而线性增大。综合考虑电导率和热膨胀系数，一般采用 Ni 含量占 35％左右。

**3. SOFC 的电解质材料**

在 SOFC 系统中，电解质的主要功能在于传导氧离子。因此要求电解质有较大的离子导电能力和小的电子导电能力；它必须是致密的隔离层以防止氧化气体和还原气体的相互渗透；它能保持好的化学稳定性和较好的晶体稳定性。随着 SOFC 研究的不断深入，先后出现了 4 种电解质材料：$ZrO_2$ 基固体电解质、$CeO_2$ 基电解质材料、$Bi_2O_3$ 基电解质材料和 $LaGaO_3$ 基材料。

1）$ZrO_2$ 基固体电解质

在常温下，纯 $ZrO_2$ 属单斜晶系（简称单斜），1100℃不可逆地转变为四方晶体结构（简称四方），在 2370℃下进一步转变为立方萤石结构，并一直保持到熔点 2680℃。单斜和四方之间的相变引起很大的体积变化（5％～7％），易导致基体的开裂。通过在 $ZrO_2$ 基体中掺杂一些二价和三价的金属氧化物，可以保持其完全稳定的立方萤石结构，避免相变的发生，并且掺杂物将在材料中形成缺陷。在掺杂后，$ZrO_2$ 中产生了较多的氧空位，氧离子通过这些空位来实现离子导电。$Y_2O_3$ 等掺杂量达到某一值时，离子电导出现最大值，其原因在于缺陷的有序化和缺陷缔合与静电作用。目前，$Y_2O_3$ 的最佳掺杂量一般都控制在 8 at％左右。

2）$CeO_2$ 基电解质材料

掺杂的 $CeO_2$ 也是颇具潜力的电解质材料。纯的 $CeO_2$ 具有单一的萤石结构，掺杂后具有比 YSZ 高的离子电导率和低的活化能。Mogensen 认为因为迁移率的变化，使材料表现出特定的规律。而迁移率与掺杂物质的半径以及它们与主体离子的结合能有关，因此半径相匹配、结合能较低的氧化物掺杂应该具有较高的离子电导能力，但也出现了 Gd 这个反例。同时，$CeO_2$ 在还原气氛下部分 $Ce^{4+}$ 离子将被还原为 $Ce^{3+}$ 而产生电子电导，从而降低电池的能量。通过二级掺杂或者利用双层膜结构可以降低材料的电子电导。

3）$Bi_2O_3$ 基电解质材料

$Bi_2O_3$ 基材料是另一类重要的电解质材料，它在低温下具有较高的离子电导。萤石结构的 $\delta$-$Bi_2O_3$ 在熔点附近具有约为 0.1 S/cm 的电导率，其原因在于 $Bi^{3+}$ 具有易于极化的孤对电子并且 $Bi_2O_3$ 离子之间键能较低，晶格中氧空位的迁移率较高。但在常温下，$Bi_2O_3$ 为单斜晶系，是一种电子导体，并且在低氧分压下易被还原成金属铋而降低离子电导能力。

4) LaGaO$_3$基电解质材料

近年来，Ishihara 等人发现钙钛矿结构的 LaGaO$_3$ 基材料在较大的氧分压范围 (1.013×10$^{-12}$ Pa～1.013×10$^{-8}$ Pa)内具有良好的离子导电性，电子电导可以忽略不计。在钙钛矿结构中，A 位的 La$^{3+}$ 可以被 Sr$^{2+}$、Ba$^{2+}$ 等取代，B 位的 Ga$^{3+}$ 可以被 Mg$^{2+}$、Fe$^{2+}$ 等取代，为维持电中性，就会形成氧空位，从而大幅度地增加离子电导率。A 位和 B 位的掺杂量 $x$ 均在 10%～30%。Huang 等人测量了 La$_{0.9}$Sr$_{0.1}$Ga$_{0.8}$Mg$_{0.1}$O$_{2.85}$ 在 570℃ 和 800℃ 电导率分别为 0.011 S/cm 和 0.104 S/cm。钙钛矿型电解质是很有希望的中温 SOFC 电解质材料，但材料制备和低温烧结、薄膜化难度大，工作条件下的长期稳定性有待于进一步研究。

**4. 连接材料**

连接材料用于电池之间的连接，其必须具备以下一些性质：

(1) 近乎 100% 的电子导电；

(2) 保证材料在电池运行中具有好的稳定性；

(3) 具有低的氧气、氢气渗透能力；

(4) 热膨胀系数应当与电解质和电极材料相匹配；

(5) 不能与电解质、电极和其他导电材料发生化学反应。

常用连接材料主要是铬酸镧基材料。当 La$^{3+}$ 和 Cr$^{3+}$ 位被低价的离子(Ca、Mg、Sr 等)所取代时，材料的电导率将迅速增大。有些替代还可以改善铬酸镧的烧结性能，从而获得较为致密的连接材料。

## 4.3.2 固态燃料电池电极的制作

从电池结构上讲，SOFC 大体可分为 3 类：管式、平板式、瓦楞式。单体燃料电池主要由电解质、阳极或燃料极、阴极或空气极和连接体或双极分离器组成。

燃料电池一般采用氧化钇稳定氧化锆(YSZ)在 700 ～1000 ℃下工作，因此提出了一系列材料选择、制备和成分长期可靠性的问题。

燃料电池的制备问题一直是影响燃料电池原料选择、电池性能、寿命的重要因素。因为燃料电池的电解质、阳极、阴极和连接体的要求和应用环境均不相同，所以在制备方法上也有较大的差异。制备 SOFC 电极的方法很多，主要分为物理方法、化学方法以及陶瓷成型方法。

制备 SOFC 电极薄膜的各种工艺方法的比较如表 4-2 所示。

## 表 4 - 2 制备 SOFC 电极薄膜的各种工艺方法的比较

| 方　法 | | 薄膜性能 | | 特　点 | | |
|---|---|---|---|---|---|---|
| | | 微观结构 | 沉积速率或厚度 | 基片温度/原材料形态 | 成本 | 优点与缺点 |
| 物理方法 | 离子镀膜 | 柱状 | 36～3600 μm/h | 基片温度低/气相 | 设备昂贵 | 可镀材料广泛,镀膜附着力强,均匀,绕射性好,成膜速率较低,难形成规模化生产 |
| | 等离子喷涂 | 非晶/亚稳态 | 100～500 μm/h | 基片温度低/气相 | 设备昂贵 | 适合高熔点材料,沉积速率、温度相对较高,可以通过调节喷涂参数、原始材料等控制薄膜 |
| | 物理气相沉积 | 柱状 | 36～3600 μm/h | 基片温度低/气相 | 设备昂贵 | 可镀材料广泛,镀膜附着力强,均匀,绕射性好,成膜速率较低,难形成规模化生产 |
| 化学方法 | 化学气相沉积 | 柱状 | 3～50 μm/h | 基片温度高/气相 | 设备昂贵,成本高 | 可沉积各种材料,薄膜性能好,但反应温度高,基片温度高,沉积速率低,有腐蚀性气体放出 |
| | 电化学气相沉积 | 柱状 | 100～500 μm/h | 基片温度高/气相 | 设备昂贵,成本高 | 沉积速率较高,薄膜性能好,反应温度较高,有俯蚀性气体放出 |
| | 溶胶-凝胶法 | 多晶 | 0.5～1 μm/次 | 基片温度低/液相 | 较低 | 工艺过程参数多,干燥过程中易形成裂纹,涂层薄,生产效率低 |
| | 喷雾热解法 | 非晶向多晶转变 | 5～60 μm/h | 基片温度低/气相 | 较低 | 自动化程度高,反应的盐具有腐蚀性,通常必须进行热处理 |
| 陶瓷成型方法 | 电泳沉积法 | 多晶 | 1000 μm/min | 基片温度低/固相 | 较低 | 沉积时间短,对衬底形状没有限制,适用于大规模生产,沉积速率高,但厚度均匀性不太好 |
| | 流延法 | 多晶 | 25～2000 μm | 基片温度低/固相 | 较低 | 生产工艺简单、生产周期短,成本较低,但易出现裂纹 |
| | 丝网印刷法 | 多晶 | 10～100 μm | 基片温度低/固相 | 较低 | 可实现自动化生产,适用于规模化生产,易出现裂纹 |
| | 注浆/压滤成型 | 多晶 | 25～2000 μm | 基片温度低/固相 | 较低 | 机械化生产,生产效率低,较易形成裂纹 |
| | 离心浇铸法 | 多晶 | 5～2000 μm | 基片温度低/固相 | 较低 | 可形成规模化生产,生产效率高、成本低,但易出现裂纹 |

**1. 物理方法**

**1）离子镀膜**

离子镀膜技术可以在基体上连续制备阳极、电解质和阴极，其原理是在基体和蒸发源之间加上数百至数千伏的直流电压，引起氩气的电离，形成低压气体放电的等离子区（如图4-8所示）。基体被等离子体包围，不断遭到氩离子的高速轰击而溅射、清洗并活化。然后接通交流电，使蒸发源中的膜料加热蒸发，蒸发出的粒子通过辉光放电的等离子区部分被电离成为正离子，通过电场与扩散作用，高速地打在基片表面。

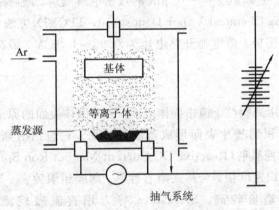

图4-8 离子镀膜原理示意图

**2）等离子喷涂**

等离子喷涂（Plasma Spray）采用等离子火焰作为热源对喷涂材料进行加热，是制造中温SOFC薄膜的常用工艺，其原理如图4-9所示。等离子喷涂的最大优势是焰流温度高，喷涂材料适应面广，涂层的密度可达理论密度的85%～98%，结合强度高（35～70 MPa），涂层中夹杂少。

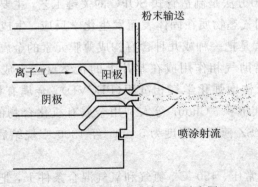

图4-9 等离子喷涂原理示意图

Schiller 等人利用真空等离子喷涂技术(Vacuum Plasma Spray，VPS)在镶嵌于双极板的多孔 $CrFe_5Y_2O_3$ 基体上连续喷涂阳极、电解质、阴极和接触层，获得了厚度为 30～50 $\mu$m 的多孔(连通气孔体积分数高达 21%)阳极和阴极以及厚度小于 30 $\mu$m 的致密(闭气孔体积分数小于 1.5%～2.5%)电解质层，整个电池厚度不超过 100～120 $\mu$m，900 ℃的功率密度为 200 $mW/cm^2$，1000 h 的衰减率接近 1%，已安全运行 2500 h。

Chen 等人通过改变注入原料及流量和工作室气压，实现了电池不同层连续喷涂。接着采用中心注粉低压等离子喷涂(Center Injection Low Pressure Plasma Spray，CILPPS)方法，在 1～2 min 内形成厚度为 40～70 $\mu$m 的致密电解质层。最后采用热等离子体化学气相沉积(Thermal Plasma Chemical Vapor Deposition，TPCVD)方法，获得了多孔 LSM 前驱体涂层，退火后制得阴极。单电池开路电压为 0.98～1.08 V，最高功率密度在 900℃时为 3250 $W/cm^2$。

### 3) 溅射镀膜

溅射镀膜技术是利用高能粒子撞击固体表面，在与固体表面的原子或分子进行能量交换后，从固体表面飞出沉积到基片表面形成薄膜的方法。它包括射频溅射(Radio Frequency Sputting)、直流反应磁控溅射(Reactive DC Current Magnet Ron Sputtering)等。溅射镀膜具有工艺温度较低、沉积速度快、与基底附着性好、薄膜组织致密、易控制等优点，但是由于使用真空系统，其造价较高。Srivastava 等人用直流磁控溅射法在多孔的阳极(Ni2YSZ 陶瓷)基底上制作出致密的 8 mol YSZ 薄膜。在电解质膜上再作一层阴极膜，得到膜化的单电池，电池实验的结果是：在 800℃时，开路电压为 1.09 V，比功率为 600 $mW/cm^2$。

## 2. 化学方法

### 1) 化学气相沉积

化学气相沉积(CVD)方法是制造管式 SOFC 的关键工艺，主要用来制备 SOFC 的电解质和阴极。该方法是利用气态物质在固体表面发生化学反应，生成固态沉积物的过程。用来制备电解质的基本过程是把一种或几种含有构成薄膜元素的金属卤化物和含氧气流通入放置有基片的反应室，借助气相作用或在基片上的化学反应生成所希望的薄膜(如 YSZ 等)。CVD 法包括等离子体增强化学气相沉积(PECVD)、金属有机化合物化学气相沉积(MOCVD)和光化学气相沉积。Chour 等人利用金属有机化合物的分解反应制备了 YSZ 固体电解质薄膜，得到 YSZ 薄膜的厚度为 5 $\mu$m。经 1300 ℃烧结后，制得的电池在 650℃时的开路电压达 0.93 V。

黄守国[168-169]等人在常压、450 ℃、氮气和氧气混合条件下，把 Y(hfac)$_3$(hfac 二六氟乙酰丙酮)、Zr(tfac)$_4$ 和 (hfac)Ag($C_4H_8OS$)$_2$ 按比例混合后，使之发生热分解反应，形成

Ag/YSZ 复合膜。具体的方法简要介绍如下:

(1) BSB 的制备。$(Bi_{0.89}Ba_{0.11}O_{1.445})$(BSB)粉用固相反应法制备。将 $Bi_2O_3$ 和 $BaCO_3$ 按一定的比例称量混合,加酒精球磨 24 h 后,分别在 600℃和 700℃热处理 5 h,并用草酸盐共沉淀法制备钐掺杂的氧化铈 $SDC(Sm_{0.2}Ce_{0.8}O_{1.9})$,共沸蒸馏法制备 YSZ。

(2) 复合阴极的制备。将 $Ag_2O$ 和 BSB 按一定体积比(分别为 7:3、6:4、5:5、4:6)混合,球磨 24 h,然后加乙基纤维素和松油醇混合磨匀成浆料,丝网印刷在 SDC(直径为 15 mm、厚为 0.6 mm、1400℃烧结)两侧作成对称电极。同时,用丝网印刷法在 SDC 上制备 Ag-SDC,Ag-YSZ 和 Ag 对称电极,SDC 体积含量均为 50%,600℃热处理 2 h。

2) 电化学气相沉积

电化学气相沉积(EVD)法是 CVD 法的改进工艺。它是利用电势梯度把金属氧化物沉积在多孔的基片上形成电解质膜,膜的厚度一般在 $1\sim100~\mu m$ 之间。该方法制备的膜厚度均匀,附着力强,在不用较高沉积温度的基础上,每小时可使膜的厚度增长 $5\sim10~\mu m$,适用于制造各种固体氧化物燃料电池中各种厚度的膜,并且可以广泛使用多种金属氧化物作膜材。其基本过程是在孔基片的两边分别通以金属卤化物和含氧气流,在高温低压下完成电化学沉积。Tsutoma Ioroi 利用 EVD 法将 YSZ 沉积到多孔的 $La_{0.85}Sr_{0.15}MnO_3$ 基片上,形成固体电解质薄膜,制备出 SOFC 阴极支撑的电解质薄膜。Etsell 等人提出了极化电化学气相沉积法(PEVD),使 SOFC 的复合电极具有更高的导电性、更长的耐久性。

3) 溶胶-凝胶法和凝胶注模成型工艺

(1) 溶胶-凝胶法(Sol-gel):一般先在有机溶剂中溶入适宜浓度(10%~50%)的金属醇盐,并加入催化剂、螯合剂和水等制成溶胶。溶胶由含结晶水氧化物、氢氧化物或有机物的稳定、弥散(尺寸 $2\sim1000~nm$ 之间)的胶状单元组成。在制膜时,可通过甩胶、喷涂或浸渍等方法将醇盐溶胶涂在衬底上,醇盐吸收空气中的水分后发生水解和聚合,逐渐变成凝胶,再经过干燥、烧结等处理便可制得所需的薄膜。该方法的主要优点是:反应在室温下进行,具有原子或分子水平的均匀性,纯度高,烧结温度低,设备简单,可制作大面积薄膜。但是用这种方法制备的膜容易包裹气孔,致密性不好。Sung 等人用该方法在 YSZ 电解质上制备出 $La_{0.85}Sr_{0.15}MnO_3$ 阴极。Peter 等人用溶胶-凝胶法制备出 YSZ 薄膜,经烧结后其致密度可达 99%。

(2) 凝胶注模成型工艺:李伟主要研究了凝胶注模工艺中引发剂和催化剂的加入量对凝胶固化时间的影响,干燥温度对坯体失重的影响,固相含量、造孔剂的种类及用量对瓷体收缩率的影响,并对还原后瓷体的电性能进行了表征。采用 SEM、EDS 方法分析表征样品。实验结果表明:在实验选定的 100 mL 浆料中,浓度为 5wt% 引发剂的加入量为 2.0 mL,浓度为 0.5vol%(体积比)催化剂的加入体积量为 1.0 mL,凝胶时间可以控制在

20 min 以内。NiO/YSZ 阳极材料最佳干燥温度是 25℃，固相含量为 45vol%、采用 15wt% 石墨作为造孔剂，在 1350℃烧成的 NiO/YSZ 阳极与固体电解质 YSZ 收缩率相匹配，氢气还原后 NiO/YSZ 阳极在 600~800℃电导率达到 800 S/cm，符合 SOFC 阳极材料电导率的要求。

### 4) 喷雾热解法

喷雾热解法是将金属盐溶液（通常是水或者乙醇溶液）喷射到热的基底上，从而得到相应金属氧化物薄膜的方法。Perednis 等人用该法在 NiO/YSZ 基体上沉积了 YSZ 薄膜，再用丝网印刷法制备出 $La_{0.6}Sr_{0.4}Co_{0.2}Fe_{0.8}O_3$（LSCF）阴极。实验测得单电池在 770℃时的开路电压为 0.97 V，比功率达 550 mW/cm$^2$。

### 3. 陶瓷成型方法

#### 1) 电泳沉积法

电泳沉积法（EPD）可以将阳极、电解质、阴极分别连续沉积。EPD 的基本原理是在直流电场的作用下，使分散于悬浮液中的带电粒子向电极移动，最终沉积在电极上，形成薄膜。

Rajendra 等人利用电泳沉积技术，在管状的 SOFC 阴极基底上制备出具有密度较高且厚度均匀的氧化锆电解质膜。Chen 等人用该方法在 LSM 表面沉积了一层均匀、无裂纹的 YSZ 薄膜，将其经烧结后得到厚度约 10 μm 的薄膜。

#### 2) 流延法

流延法（Tape Casting）[168]是指在陶瓷粉料中加入黏结剂、溶剂、分散剂、塑性剂等有机成分制得分散均匀的稳定浆料，在流延机或注浆成型机上制成一定厚度的素胚膜，素胚膜再经过干燥、裁剪、烧结等工艺制得成品膜材。这是制造叠片式和平板式 SOFC 电解质的方法之一，其制备 SOFC 的工艺如图 4-10 所示。孟广耀等人以 NiO 和 DCO 粉末为材料，用流延法制备出多层阳极，在 550℃下其最大输出功率达到 0.68 W/cm$^2$。

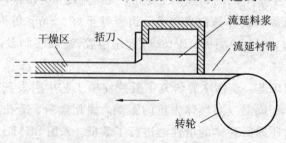

图 4-10 流延法制备 SOFC 工艺图

3）丝网印刷法

丝网印刷法（Screen Printing）的工艺过程为：使用滚轴将陶瓷粉末、有机黏结剂和塑性剂混合得到的高黏度的浆料印在丝网或基底上，然后在高温下烘干、烧结形成成品或半成品。Khandkar 等人应用丝网印刷技术制备出了稳定的高性能阴极。

4）注浆成形法

注浆成形法（Slip Casting）是陶瓷成型中一种基本工艺，可制备形状复杂、薄壁和体积较大的器物，但是传统注浆成形法制备的坯体密度不是很高。贺天民[169] 等人对传统注浆法进行改进，采用真空注浆法制备出致密的薄的长 YSZ 电解质膜管。制得的单电池开路电压为 1.164 V，850℃时的输出功率为 0.42 W。用长度为 226～260 mm、厚度为 0.4～0.9 mm 的 YSZ 电解质薄管，所得 3 节电池串联的电池组最大输出功率为 2.2 W。

图 4-11 所示为注浆成形法制作的三节 SOFC 串联的伏安特性和功率与电流的变化关系曲线。

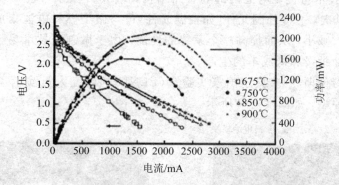

图 4-11　三节 SOFC 串联的伏安特性和功率与电流的变化关系曲线

从图 4-11 中可以看出，随着温度的升高，输出电流和功率明显增大；在相同的电压下，温度升高使电流明显增大，900℃时电池的最大输出功率达到 2.2 W。这主要是因为随着温度的升高，电解质的电阻降低，氧离子能够充分活动，导电性显著增强，所以输出电流和功率明显增大。

5）离心浇铸法

离心浇铸法是一种新的陶瓷成型技术。此法是把 YSZ 悬浮液置于容器中，通过离心场的作用使 YSZ 粉末沉积在基底上。Liu J 等人用离心浇铸法在 $NiO_2YSZ$ 阳极基底上沉积 YSZ 膜，在 1400℃下共烧结后，得到厚薄均匀的 YSZ 薄膜（厚度为 25 $\mu$m），在其上再沉积一层 $LSCF_2GDC$ 阴极制成单电池。其开路电压接近理论值，800 ℃时的比功率约为 1 $W/cm^2$。

# 4.4 微纳电子技术在燃料电池中的应用

下面以 MEMS 微型燃料电池为例，具体讲述微纳电子技术在燃料电池中的应用。

微型燃料电池的关键技术包括改进膜催化剂的装填、活性和退化、电池内部的热管理、内部管路的优化、水的循环和湿度控制、换气和气体的输运、燃料的输运、功率控制、系统的集成和制造等。杨兴、周兆英等人介绍了一种基于 MEMS(Micro - Electro - Mechanical Systems)的微型燃料电池，对其技术关键进行了阐述。在此基础上，对微型燃料电池的换气方法进行了研究，并提出一种低功耗、体积小的压电风扇，对其力学模型进行了分析，并进行了风速、振幅、功耗等方面的实验研究，初步证明其应用于微型燃料电池换气的可行性[163]。

采用 MEMS 技术对于解决微型燃料电池的关键技术具有很多优势。首先，利用 MEMS 的微流体技术可优化电池内部的管路结构，MEMS 微泵可进一步提高燃料和氧化剂的供给效率。其次，一些外围元件(如控温元件)可与微型燃料电池集成，使燃料电池本体部分的体积大大减小，从而提高整个系统的性能。由于微制造技术易于集成的优点，因此可实现燃料电池批量和低成本的生产。

美国加州的劳伦斯-利弗莫尔国家实验室(LLNL)的研究人员演示了一种微型薄膜燃料电池的实验室原型，如图 4-12 所示。

(a) 微制造燃料电池模块      (b) 利用硅微加工技术制成的独立的燃料电池薄膜

图 4-12 微型薄膜燃料电池实验室原型

这种微型燃料电池封装中包含了微电路处理器、微流体元件、燃料分配系统等，并由可更换的燃料筒提供甲醇等燃料进行工作，其工作时间与常规充电电池相比提高了三倍。这种 MEMS 电池的设计目标是目前可充电便携式能源成本的 50%、尺寸和重量的 30%。美国朗讯公司(Lucent Technologies)Bell 实验室的 Helen L. Maynard 等人设计了一种质子交换膜直接甲醇型微型燃料电池，用于驱动 0.5～20 W 的便携式通讯和计算设备。他们利用硅工艺和 MEMS 技术优化燃料电池的性能，降低生产成本。

Woo 等人提出了一种直接甲醇型微型 MEMS 燃料电池，它由一质子交换膜和两个硅片组成，硅片上制作有微管道。该燃料电池一个单元的尺寸为 16 mm×16 mm×1.2 mm。在 25℃时，该燃料电池的输出电压为 100 mV。MIT 的两位研究人员研制出一种采用丁烷作为燃料的燃料电池。该燃料电池利用 MEMS 的薄壁管道可以获得良好的热交换性能。其芯片工作在室温，而化学反应发生在 900℃的高温。

此外，摩托罗拉公司、JPL、明尼苏达大学、宾夕法尼亚州立大学等也在积极开展类似的研究。

# 第5章 超级电容器

超级电容器在新能源中起着优化、节能的作用。它可有效调节电网的波动，起库容作用，也可充当小型电源，起化学电源的作用。本章从超级电容器的基本概念、种类及原理出发，结合相应的工艺制作，论述了超级电容器的性能和特色。在应用方面，重点介绍了车用超级电容器。最后结合微纳电子技术，阐述了其对性能的提升作用。

## 5.1 超级电容器及应用领域

### 5.1.1 超级电容器简介及发展概况

#### 1. 超级电容器简介

随着经济的飞速发展和人民生活水平的不断提高，对能源的需求也飞速增长。作为这个世界现役能源的主打，石油等化石能源仍然是主要的燃料。但是，一方面，传统的化石能源不可再生，最近几年由于战争、地震等诸多原因，石油的价格飞速上涨，近年来出现的石油危机便充分暴露了能源需求与供给之间的矛盾，石油等化石燃料总会有用竭的一天。另一方面，全球生态环境日益恶化，化石燃料燃烧后排放的 $CO_2$ 等对环境有害的气体至今仍是环保界的一大难题。能源紧张和环境污染已成为威胁人类生存和发展的两大突出矛盾，如何妥善解决这两大难题已成为人类可持续发展的战略核心，开发新能源，制造节能、储能新设备已迫在眉睫。在这样的历史条件下，超级电容器的研制变得格外重要。

电池工业是 21 世纪新能源应用领域的重要组成部分，已经成为全球经济发展的一个新热点，因为从能源的利用形式来看，电能作为能量利用的最终形态，已成为人类物质生产和社会发展不可缺少的原动力。以目前市场上常见的电池体系为例，如碱锰、银锌等一次电池，铅酸、镍镉、镍氢、锂离子电池等二次电池，长久以来都是我们随时随地均可便捷使用的动力源，极大方便了人们的物质文化生活。这些电池的共同特点是能量密度相对较大，能满足许多场合的应用需要。然而，在一些高能脉冲应用场合中，传统的蓄电池已经不能满足体系所需要的最大峰值功率。因此，迫切需要高功率型的储能装置，以满足当前特殊应用领域的需求。

超级电容器是一种介于传统电容器和电池的新型储能器件。它比传统电容器具有更高的比电容和能量密度，比电池具有更高的功率密度，可瞬间释放特大电流，具有充电时间短、充电效率高、循环使用寿命长、无记忆效应以及基本无需维护等特点[171]。表 5-1[172]为超级电容器与普通电容及电池性能的比较。正是由于上述特点，超级电容器在电动汽车、通信、消费和娱乐电子、信号监控等领域中的应用越来越受关注，如声频-视频设备、PDA、电话机、传真机及计算机等通信设备和家用电器。特别需要指出的是，车用超级电容器可以满足汽车在加速、启动、爬坡时的高功率需求，以保护主蓄电池系统，这使得电容器的发展被提升到了一个新的高度。超级电容器的出现，正是顺应时代发展的要求，它涉及材料、能源、化学、电子器件等多个学科，成为交叉学科研究的热点之一，超级电容器有希望成为本世纪新型的绿色电源。

表 5-1　超级电容器与普通电容及电池性能的比较

| 性能参数 | 超级电容器 | 普通电容器 | 电池 |
|---|---|---|---|
| 放电时间 | $1\sim30$ s | $10^{-6}\sim10^{-3}$ s | $0.3\sim3$ h |
| 充电时间 | $1\sim30$ s | $10^{-6}\sim10^{-3}$ s | $1\sim5$ h |
| 能量密度/(W·h/kg) | $1\sim10$ | $<0.1$ | $20\sim100$ |
| 功率密度/(W/kg) | $1000\sim2000$ | $>10\,000$ | $50\sim200$ |
| 充电效率/% | $90\sim95$ | $\approx100$ | $70\sim85$ |
| 循环寿命/次 | $>100\,000$ | $\infty$ | $500\sim2000$ |

当前，超级电容器的电极材料主要有活性炭材料、导电聚合物及其复合材料、过渡金属氧化物及其复合电极材料。活性炭基电容器研究历史较长，目前商品化程度最高，技术最成熟，但其生产工艺复杂，生产周期长，且比容量低。据报道，导电聚合物电容器能显现出很高的功率密度，但是它们的比容量却比炭/炭电容器和金属氧化物电容器低很多。尽管金属氧化物或水合金属氧化物（如氧化钌）及碳纳米管能产生极大的能量密度和功率密度，然而用这些材料制造的电容器成本要比其他材料高很多。因此，发展特征及性能有所改进的其他电极材料是下一步必要的工作。氧化锰、氧化钴和氧化镍电极材料是一类性能较好的超级电容器电极材料，实验用简单的沉淀方法能制备高容量的氧化镍、氧化钴和氧化锰及它们的复合超级电容器电极材料。该方法实验设备简单，工艺条件易于控制，所得氧化物及其复合电极材料的特殊形态结构对材料比容量的影响，对寻求更高容量的金属氧化物及其复合材料具有十分重要的意义。

**2. 超级电容器发展概况**

1746 年，荷兰的物理学家发明了一种具有蓄电功能的"Condenser"电容器，由此开始了人类使用电容器的历史。超级电容器的研究可以追溯到 18 世纪，Helmholz 发现了双电层电容性质，但是，双电层结构用于能量储存的研究仅仅可以追溯至上世纪中叶。1957年，Becker 首先申请了基于高比表面积炭材料的电容器专利，该器件具有接近电池的能量密度。这种具有接近电池能量密度的电化学电容器又被称为超级电容器，它的出现使得电容器的比容量上限提高了 3～4 个数量级，达到了法拉级的大容量，因此被称为"超级电容器"。1968 年，美国 SOHIO 公司的 Boss 提出了利用高比表面积的炭材料制作双电层电容器的专利。然后，此项技术被转让给日本的 NEC 公司，该公司从 20 世纪 70 年代末就开始商标化的"Supercapacitor"的生产。NEC 最初主要使用活性炭电极，以水溶液为电解液，设计出对称型典型"120 V，18 F"的高压组件，其外形尺寸为 398 mm×276 mm×170 mm，ESR 仅为 78 m。几乎就在同时，日本 Panasonic 公司设计了以活性炭为电极材料，以有机溶剂为电解液的"Goldcapacitor"。20 世纪 80 年代，日本公司实现了超级电容器产业化，推出了系列化产品，并占据着世界双电层电容器的市场，从而引起了各国的广泛关注和研究。进入 20 世纪 90 年代后，人们开始着手考虑将超级电容器和蓄电池联合使用，组成复合电源，以满足电动车辆高性能脉冲的要求。在发展双电层电容器的同时，法拉第赝电容器也得到了关注，以贵金属氧化物 $RuO_2$ 为电极材料制作的电容器最具有代表性。此外，近几年又出现了导电聚合物为电极材料的电容器，同样也属于法拉第赝电容器范畴。1990年，Giner 公司推出了以贵金属氧化物为电极材料的所谓赝电容器，也叫准电容器。为了进一步提高超级电容器的比能量，1995 年，Evans 等人提出了基于理想极化电极和法拉第反应电极构成的混合电容器的概念。1997 年，ESMA 公司就公开了 NiOOH/AC 混合电容器的概念，揭示了蓄电池材料和电化学电容器材料混合的新技术。2001 年，Amatucci 报道了有机体系锂离子电池材料和活性炭组合的 $Li_4Ti_5O_{12}/AC$ 混合电化学电容器，这是超级电容器发展的又一里程碑。

在国内，大庆华隆电子有限公司是国内首家实现超级电容器产业化生产的厂家，电子科技大学、原电子工业部 49 所也于 20 世纪 80 年代开始研制双电层电容器，目前正在研究超级电容器，也取得了一定的成果。其中，解放军防化研究所、原电子工业部 49 所等单位已经有商品化双电层超电容问世，不过其性能与发达国家相比还有很大的差距。北京科技大学和上海冶金所合作，对镍氧化物基超级电容器进行了较深入的研究；哈尔滨工程大学把研究重点放在碳基大功率超级电容器方面；东北师范大学以聚丙烯为原料，对有机聚合物电容器进行了研究。随着 2008 年"绿色奥运"的提出以及国家"863 计划"将电动汽车项目作为重大课题开展研发工作，国内近年来也出现了生产超级电容器的专业厂商，北京集星科技开发了商品化系列超级电容器。此外，北京金正平公司、上海奥威、锦州锦容、厦门信达等公司也开始投入或正在运行这方面的研发工作。

近年来，全球超级电容器需求量快速扩大，美国市场研究公司 Frost&Sullivan 调查报告指出，2002 年到 2009 年间，全球超级电容器产业的产量和销售收入两项数据分别以157% 和 49% 的年复增长率保持高速增长，被誉为 21 世纪最具有希望的一种新型绿色能源。超级电容器已成为电源电池领域内新的产业亮点而被世界各国广泛关注[173]。目前，在全球民用超级电容器市场中，处于领先地位的有美国 Maxwell 公司、日本 Panasonic 公司、韩国 Ness Cap 公司和法国 Bollore 公司。我国经多年自主研究、开发超级电容器，在技术方面处于国际上领先地位，2008 年，我国超级电容市场需求超过 2000 万只。在国内处于领先地位超级电容器企业主要有上海奥威科技、北京合众汇能、北京集星联合电子、哈尔滨巨容新能源和锦州凯美能源[174]。

目前，超级电容器占世界能量储存装置（包括电池、电容器）的市场份额不足 1%，在我国所占市场份额约为 0.5%，因此超级电容器存在着巨大的市场潜力。2008 年，全球超级电容器市场需求大约 2 亿只，其中，亚太地区超级电容器需求量为 9000 万只。中商情报网分析认为，未来几年，我国超级电容器产业规模以年均 30%速度增长，预计 2015 年，超级电容器产业规模将超过 100 亿元。

## 5.1.2　超级电容器应用领域

随着技术水平的提高和人们环保意识的增强，超级电容器作为一种储能性能介于传统电容器和二次电池之间的新型储能元件，以其大容量，高功率，可实现大电流充、放电，长循环寿命，工作温度范围宽（−40～75℃），绿色环保等特点在家用电器、仪器设备、信息通信、汽车工业、电力铁路、军事装备、航空航天等领域均具有较好的应用前景，并且其应用范围还在不断拓展。从小容量的特殊储能到大规模的电力储能，从单独储能到与蓄电池或燃料电池组成的混合储能，超级电容器都展示出了独特的优越性。目前，一些超级电容器的储能应用已经实现了商业化，还有一些应用正处于研究或试用阶段。概括起来，有关超级电容器的应用或应用研究可以分为以下几个方面。

### 1. 小功耗电子设备的电源/备用电源

由于具有充放电次数高、寿命长、使用温度范围宽、循环效率高以及低自放电等特点，故超级电容器很适合如白昼−黑夜转换的场合应用。典型的应用有太阳能手表、太阳能灯、路标灯、公共汽车停车站时间表灯、汽车停放收费计灯、交通信号灯等。在一些小功耗的电子设备和各种消费类电子产品中，超级电容器可以取代二次电池，成为主电源或者备用电源。在这类应用中，超级电容器能提供几毫秒到几秒的大电流脉冲；在放电之后，超级电容器再由低功率的电源充电。比如，充当存储器、电脑、计时器、自动防故障装置、微处理器、系统主板、时钟等的后备电源。超级电容器与蓄电池混合使用，可以用于各类功率具有脉动性的移动电子设备或仪器，如移动电话、对讲机、笔记本电脑、照相机的闪光灯、PDA 等。

### 2. 电动汽车及内燃机车

电动汽车的关键部分是电源系统，电动车对作为动力源的蓄电池提出的最大挑战在于能否满足车辆在诸如加速、制动以及低温启动等条件下的高功率放电要求。与电池相比，超级电容器充电速度快、输出功率大、刹车再生能量回收效率高。由于功率密度大，超级电容器能够在汽车启动、加速、爬坡等过程中提供所需的峰值功率，满足电机的峰值功率需求，并在刹车时将回馈的能量储存起来。超级电容器可以作为电动汽车的唯一动力源，或者与可充电蓄电池、燃料电池、飞轮等储能装置或发电设备混合使用，驱动电动汽车或混合动力汽车。

超级电容器可用于各种大型载重和特种车辆，以及船舶和飞机的电启动装置上。超级电容器与柴油机的电启动蓄电池并联使用，可以提高燃油点燃质量，降低燃油消耗，减少机器磨损，减小启动对其他设备用电的影响，延长蓄电池使用寿命，降低运营成本，提高经济效益。

### 3. 电网/配电网的电力调峰和电能质量改善

超级电容器可以作为电力储能装置，用于电网或配电网的电力调峰。在夜间负荷较小时，将电力储存在超级电容器中，并在白天用电高峰期释放出来，以减小电网的峰谷差，提高容量利用率。超级电容器还可以用于电网或配电网的动态电压补偿（DVR）系统，以改善电能质量。当电网或配电网出现电压跌落、闪变和间断等电能质量问题时，超级电容器通过逆变器释放能量，及时输出补偿功率并维持一定的时间，以保证电网或配电网的电压稳定，使敏感用户设备正常、不间断地运行。而且，超级电容器通过功率变换器，还可以对配电网进行无功功率补偿、谐波电流消减。容量较大的超级电容器甚至还可以作为重要负载的不间断电源（UPS）。

### 4. 可再生能源发电系统/分布式电力系统

大力开发和利用可再生能源如太阳能、风能等是解决能源短缺的有效途径。在可再生能源发电系统及其所处的分布式电力系统中，发电设备的输出具有分散性、不稳定性和不可预测性的特点。储能装置成为可再生能源系统发电重要组成部分，要求储能装置具有存储容量大、工作寿命长、漏电流小、低温条件下稳定工作、可以进行瞬间充电以适应天气的变化以及免维护等性能。二次电池在复杂环境下的运营成本高，在低温和反复充、放电条件下，电池容量衰减严重，使用寿命短。采用超级电容器储能，可以充分发挥其功率密度大、循环寿命长、储能效率高、无需维护等优点，可以单独储能，也可以与其他储能装置混合储能。超级电容器作为储能装置，应用于独立光伏、风力发电、燃料电池等分布式发电系统，可以对系统起到瞬时功率补偿的作用，并可以在发电中断时作为备用电源，以提高供电的稳定性和可靠性。超级电容器储能与太阳能电池相结合，可以应用于路灯、交通警示牌、交通标志灯、太阳能道灯以及阴极保护设备等。

### 5. 军事装备领域

军用装备由于便携性和机动性能的要求，需要配置发电设备及储能装置。军用装备对储能设备的要求是可靠、轻便、隐蔽性强。超级电容器的诸多优点决定了其在军事装备领域具有广阔的发展前景。采用超级电容器搭配二次电池混合储能，可以大幅度减轻背负设备的重量；可以为军用运输车、坦克、装甲车等解决车辆低温启动困难的问题，还可以提升车辆的动力性和隐蔽性。新一代激光武器、粒子束武器、潜艇、导弹以及航天飞行器等军事装备，在发射阶段除装备常规高比能量电池外，还需与超级电容器组合才能构成"致密型超高功率脉冲电源"，通过对脉冲释放率、脉冲密度、峰值释放功率的调整，使起飞加速器、电弧喷气式推进器等装置能实现在脉冲状态下达到任意平均功率水平的功率状态。

另外，超级电容器在电站直流控制、大型工业不间断电源（UPS）、电焊机、充磁机以及一些消费电子等领域也有非常广阔的应用前景。超级电容器应用总结如表 5-2 所示。

表 5-2  超级电容器应用总结

| 应用领域 | 典 型 应 用 | 性 能 要 求 |
| --- | --- | --- |
| 电力系统 | 静止同步补偿器，动态电压补偿器 | 高功率，高电压，可靠 |
| 交通运输 | 轨道车辆能量回收，油电混合动力 | 高功率 |
| 电动车 | — | 高功率，高电压 |
| 风能 | 风力发电机的变桨系统的储能系统 | 高功率 |
| 太阳能 | 路灯，航标 | 长寿命 |
| 空间 | 能量束 | 高功率，高电压，可靠 |
| 军事 | 电子枪，消声装置 | 可靠 |
| 工业 | 工厂自动化，遥控 | — |
| 记忆储备 | 消费电器，计算机，通信 | 低功率，低电压 |
| 汽车辅助装置 | 催化预热器，用回热器刹车，冷启动 | 中功率，高电压 |

# 5.2  超级电容器的基本概念及原理

## 5.2.1  基本概念

### 1. 分类

超级电容器（Supercapacitor or Ultracapacitor）储能原理不完全相同，并且可以采用不同的电极材料和电解液体系，形成了性能各异的超级电容器。因此，可以将超级电容器按照不同的标准进行分类，大致有以下分类方法[175]：

（1）按照电极材料种类不同，可分为炭超级电容器、金属氧化物超级电容器和导电聚合物超级电容器；

（2）按照储存电能的机理不同，可分为双电层电容器（Electric Double Layer Capacitor，EDLC），通过界面双电层储存电荷；氧化还原电容器（Redox Capacitor），通过法拉第赝电容机理储存电荷；混合型电容器，两个电极分别通过法拉第赝电容和双电层电容储存电荷。

（3）按电容器的结构及电极上发生反应的不同，可分为对称型和非对称型。如果两个电极的组成相同且电极反应相同、反应方向相反，则被称为对称型。炭电极双电层电容器、贵金属氧化物电容器即为对称型电容器。如果两电极材料组成不同或者发生不同的反应，则被称为非对称型。由可以进行 n 型和 p 型掺杂的导电聚合物作电极的电容器即为非对称型电容器。

（4）按所用的电解质不同，可分为水系电解液、有机电解液、胶体电解质和固体电解质电容器。

市场上的超级电容器产品也有不同的分类方式[176]：

（1）按产品的结构，可分为叠片型超级电容器、卷绕型超级电容器、组合型超级电容器；

（2）按产品的规格，可分为 1 F 以下超级电容器、1～10 F 超级电容器、10～100 F 超级电容器、100～1000 F 超级电容器、1000～5000 F 超级电容器、5000 F 以上超级电容器；

（3）按产品的应用领域，可分为消费电子类超级电容器、计算机应用类超级电容器、工业电子类超级电容器、汽车电子类超级电容器等。

**2. 基本结构**

超级电容器的基本结构主要由集流体、电极、隔膜、电解液、外壳及两极引出导线构成，其中最为重要的部分是电极、隔膜和电解液。图 5-1 所示为超级电容器的示意图。

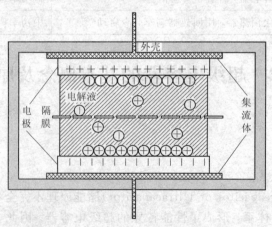

图 5-1　超级电容器结构示意图

（1）集流体是指超级电容器中介于电极活性物质与外引出电极之间的导电结构部分。它的主要作用是将超级电容器所储存的电荷引出至引线，一般由金属箔（Cu、Ni 等）构成。因此，要求集流体与电极接触电阻小、接触面积大，并且能够在电解液中保持化学性质稳定，不发生化学反应，耐腐蚀性强。通常，酸性电解质体系一般选择软材料，碱性电解质体系选择镍材料，而有机电解质等可以选择廉价的铝材料。

（2）电极是指在与电解液相交的界面上和电解液相互作用形成双电层电容或者赝电容的材料系统，是超级电容器的关键部分。电极材料应该具有较高的化学惰性，对工作电解液的化学和电化学稳定性好；比表面积大，能够增大电容量；导电性好、纯度高，以减少漏电流。电极材料通常由以下三部分组成[178]：

① 电极活性物质。电极活性物质承担着产生双电层电容（或法拉第赝电容）和积累电荷的作用。它应该具有导电性能好、比表面积大、化学性能稳定等。目前，电极活性物质主要有炭材料、金属氧化物或导电聚合物材料。

② 导电剂。导电剂的种类和含量影响电极内阻，进而影响充、放电过程的进行程度。因此导电剂对电容器的整体容量有较大影响。目前常用的导电剂是乙炔黑。

③ 黏结剂。黏结剂主要起增加电极的强度，防止循环过程中活性物质的脱落、变形。聚四氟乙烯（PTFE）具有疏水性能优良，耐强碱腐蚀，且能生成多孔的纤维状高分子薄膜，可有效地防止电极的起泡、活性物质脱落现象发生。目前黏结剂多为 PTFE。

（3）隔膜的主要作用是将超级电容器中两个电极分开，防止发生短路，因此隔膜要具有化学性质稳定性，隔膜本身不具备导电性，有通离子阻电子作用。隔膜的厚度、大小及孔隙度也会影响到单元电容器的内阻、漏电流以及由其引起的电压稳定，因此要求开发有一定厚度、浸润性好、保湿性好的隔膜。目前，超级电容器隔膜材料有玻璃纤维、聚丙烯膜、微孔膜、电容器纸等。[179]

（4）电解液。电解液的主要作用是在电容器内部传输电荷，并起到在电极表面形成双电层、嵌入、欠电位沉积等作用。因此电解液是超级电容器的关键组成部分之一。电解液的分解电压决定了超级电容器的工作电压和电流效率，其电导率直接影响超级电容器的比功率和输出电流，其使用温度也限制了超级电容器的应用范围。理想的电解液应具有电导率高、分解电压高、工作温度范围宽的特点。

超级电容器使用的电解液分为两大类：液态电解液和固态电解液。其中，液态电解液又有水溶液和非水溶液之分；固态电解液则分为有机类和无机类。

① 水溶液电解液通常用硫酸和氢氧化钾，其优点是电导率高，成本低廉，电解质分子直径较小，容易与微孔充分浸渍，更能充分利用表面积、内阻低。但电容器工作电压受水的分解电压限制，一般不超过 1 V。此外，强酸、强碱腐蚀性强，对包装要求苛刻，电极材料会出现缓慢氧化，这就使得电极材料在用于长寿命器件制造方面受到一定的限制。

② 非水溶液电解液通常用有机液非水体系。有机电解液具有较高的分解电压（一般

2~4 V），有利于获得更高的能量密度，而且工作温度的范围较宽，对结构材料较为安全。然而其电导率很低，这是有机电解液的一个严重缺陷，也是许多科研工作者想解决的难题。

尽管液态电容器取得了较大的成功，但由于使用液态电解质，也就不可避免地带来了诸如漏液、溶剂挥发、使用温度范围窄等一系列难以克服的问题。固体电解液由于良好的可靠性、无电解液泄露、高比能量以及可实现超薄性等优点而受到人们的青睐。使用凝胶电解质和固态聚合物电解质来提高电容器的稳定性，避免漏液的研究也越来越多。

（5）外壳和引线。外壳和引线主要用于超级电容器封装和与外电路相连接，对电容器起到保护作用。

综上所述，超级电容器的关键部件是电极、电解质和隔膜材料。除混合型电容器外，大部分超级电容器的正、负极都采用相同的电极，即制备电容器时仅仅需要制备同一种类的电极。但是，由于正极极化时的比电容通常不同于相同材料负极极化时的比电容，这就要求在两个电极中使用不同数量的活性材料，而且在最终制成的电容器装置上应标明极性。一般而言，超级电容器的工业制造技术与传统电池的制造技术类似，可以完全采用电池生产的设备和工艺。其工艺部分将在后面阐述。

市场上常见的成品超级电容器分装方式略有不同。按照不同的分装方式，可分为层叠式和卷绕式，如图 5-2 所示。层叠式电容器电极易于制备，可制备大面积电极，但是封装密度较低，多个电容器单元串联时占用空间较大，单位体积工作电压低；卷绕式超级电容器的封装密度较高，便于多个电容器的串联，可以满足高电压的需要，但大面积电极制备困难，同时外壳封装过程中需要承受较大的压力。[180]

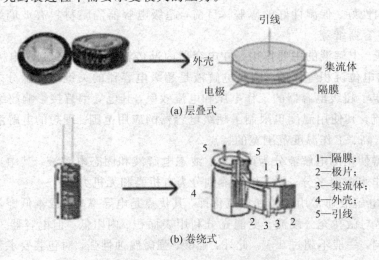

(a) 层叠式

(b) 卷绕式

1—隔膜；
2—极片；
3—集流体；
4—外壳；
5—引线

图 5-2 超级电容器结构示意图

### 3. 特点

超级电容器与二次电池及传统电容器相比，具有明显的特点和优点。超级电容器兼具蓄电池能量密度大和普通电容器功率密度大的优点，充、放电速度快，充、放电效率高，循环寿命长，高、低温性能好。此外，超级电容器的材料几乎没有毒性，环境友好，而且在使用中无需维护等，具体为以下几方面：[181]

（1）高能量密度和功率密度。由于超级电容器的内阻很小，而且在电极/溶液界面和电极材料本体内均实现电荷的快速储存和释放。因此，超级电容器功率密度可以高出蓄电池100倍以上，达到10 kW/g左右。它可以在短时间内放出几百到几千安培的电流，这个特点使得该电容器非常适用于短时间高功率输出的场合。另外，超级电容器还具有很高的比容量，容量可以从1法拉到数千法拉，其能量密度可达到传统介电质电容器100倍以上。

（2）充、放电速度快。超级电容器可以等效为一个等效串联内阻与理想电容器的阻容结构，由于等效串联内阻很小，因而超级电容器的充、放电时间常数很小，可以允许以很大的速率充、放电。超级电容器可以在短时间内释放出几百到几千安培的电流。超级电容器充电是双电层充放电的物理过程或电极物质表面的快速、可逆的电化学过程，可以采用大电流充电，能在数十秒到数分钟内快速充电；而二次电池在如此短的时间内充满电将是极危险的或是几乎不可能的。因此超级电容器非常适合用于短时间高功率输出的场合。

（3）充、放电效率高。超级电容器的等效串联内阻很小，在充、放电过程中的能量损耗小，因而具有很高的充、放电效率，其充、放电周期效率可以达到90%以上。在包括功率变换器能量损耗的情况下，超级电容器的充、放电周期损耗约为10%，蓄电池则为20%～30%。

（4）循环寿命长。超级电容器充、放电过程中发生的电化学反应具有良好的可逆性，不易出现电池中活性物质那样的晶型转变、脱落、枝晶穿透隔膜等现象。它实际充、放电次数可以达到10万次以上，是电池的10～100倍。超级电容器深度充、放电时的充、放电循环次数可达50万次以上，或可以工作90 000 h。作为能量储存装置，其使用寿命与系统中的功率变换器、控制器等装置相当，甚至更长，在很多应用场合均可视为永久性器件。

（5）使用温度范围广，低温性能优越。超级电容器充、放电过程中发生的电荷转移大部分都在电极活性物质表面进行，所以容量随着温度衰减非常小，在酷热、寒冷和潮湿的环境下仍能有效工作，而二次电池在低温下容量大幅度衰减有时高达70%。超级电容器可以在－40～＋70℃的温度范围内使用，而一般电池为－20～＋60℃。

（6）环境友好。超级电容器中电极材料主要是炭，而电解液一般采用有机体系，对环境不存在重金属污染等问题。铅酸蓄电池、镍铬蓄电池均具有毒性。

（7）能量管理简单、准确。超级电容器的储能量与端电压之间具有确定的关系，即 $W = \frac{1}{2}CU^2$，因而对荷电状态（SOC）的判断简单而准确，只需检测端电压，就可以准确地确定所储存的能量，方便了系统的能量管理。超级电容器可以与普通电源系统并联使用，如采取均压措施后，还可以串联使用。它可以降低对电源系统的瞬间功率要求，妥善解决了储能设备高比功率和高比能量输出之间的矛盾[182-183]。

（8）体积小、外形紧凑、便于安装、免维护、环保、放置时间长。由于自放电，超级电容器的电压会随放置时间逐渐降低，但它能重新充电到原来的状态，即使几年不用仍可以保持原来的性能指标。

当然，超级电容器也存在着较明显的不足之处，尤其是应用于长期、大容量的电力储能场合。从目前的产品情况来看，它主要存在以下的不足之处：

（1）能量密度较低。超级电容器的能量密度与蓄电池相比偏低，大约是铅酸蓄电池的20%。在相同的能量需求条件下，其体积、重量比蓄电池组大得多，应用范围受到制约，还不适宜于大容量的电力储能。但从近年来超级电容器的发展趋势看，其能量密度提高较快。能量密度的提高，使超级电容器从高功率密度应用领域步入高能量密度应用领域成为可能。

（2）端电压波动范围大。超级电容器的端电压随着储能量的变化波动较大，在充、放电过程中会不断地上升或下降。如，当超级电容器放出75%的储能量时，其端电压下降到了原来的50%。负载在工作过程中一般要求端电压稳定，因而需要在超级电容器与负载之间配置一个电压适配器，以达到稳压的目的。电压适配器的使用，造成了系统的结构复杂、成本上升和能量转化效率下降。

（3）串联均压问题。超级电容器的单体电压较低、储能量较小，一般需要进行串、并联组合才能达到要求的电压等级和储能容量。由于电容量和等效并联内阻等器件参数的差异，导致串联单体电容电压在工作过程中的不一致，因此需要进行串联均压处理，以提高电容器的容量利用率和安全性。但这样做增加了系统的复杂程度，并造成了一定的能量损耗。此外，目前超级电容器的价格较贵，大容量电力储能的成本很高。但主要原因不是材料和工艺问题，而是产业化程度问题。从近年来价格变化曲线可以预见，在不远的将来，随着超级电容器应用范围的扩展和产业化进程的加快，其成本将会大幅度降低，达到合理化的程度和具有较强市场竞争力的水平。

## 5.2.2 基本原理

### 1. 双电层电容器原理

双电层理论的发展大致经历了如下阶段：亥姆霍兹（Helmholtz）的紧密双电层理论、Gouy 和 Chapman 的分散层理论、斯特恩（Stern）的紧密扩散层理论、Grahame 模型、Bockris Devanathan Müller 模型等模型，经过众多研究者的工作，已经建立了较完善的理论体系。

一个双电层电容器单元由两个浸有电解液的电极构成,中间夹以隔膜,相当于两个双电层电容的串联。电解液与电极接触时,为达到系统的电化学平衡,电荷在电极和电解质的界面之间自发的分配形成双电层。其工作过程可用下面的电化学过程来表示[177]:

　　正极:

$$Es + A^- \rightarrow Es^+ \mathbin{/\mkern-3mu/} A^- + e$$

　　负极:

$$Es + C^+ + e \rightarrow C^+ \mathbin{/\mkern-3mu/} Es^-$$

　　总反应:

$$Es + Es + C^+ A^- \rightarrow Es^+ \mathbin{/\mkern-3mu/} A^- + C^+ \mathbin{/\mkern-3mu/} Es^-$$

其中,Es 代表电极表面;$\mathbin{/\mkern-3mu/}$ 表示积累电荷的双电层;$C^+$、$A^-$ 分别为电解液中的正、负离子;$e$ 为电子。

　　在充电过程中,电子通过外加电源从正极流向负极,正、负离子在溶液中分离并分别移动到电极表面,在电极/溶液界面发生电子和离子或偶极子的定向排布,在电极和电解液界面形成双电层,并达到保存能量的目的;在放电过程中,电子在电路里定向运动,通过负载从负极流向正极,正、负离子或者偶极子从电极表面被释放,回到电解液中,能量得到释放。从总反应中可以看出,电解液中 $C^+$、$A^-$ 在充电时被消耗掉,因此电解液在某种意义上也可以被认为是一种活性物质。

　　在实际中,超级电容器的充、放电过程也可以描述如下:当充电时,在外界电场的作用下,溶液中的正、负离子分别向负极、正极迁移,在正、负极分别形成双电层,使正极电位上升、负极电位下降,在正、负之间产生电势差。当充电完成、外界电场撤销后,由于构成双电层的固、液相界面两侧的正、负电荷相互吸引,使得离子不会迁移回溶液中,电容器的电压能够得以保持。当放电时,外接电路将正、负极连通,固相中聚集的电荷发生定向移动,在外接电路中形成电流,双电层的正、负电荷平衡被破坏,液相中的离子迁移回溶液中。整个过程基本上是电荷物理迁移的非法拉第过程,充、放电过程中没有电荷穿过双电层,因此充、放电效率来源于离子在溶液中和电极表面间的迁移速率,该速率远高于电池的电极反应速率,所以超级电容器可以采用大电流充、放电。

　　在超级电容器充、放电的过程中,当外加电压加到超级电容器的两个极板上时,与普通电容器一样,正极板(正电极)存储正电荷,负极板(负电极)存储负电荷,在超级电容器的两极板上电荷产生的电场作用下,在电解液与电极间的界面上形成相反的电荷,以平衡电解液的内电场。当两极板间电势低于电解液的氧化/还原电极电位时,双电层不会被破坏,超级电容器为正常工作状态。如果电容器两端电压超过电解液的氧化/还原电极电位时,电解液将发生氧化还原反应,双电层被破坏,超级电容器受损。随着超级电容器放电,正、负极板上电荷从外电路释放,双电层两侧静电平衡被打破,界面上的离子离开双电层进入电解液。双电层超级电容器的充、放电过程始终是物理过程,没有伴随任何化学反应,这是它与电池的不同之处。

　　由于双电层超级电容器的储能是一个物理过程，双电层超级电容器的漏电现象要比二次电池严重很多。双电层中的离子浓度比溶液本体中离子浓度大得多，这些离子在受到固相异性电荷吸引的同时，存在扩散回浓度较低的溶液本体的趋势。在双电层的分散层中，离子的扩散趋势更加明显，离子扩散回溶液本体的过程便是电容器的漏电过程。其中可能还会伴随杂质离子在两极的氧化/还原反应造成的漏电等。双电层电容器的充、放电过程示意图如图 5-3[177]所示。

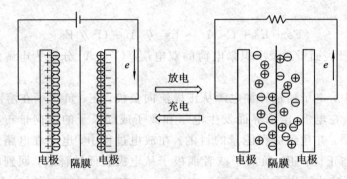

图 5-3　双电层电容器充、放电过程示意图

　　双电层电容器的比电容，可以根据 Helmholtz 双电层电容器模型，通过平板电容器电容存储模式进行计算，即

$$C = \frac{\varepsilon A}{4\pi d} \tag{5-1}$$

式中，$C$ 为电容量；$\varepsilon$ 为介电常数；$A$ 为电极面积；$d$ 为电荷中心与电极材料表面的间距。

　　可见，双电层超级电容器的电容量与电极材料表面积成正比，与双电层的厚度成反比。对于常用的活性炭电极材料而言，由于具有超高的比表面积（>2000 $m^2/g$），加之双电层纳米级的电荷间距（<1 nm），电极-电解质溶液界面双电层电容一般在 20~40 $\mu F/cm^2$，因此双电层电容器的电容量是传统电容器的 10~100 万倍[184]。

　　从双电层理论模型（参见图 5-3）可以看出，双电层超级电容器是由正极、负极两个双电层电容串联而成。因此电容器的总体容量为正、负电容的串联结果，计算公式为

$$\frac{1}{C_{Cell}} = \frac{1}{C_P} + \frac{1}{C_N} \tag{5-2}$$

其中，$C_{Cell}$、$C_P$、$C_N$ 分别为电容器、正极、负极的电容值。可见，电容器总体性能同时取决于正极和负极，其中任何一极较差的电容性能将会影响电容器的总体容量[185]。

　　双电层电容器，亦可以看做是由紧密层电容和分散层电容串联组成的电容之和。从式（5-1）看出，对于双电层超级电容器而言，欲获得高比电容，首先要求电极材料必须具有高的比表面积。炭电极材料以其优异的导电性、电化学稳定性、超高的比表面积、合理的

孔径分布、价格合理等因素而被广泛用在双电层电容器领域，典型材料体系有活性炭（AC）、中孔炭、炭气凝胶、碳纳米管以及碳化物衍生炭等。

值得关注的是，随着新型炭材料的发展及其在电容器领域应用，一些双电层超级电容器的实验结果很难用双电层模型进行解释。例如，Gogotsi通过氯气刻蚀碳化物，得到一系列孔径可调的炭材料，并将其用作双电层电容器电极材料。他们发现，当电极材料的孔径小于1 nm时，材料的比电容发生意想不到的提高。电荷在电极材料表面上的积累被看做平板电容器，已经不能很好解释这一物理现象，因此一种新的理论——同轴电缆模型EWCC被提出来解释亚微孔内的电荷存储机理[186-187]。由此可见，随着新型电极材料的不断推陈出新，不但超级电容器的能量存储密度有了显著提高，超级电容器的储能理论也受到极大的推动作用。

超级电容器的能量通常可以表示为[188]

$$E = \frac{1}{2}QV = \frac{1}{2}CV^2 \qquad (5-3)$$

超级电容器的功率输出可以表示为[189]

$$P = \frac{V^2}{4R} \qquad (5-4)$$

其中，$C$为电容；$V$为电压。

## 2. 赝电容器原理

基于赝电容（Psuedocapacitance）的超级电容器（赝电容器）是双电层超级电容器的一种补充形式。赝电容器也被称为法拉第准电容器，是指在电极表面或体相中的二维或准二维空间上，电活性物质进行欠电位沉积、发生高度可逆的化学吸附/脱附或氧化/还原反应，进行能量存储的电容器。

（1）按机理分，在电化学过程中通常会出现三种类型"赝电容"。[194]

① 吸附型赝电容。在二维电化学反应过程中，电化学活性物质单分子层或类单分子层随着电荷转移，在基体上发生电吸附/脱附，表现出电容特性，这种电容通常称为吸附型赝电容。吸附赝电容典型体系为

$$M^{z+} + S + ze^- \rightarrow SM \qquad (5-5)$$

式中，S为表面晶格位置；$M^{z+}$为二价金属元素；$ze^-$为带2个电荷；SM为表面金属。或者

$$H^+ + S + e^- \rightarrow SH \qquad (5-6)$$

其方程可以表示为

$$E = E^0 + \frac{RT}{zF}\ln\left(\frac{\theta}{1-\theta}\right) \qquad (5-7)$$

其中，$H^+$为氢离子；SH为表面氢；$\theta$为占据二维位置的分数。

② 氧化/还原型赝电容。在表面或者体相的电化学反应过程中，某些电化学活性物质

随着电荷变化发生氧化/还原反应，形成氧化态或还原态，表现出氧化/还原型赝电容。$RuO_2$ 电极/$H_2SO_4$ 界面发生的法拉第反应所产生的赝电容就是这种类型。其特征与静电容相类似，即循环伏安曲线呈对称的矩形，未出现尖锐的氧化/还原峰，仅能发现较弱的和较宽的峰且是完全对称的。

对于一个连续电位或者重叠电位的氧化/还原体系的电极：

$$ox + ze^- \rightarrow red$$

式中，ox 为氧化态；red 为还原态。

其电位为

$$E = E^0 + \frac{RT}{zF}\ln\left(\frac{ox}{red}\right) = E^0 + \frac{RT}{zF}\ln\left(\frac{y}{1-y}\right) \tag{5-8}$$

式中，$y = \frac{[ox]}{[ox]+[red]}$；[ox]：氧化态离子浓度；[red]：还原态离子浓度。可得赝电容为

$$C = \frac{QF}{RT}y(1-y) \tag{5-9}$$

③ 互嵌赝电容。互嵌赝电容典型的体系为 $Li^+$ 嵌入 $MA_2$ 中，方程为

$$E = E^0 + \frac{RT}{zF}\ln\left(\frac{X}{1-X}\right) \tag{5-10}$$

其中，$X$ 为层状晶体的覆盖率。

图 5-4 所示为法拉第准电容器充、放电过程示意图[177]，其充、放电过程与双电层电容器基本相同。不同之处在于，法拉第电容是电活性物质在表面或体相与电解液发生高度可逆的氧化/还原反应或化学吸附/脱附过程，此过程为动力学可逆过程。它与二次电池不

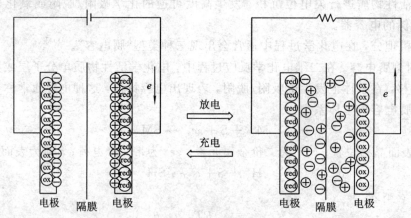

电极　隔膜　电极　　　　　　　　　　电极　隔膜　电极

ox 氧化态电极物质；　red 还原态电极物质

图 5-4　法拉第电容器充、放电过程示意图

同，但与静电类似。对于双电层超级电容器，其电容量在工作电压范围内保持不变，体现在恒电流充、放电过程中电压随着充、放电时间线性变化。赝电容的储能机制是一个法拉第过程，其反应过程强烈依赖于反应电位，电极材料只有在一定的电位区间内才具有电化学活性，发生氧化/还原反应。尽管电极上的活性物质发生了包括电子传递的氧化/还原反应，但该反应不同于一般的氧化/还原过程，其反应速度很快，材料能级状态的转变呈连续变化，体现为其在充、放电过程中仍表现出电容特性，即[190-191]

a. 电容器的电压随时间线性变化；

b. 当对电极加一个随时间线性变化的外电压 $dV/dt = V't$ 时，可以观察到一个近乎常量的充、放电电流或电容 $I = C\ dV/dt = C\ V't$。

Conway 于 1975 年开始并一直致力于这种储能系统的研究工作。通过研究发现，赝电容不仅发生在电极表面，而且可深入到整个电极内部，其最大充、放电性能由电活性物质表面的离子取向和电荷转移速度控制，因此可在短时间内进行电荷转移，可获得比双电层电容更高的电容量和能量密度。

（2）按材料分，赝电容的超级电容器分为金属氧化物型和导电聚合物型。

① 金属氧化物型法拉第超级电容器。金属氧化物型法拉第超级电容器的充、放电机理可以表述为：当充电时，在外加电场的作用下，电解液中的离子（一般为 $H^+$ 或 $OH^-$）首先由溶液中扩散到电极/溶液界面处，然后通过界面电化学反应：

$$MO_x + H^+\ （或\ OH^-）+（或\ -）e^-\ \longrightarrow MO(OH) \tag{5-11}$$

进入到电极表面活性氧化物的体相中。一般电极材料所采用的氧化物的比表面积比较大，因此电极材料上有相当多的类似电化学反应发生，从而在电极中存储大量的电荷。当放电时，根据式（5-11），进入到氧化物中的离子又会重新返回到电解液中，同时通过外电路将所存储的电荷释放出来。法拉第准电容不仅产生在电极表面，而且还可产生在整个电极内部，因而与双电层电容相比具有更高的电容量和能量密度。在电极面积相同的情况下，赝电容可以是双电层电容量的 10～100 倍；并且在整个充、放电过程中，电极上没有发生决定反应速度与限制电极寿命的电活性物质的相变化，因此其循环寿命长（超过 10 万次）。所以，为了使电容器小型化和得到更高的比电容量，赝电容器成为超级电容器发展的一个主要方向。作为电容器电极活性物质，金属氧化物和聚合物的研究是赝电容器研究的热点。赝电容主要包括两大类：一类由金属氧化物（$RuO_2$、$IrO_3$、$Cr_3O_4$ 等）在氧化/还原反应中产生；另一类由导电聚合物在氧化/还原反应中产生。

目前，研究较多的赝电容类过渡金属氧化物主要有 $RuO_2$、$MnO_2$、$V_2O_5$ 和 NiO 等。$RuO_2$ 由于具有优良的导电性质和较高的比电容而被广泛研究。在酸性电解液中（如浓 $H_2SO_4$ 水溶液中），通过质子在 $RuO_2$ 表面发生快速可逆的嵌入/脱出，并伴随着氧化/还原反应的发生而产生法拉第赝电容，其特征是循环伏安曲线呈近似对称的矩形，未出现尖锐的氧化/还原峰，仅能发现较弱的和较宽的峰且是完全对称的电极上发生的法拉第反应，

被认为是通过在 $RuO_2$ 的微孔中发生可逆的电化学离子注入。正、负极上的氧化/还原反应如下式所示,并伴随着电子的转移:

正极:

$$HRuO_2 \underset{\text{放电}}{\overset{\text{充电}}{\rightleftharpoons}} H_{1-\delta}RuO_2 + \delta H^+ + \delta e^- \qquad (5-12)$$

负极:

$$HRuO_2 + \delta H^+ + \delta e^- \underset{\text{放电}}{\overset{\text{充电}}{\rightleftharpoons}} H_{1-\delta}RuO_2 \qquad (5-13)$$

总反应:

$$HRuO_2 + HRuO_2 \underset{\text{放电}}{\overset{\text{充电}}{\rightleftharpoons}} H_{1+\delta}RuO_2 + H_{1-\delta}RuO_2 \qquad (5-14)$$

Ru 的氧化态可以从 +2 价变到 +4 价。尽管 $RuO_2$ 具有很高的质量比电容($720 \sim 900$ F/g),然而钌在自然界极为稀有,价格昂贵,因此 $RuO_2$ 基超级电容器只能在军事和航空航天等特殊领域中应用[192],难以实现商业化生产。将贱金属氧化物,如 $TiO_2$、$MoO_3$、$V_2O_5$、$SnO_2$ 和 $WO_3$ 等与 $RuO_2$ 复合以减少 $RuO_2$ 的用量,这是目前研究电极材料的一个重要方向[193]。

尽管金属氧化物的电容性能取得了长足的进步,然而将其用作电容器电极材料仍有些问题亟待解决。例如,它的导电性较差,并且电位活性窗口较窄,当超过其电位活性窗口时,就不具有电活性甚至将导致材料不可逆的破坏,因此目前单独以过渡金属氧化为电极材料的超级电容器仍处于研究阶段,离实际应用还有很长一段距离[194]。

② 导电聚合物型电化学超级电容器。具有π共扼结构的导电聚合物材料在氧化/还原时表现出电容特性。导电聚合物作为电极材料的电化学电容器应该属于法拉第准电容这一类。

导电聚合物型电化学超级电容器以导电高分子聚合物为电极材料,通过导电聚合物在充、放电过程中的氧化、还原反应,在聚合物膜上快速产生 n 型或 p 型掺杂,使聚合物储存很高密度的电荷,产生很大的法拉第准电容来储存电能。导电聚合物的结构为无定型的网络结构,分子间空隙较大,能容纳大量的大半径阴离子或者阳离子进入到空隙中。这种间隙不仅存在于材料的表面,而且存在于材料内部,使聚合物能够达到很高的电荷储存密度,从而产生很高的赝电容。

导电聚合物型电化学电容器根据电极材料的性质,可以分为三类:

a. 一个电极是 n 型掺杂状态,另一个是 p 型掺杂的导电聚合物,即 n/p 型;

b. 两个电极是两种不同 p 型掺杂导电聚合物,即 p/p 型;

c. 两个电极是相同的 p 型掺杂导电聚合物,即 p/p 型。

聚合物赝电容超级电容器的工作机理可以描述为[195-196]:若电极材料为 p 型导电聚合物,在电容器充电的过程中,阳极发生 p 型掺杂反应,电子由导电聚合物通过集流体流向外电路，从而使导电聚合物分子链上分布正电荷，电解液中的阴离子向电极表面迁移并进入聚合物的网络结构间隙以保持电中性；在电容器放电的过程中，阳极 p 型导电聚合物发生去掺杂反应，电子从外电路流向导电聚合物，中和带正电性的导电聚合物，导电聚合物网络结构中过量的阴离子向电解液中迁移，以保持电中性。n 型聚合物电极充、放电过程与 p 型聚合物充、放电过程刚好相反。图 5-5 所示为以聚噻吩为电极材料组成聚合物赝电容器时的 n/p 型超级电容器电极反应[199]方程，正极发生阴离子在电极内的 p 型掺杂/去掺杂反应，负极发生阳离子在电极内的 n 型掺杂/去掺杂反应。

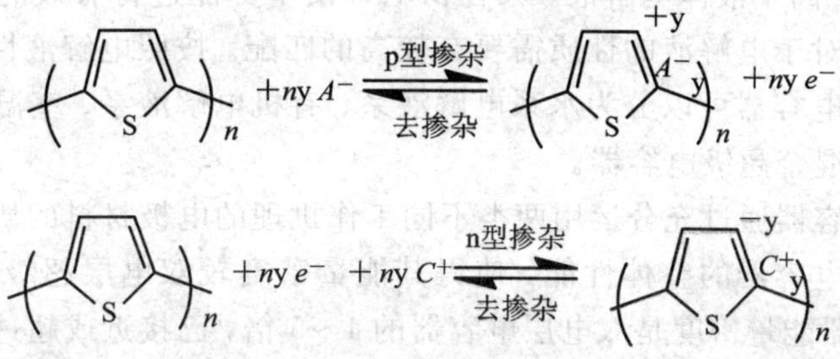

图 5-5　聚噻吩电极材料聚合物赝电容器电极反应方程

目前，用于法拉第赝电容超级电容器的导电聚合物主要有聚毗咯(PPy)、聚苯胺(PAn)、聚噻吩(PTH)以及它们的派生物等[199]。这些聚合物具有成本低、易聚合、稳定性好、易掺杂、高比容量等优点，从而得到广泛研究。

导电聚合物超级电容器的理论比容量比金属氧化物要高，且价格较贵金属要低得多，但该材料在掺杂、去掺杂过程中体积会发生严重变化，因此其循环性能很差。为了克服这一缺点，采用导电聚合物与其他材料进行复合，如 PANI/CNTs(聚苯胺/碳纳米管)、PANI/石墨烯(Graphene)、PPy/石墨烯(Graphene)等。

需要注意的是，在电化学超级电容器中，双电层电容和赝电容这两种不同的存储机制通常是共存的。但是只要一种存储机制占主导地位，另一种机制就会相对较弱。比如，在碳基双电层电容器中，因为碳表面官能团的法拉第反应可以产生赝电容，电容量中可能有 1%～5% 的赝电容；而赝电容器中也会有约 5%～10% 的电极表面因为静电原因产生双电层电容。

**3. 混合型超级电容器原理**

从超级电容器的概念提出开始，超级电容器的能量存储密度远高于传统的电解电容器，但是它的能量存储密度仍然远低于二次电池(如锂离子、镍氢、镍镉等)，这成为当前限制超级电容器发展和应用的主要瓶颈之一，也成为研究的热点和难点。双电层超级电容器的电荷存储主要是电荷在电极表面吸脱附的物理过程，而二次电池材料则是借助电极材料的法拉第过程，即氧化/还原反应来实现能量的储存。通常情况下，在正、负极容量平衡的条件下，法拉第反应电极主要起着增加能量密度的作用，但是在一定程度上牺牲了电容器的循环性能。若是能够将法拉第电极材料较高的能量密度和双电层电容器材料所具有的优异功率特性有机结合，弥补两者的缺点，可能进一步提高超级电容器的能量密度和功率特性。正是基于这种思想，混合型超级电容器的概念应运而生。

在混合型超级电容器体系中，一极采用以炭电极为代表的双电层电极材料，通过双电层机理存储电荷；而另一极采用以金属氧化物或者电池材料为代表的法拉第型电极材料，通过氧化/还原的化学反应过程来进行能量的转化。一般而言，双电层电容类炭电极在水溶液、有机电解液、离子液体电解液、聚合物电解质中都能进行有效的电荷吸/脱附反应。而法拉第反应电极对于电解液的性质需要有较高的匹配。按照电解液性质的不同，目前所研究的混合型超级电容器可以分为水系电解液系、有机电解液系、室温离子液体电解液系和聚合物电解质系混合超级电容器。

混合型超级电容器通过充分运用两类不同工作机理的电极材料的协同耦合效应，从而优化和拓宽的超级电容器的整体性能，使得其能量密度较双电层超级电容器有大幅度提升。混合超级电容器能量密度是双电层电容器的 4～5 倍，已接近或超过某些化学电池的能量密度。因此，混合型超级电容器的研究成为超级电容器研究新的热点和技术增长点。在混合型超级电容器中，电容器的内阻、大电流容量保持特性、循环伏安性能均受控于双电层极电极材料和法拉第反应极电极材料的本征电化学特性。而且，两种不同电极材料的合理适配及质量配比，也是影响混合超级电容器各方面性能的重要参数。比较典型的混合型超级电容器有以活性炭为负极、以金属氧化物为正极材料的体系和以活性炭为正极、以 Li 离子电池为负极材料的体系。

非晶态 $RuO_2 \cdot H_2O$ 由于具有优越的电化学性能和较高的比电容（高达 720 F/g），成为最有应用前景的法拉第反应型电极材料之一。$RuO_2$ 主要通过电解液与电极表面发生快速的质子交换从而产生法拉第电流，因此只有在酸性电解液（如浓 $H_2SO_4$ 水溶液）中，$RuO_2$ 体系的电极材料才能表现出优良的电化学性能。如以非晶态 $RuO_2 \cdot H_2O$ 为正极、活性炭为负极、$H_2SO_4$ 水溶液为电解液组装成混合型超级电容器，该体系的最高电压为 1.2 V，比能量最高可达 26.7 W h/kg。由于钌的价格非常昂贵，$RuO_2$ 仅在航空航天等军事领域运用，其商业化应用受到极大的限制和约束。因此寻找 $RuO_2$ 的贱金属替代物或者合成 $RuO_2$ 与其他金属氧化物的复合物，以减少 $RuO_2$ 的用量，降低超级电容器整体的成本，已经成为近年来超级电容器领域的一个研究热点。

1997 年，俄罗斯的 ESMA 公司首先发明了以活性炭为负极、以 KOH 水溶液为电解液、以 $Ni(OH)_2$ 为正极的混合型超级电容器。该体系的超级电容器能量密度为 12 W h/kg，功率密度为 400 W h/kg。目前，该体系已经实现了商业化生产，已被成功应用于电动汽车的动力系统。该混合型超级电容器在工作过程中正、负极发生如下反应：

正极:

$$\text{Ni(OH)}_2 + \text{OH}^- - e^- \xrightarrow{\text{(充电)}} \text{NiOOH} + \text{H}_2\text{O} \tag{5-15}$$

负极:

$$\text{AC} + \text{K}^+ + e^- \xrightarrow{\text{(充电)}} \text{K}^+ /\!/ (\text{AC})_{\text{(表面)}} \tag{5-16}$$

图 5-6 所示为活性炭/金属氧化物混合超级电容器典型的充、放电曲线。从图中可以看出,混合型超级电容器的充、放电曲线和传统的对称型电容器有很大差异。对于对称电容器,若电极上电荷全部放出,则整个电容器体系中的电压将会下降至 0 V。但是在实际工作场合,常常要求放电截止电压不能低于额定工作电压的一半,这就极大降低了电容器的能量利用率。而对混合型超级电容器而言,当电容器电荷全部放出时,电容器的电压没有像对称电容器的电压那样降到 0 V,因此其不仅具有很高的能量密度,而且能量利用效率也更高,显示出很强的竞争优势。

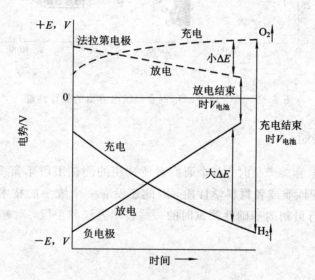

图 5-6 活性炭/金属氧化物混合电容器充、放电曲线

活性炭电极在 Li 离子电池电解液中的双电层电位高达 4.5 V。因此,若能够选择工作电位较低,比容量大,循环性能稳定,可进行大电流充、放电的 Li 离子嵌入型电极材料,则可以和活性炭电极一起,以非水电解液为工作介质,联合电池和电化学电容器这两种技术,组成一种工作电位较高、能量密度较高的新型有机系混合超级电容器。在众多以 Li 离子电池负极材料为电极制备的混合型超级电容器中,比较有代表性的体系有 $\text{Li}_4\text{Ti}_5\text{O}_{12}$/AC 体系、$\text{LiMn}_2\text{O}_4$/AC 体系、石墨/AC 体系。其中,以 $\text{Li}_4\text{Ti}_5\text{O}_{12}$/AC 体系的研究最为广泛。若使用 $\text{Li}_4\text{Ti}_5\text{O}_{12}$ 体系作为负极,该混合型超级电容器的电压可以从 1.5 V 提高到 2.25 V,而放电截止电压为 1.5 V,能量存储密度是一般双电层超级电容器的 3 倍多。另一方面,

从图 5-7 中可以看出，这种混合型超级电容器的容量保持率远高于 Li 离子电池，更接近电容的特性，使用寿命是传统电池的 100 倍以上。

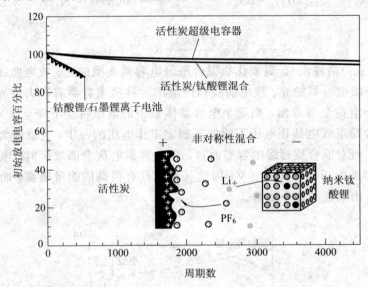

图 5-7　AC/Li$_4$Ti$_5$O$_{12}$ 混合超级电容器的循环性能

### 5.2.3　基本电性能

由于研究超级电容器产品时，各个研究者所选用的测试手段丰富多样，涉及面广，包括电化学性质、物理性质或者材料学性质，因此还没有一个统一的技术标准。本节主要介绍对超级电容器进行最初的基础性测试时的一些技术方法和手段，对超级电容器的一些性能指标做扼要阐述[197]。

**1. 电容特性**

（1）电容量。超级电容器存储的电荷与两极极板的电压成正比，$C=Q/V$，该比值称为电容器的电容量，通常用 $C$ 表示，单位为 F。

超级电容器的电容量主要取决于它的结构和电极材料的性能。在一定的工作电压下，容量越大，极板上存储的电荷量就越多。所以，电容量反映了超级电容器存储电荷的能力。

（2）比电容。比电容是指超级电容器单位质量电容值的大小。它是衡量超级电容器储能密度高低的基本指标，单位为 F/g。一般希望该值越大越好。

（3）电容量的测量方法——恒流放电法。恒电流充、放电是研究双电层电容器的最基本的表征手段。以恒定的电流对研究体系进行充电、放电测试，考察电压随时间的变化情况，通过充电、放电曲线来分析电容器的电容行为及计算材料或电容器的比电容。图 5-8

所示为超级电容器恒流充、放电原理图[197]。对于理想的双电层电容器而言，其恒流充放电曲线为对称的三角形状，图 5-9 所示为双电层电容的充、放电曲线。

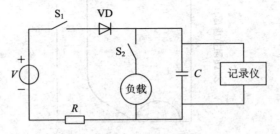

图 5-8 恒流充、放电原理图

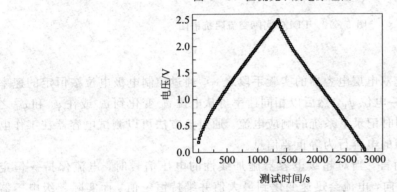

图 5-9 双电层电容充、放电曲线

## 2. 阻抗特性

交流阻抗特性能够反映超级电容器的综合电性能，当给超级电容器施加一个正弦交流电压时，超级电容器的阻抗可以用 $R$、$L$、$C$ 串联电路表示。其阻抗为

$$Z = \sqrt{R^2 + (X_C - X_L)^2} = \sqrt{R^2 + \left(\frac{1}{\omega C} - \omega L\right)^2} \qquad (5-17)$$

由式（5-17）可知，当频率增加时，$X_L$ 增加，$X_C$ 减小；相反，当频率 $f$ 降低时，$X_C$ 增加，$X_L$ 减小。

通过交流阻抗特性，给超级电容器输入小幅度的正弦波电压信号，使电极发生极化，测试其响应电流，能够计算出其电阻随扫描频率的变化关系。该方法已成为研究电极过程动力学和表面现象的重要手段，根据测得的阻抗谱，可以推测电极过程所包含的动力学步骤，研究离子在电极材料孔道中的扩散情况，以及各部分的阻抗行为（接触阻抗、反应阻抗、扩散阻抗）[198]。图 5-10 所示为 EDLC 实际交流阻抗谱图（Nyquist 曲线），其中 X 轴为阻抗的实部、Y 轴为阻抗的虚部。此外，还有 Bode 图以及通过各种变换得到的电容-频率变化曲线，用于不同的分析目的。

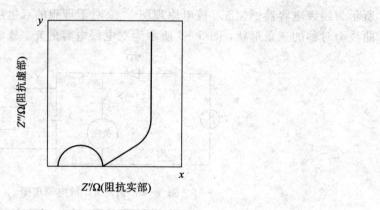

图 5 - 10　EDLC实际交流阻抗谱图

### 3. 循环伏安特性

循环伏安特性是研究双电层电容器的实验手段之一。通过控制电极电位按恒定的速率从起始电位 $\psi_0$ 变化到某一电位 $\psi_1$，然后以相同速率再从电位 $\psi_1$ 变化到 $\psi_0$ 或在 $\psi_1$ 和 $\psi_0$ 之间多次循环往复变化，同时记录下系统的响应电流。通过该方法可以测试电容器在工作电压范围内是否表现出理想的电容行为等重要信息。

对于理想的电容器而言，当对超级电容器施加线性的电压信号时，电流保持一恒定值，并且改变电压扫描方向，电流会迅速变化到最大值并维持恒定值。而实际超级电容器中存在一定的阻抗，因此同样对该系统进行电压线性扫描时，电路中的电流不会像纯电容那样立刻变化到恒定的电流，而是需要经过一个过渡时间 $\tau$，所以实际的循环伏安图中会出现圆角，如图 5 - 11 所示。电容器的阻抗越大，$\tau$ 值越大，电流达到平衡所需的时间也越长，电容性能也越差。通过提高扫描速率可以考察系统在大电流下的容量保持性能。

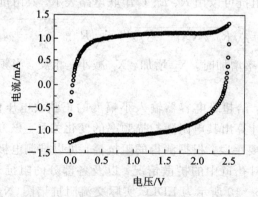

图 5 - 11　双电层循环伏安特性曲线

**4. 储能特性**

超级电容器所存储的能量可根据公式 $W = \dfrac{1}{2}CV^2$ 计算，可知能量与工作电压的平方成正比、与电容量成正比。储能密度可以用两种方式表示：

（1）单位质量超级电容器所存储能量的大小，即单位质量的储能，单位为 kJ/kg 或 W h/kg。

（2）单位体积超级电容器所存储能量的大小，即单位体积的储能，单位为 kJ/L 或 W h/L。

所以，超级电容器的储能密度公式分别表示为

$$W = \frac{I \cdot V \cdot \Delta t}{m} \tag{5-18}$$

$$W = \frac{I \cdot V \cdot \Delta t}{V_{\text{L}}} \tag{5-19}$$

其中，$I$ 是放电电流，单位为 A；$V$ 是混合型超级电容器的工作电压，单位为 V；$t$ 是放电时间，单位为 h；$m$ 是质量，单位为 kg；$V_{\text{L}}$ 是体积，单位为 L。作为储能元件，通常希望超级电容器的储能密度越高越好，这样可以更利于电源系统的小型化和轻型化。因此，储能密度是超级电容器的一个重要指标。

**5. 功率特性**

功率特性决定超级电容器的大电流充、放电能力，对于储能元件来说，不但要有较高的储能，还要具有快速充、放电，循环寿命长等优良性能。尤其是用于脉冲功率系统中，实现大电流快速释能对功率密度的要求比较高。超级电容器单位质量和单位体积的功率密度可根据下式计算：

$$P = \frac{I \cdot V}{m} \tag{5-20}$$

$$P = \frac{I \cdot V}{V_{\text{L}}} \tag{5-21}$$

其中，$I$ 是放电电流，单位为 A；$V$ 是混合型超级电容器的工作电压，单位为 V；$m$ 是质量，单位为 kg；$V_{\text{L}}$ 是体积，单位为 L。

**6. 漏电流特性**

超级电容器的漏电流与它的内电阻、电容量和施加的工作电压有着密切的关系，所以一般规定漏电流不允许超过某一极限值，该值可以用下面公式计算：

$$I_{\text{LM}} = KCV \tag{5-22}$$

式中，$I_{\text{LM}}$ 为漏电流的最大允许值；$C$ 为超级电容器的电容量；$V$ 为超级电容器的工作电

压；$K$ 是与电容器结构有关的系数，一般取 $K=3\times10^{-4}$。图 5-12 所示为漏电流测试原理图，其计算公式可以表示为

$$I_L = \frac{V}{R} \tag{5-23}$$

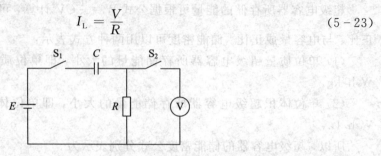

图 5-12　漏电流测试原理图

　　超级电容器的电气性能参数一般可由电化学工作站进行测量。由计算机控制的电化学测试仪器通常被称为电化学工作站。电化学工作站的发展是现代电子技术与电化学理论研究的产物。通过计算机可以方便地得到各种复杂的激励波形，并使测量数据采集、存储和分析更加便利。欧、美凭借着自己先进的电子技术和电化学检测方面的研究在世界上处于领先地位，如美国的 EG&G、德国的 ZAHNER、荷兰的 Ecochemie、瑞士的 Metrohm、英国的 Solartron 等公司。以上各大公司都提供针对不同应用的各种型号的电化学工作站产品，并且都有与各实验相配的测试分析软件。[199]

# 5.3　超级电容器的工艺及制作

## 5.3.1　双电层超级电容器

### 1. 炭材料系列工艺简述

　　在超级电容器电极材料中，炭材料超级电容器的研究最早，技术最成熟，可追溯到 1957 年 Beck 发表相关的专利开始。由于其具有以下独特的物理和化学性质而被广泛用作超级电容器的电极材料：较高的电导率，较高的比表面积，良好的抗腐蚀性，高温下较高的稳定性，可控的孔结构，易于处理，与别的材料复合时相容性好，相对价格较便宜。目前，碳电极的研究主要集中在制备高比表面积和低内阻的多孔电极上，用于超级电容器的炭材料主要有炭粉末、炭纤维、炭气凝胶、碳纳米管等。新型炭材料石墨烯因具有良好的导电性和强度已引起广泛的关注。在这些电极表面发生的主要是离子的吸附/脱吸附，它们的共同特点是比表面积大。需要注意的是，炭材料并不是比表面积越大，比电容越大，只有有效表面积占全部炭材料表面积的比重越大，比电容才越大。在技术方面，仍需提

高和发展的方面为降低内阻，提高导电性，提高正极比容量等。下面对各种炭材料分别论述。

（1）活性炭（Active Carbon，AC）的工业生产和应用历史悠久，它是超级电容器最早采用的炭电极材料。制备活性炭的原料来源丰富，煤、木材、坚果壳、树脂等都可用来制备活性炭。原料不同，生产工艺也略有差别。原料经调制后进行炭化、活化，活化的方法有物理活化和化学活化两种。物理活化主要是在水蒸气、$CO_2$ 和空气的存在下，于 700~1000℃ 进行热处理。这些氧化性气氛的存在，能极大地增加材料的比表面积和多孔性，从而增大材料的比电容。化学活化是利用某些酸（如 $HNO_3$）或碱（如 KOH）进行化学腐蚀，以增加材料的比表面积和表面官能团，或用表面活性剂（如油酸钠）对材料进行化学改性，以提高电解液在材料中的浸润性，从而提高比电容。

（2）活性炭纤维（Active Carbon Fiber，ACF）是性能优于一般活性炭的高效活性吸附材料和环保工程材料。ACF 的制备一般是将有机前驱体纤维在低温（200~400℃）下进行稳定化处理，随后进行炭化、活化（700~1000℃）。用作 ACF 前驱体的有机纤维主要有纤维素基、聚丙烯腈基、沥青基、酚醛基、聚乙烯醇等，商业化的主要是前 4 种。

活性炭纤维在双层电容器中的应用越来越受到重视，不少研究者已针对活性炭纤维用于 EDLC 展开工作。如日本松下电器公司早期使用活性炭粉为原料制备双电层电容器的电极，后来发展的型号则是用导电性优良、平均孔径为 2.0~5.0 nm、比表面积达 1500~3000 $m^2$/g 的酚醛活性炭纤维。活性炭纤维的优点是质量比容量高，导电性好，但表观密度低。

（3）炭气凝胶（Carbon Aerogels）是一种新型轻质纳米级多孔性非晶炭素材料，其孔隙率高达 80%~98%，典型孔隙尺寸小于 50 nm，网络胶体颗粒尺寸为 3.0~20 nm，比表面积达 600~1000 $m^2$/g，密度为 0.05~0.80 g/$cm^3$，导电性比活性炭要高 1~2 个数量级，是一种有应用前景的电极材料。另外，它还具有光导性和机械性能等许多优异性能，在其他领域也具有广阔的应用前景。

炭气凝胶一般采用间苯二酚和甲醛为原料，两者在碳酸钠催化下发生缩聚反应形成间苯二酚-甲醛（RF）凝胶，用超临界干燥法把孔隙内的溶剂脱除形成 RF 气凝胶，RF 气凝胶在惰性气氛下炭化得到保持其网络结构的炭气凝胶。

炭气凝胶虽然性能优良，但漫长的制备时间、昂贵而复杂的超临界干燥设备制约了它的商品化进程。许多研究者试图采用其他廉价原料和干燥方法代替超临界干燥，以降低成本、缩短生产周期。Powerstor 公司以炭气凝胶为电极材料，使用有机电解质制得的双电层电容器的电压为 3.0 V，容量为 7.5 F，比能量和比功率分别为 0.4 W h/kg 和 250 W/kg，实现了炭气凝胶 EDLC 的商品化，但还是受到炭气凝胶制备工艺复杂，制备时间长，成本高等因素的限制。

（4）碳纳米管（Carbon Nanotubes，CNTs）是 1991 年日本专家 Iijima 在高分辨率透射电子显微镜下发现的。它是由纳米级同轴碳分子构成的管状物，直径为几纳米到几十纳米，长径比 100～1000。碳纳米管可以看成是片状石墨卷成的圆筒，根据碳原子层数的不同，可分为单壁碳纳米管和多壁碳纳米管。它具有石墨优良的本征特性，如耐热、耐腐蚀、耐热冲击、传热和导电性好、高温强度高、有自润滑性等一系列综合性能。作为一种新型的纳米材料，碳纳米管由于具有独特的中空结构和纳米尺寸，还因其巨大的比表面积和良好的导电性，被认为是理想的超级电容器电极材料。

目前，碳纳米管的工业化生产技术还不成熟，价格非常高，其在电容器上的应用也处于研究阶段，离实际应用还有一段较长的距离。

近些年来，国内外研究者已经研制出一些新型高性能炭电极材料，可使 EDLC 比能量和比功率性能进一步提高。它包括基于石墨层状结构的纳米门炭，基于炭纳米管阵列结构的毛皮炭，通过高温置换反应制备的骨架炭以及电极可整体成型的纳米孔玻态炭等。

（5）石墨烯（Graphene）是 2004 年曼彻斯特大学的 Geim 发现的一种新型二维平面纳米材料。理想的单层石墨烯具有超大的比表面积（2630 $m^2/g$），厚度仅为 0.35 nm，具有良好的电学、力学、光学和热学性质，是很有潜力的储能材料。石墨烯是一种没有能隙的半导体，它具有比硅高很多的载流子迁移率（$2 \times 10^5 \, cm^2 V^{-1} s^{-1}$），在室温下有微米级的平均自由程和大的相干长度，因此石墨烯是纳米电路的理想材料，也是验证量子效应的理想材料。

石墨烯具有良好的导电性，其电子的运动速度达到了光速的 1/300，远远超过了电子在一般导体中的运动速度。石墨烯具有良好的透光性，是传统掺锡氧化铟（Indium Tin Oxide，ITO）膜潜在替代产品。石墨烯具有良好的热学性质，其热导率可达 5000 $W \, m^{-1} K^{-1}$，是金刚石的 3 倍。石墨烯也具有非常高的力学强度，是已测试材料中最高的，达到 130 GPa，是钢的 100 多倍。良好的导电性是其他大比表面积碳质材料很难具有的独特性质，预示着石墨烯很可能是性能极佳的电极材料；而良好的热导性质、光学性质和力学强度，也预示着石墨烯材料可用于超薄型、超微型的电极材料和储能器件。

目前，石墨烯主要的制备方法有机械劈裂法、外延晶体生长法、化学气相沉积法、氧化石墨的热膨胀和还原方法。还有其他一些制备方法也陆续被开发出来，如气相等离子体生长技术、静电沉积法和高温高压合成法等。

中科院金属所和南开大学相关小组也已经取得很好的研究进展。石墨烯材料应用于超级电容器有其独特的优势。石墨烯是完全离散的单层石墨材料，其整个表面可以形成双电层；但是在形成宏观聚集体的过程中，石墨烯片层之间互相杂乱叠加，会使得形成有效双电层的面积减少（一般化学法制备获得的石墨烯具有 200～1200 $m^2/g$）。即使如此，石墨烯仍然可以获得 100～230 F/g 的比电容。如果其表面可以完全释放，将获得远高于多孔炭的比电容。在石墨烯片层叠加形成宏观体的过程中，形成的孔隙集中在 100 nm 以上，有利于电解液的扩散，因此基于石墨烯的超级电容器具有良好的功率特性。

**2. 关键工艺提升**

炭电极的研究热点主要集中在制备具有高比表面积、合理的孔径分布和较小内阻的电极材料上。

按照国际纯粹与应用化学会（International Union of Pure and Applied Chemistry, IUPAC）的规定，孔径小于 2.0 nm 的孔为微孔，2.0～50 nm 的孔为中孔或介孔，大于 50 nm 的孔为大孔。一方面，孔结构会影响炭材料的比表面积，如果微孔较多，比表面积就多。孔炭的制备方法有物理活化法、化学活化法和模板炭化法等，不同方法制备出的活性炭性能也不同。

物理活化是指利用二氧化碳、水蒸气、超临界水等氧化性气体与含炭材料内部的碳原子反应，通过开孔、扩孔和造孔而形成孔隙。一般作为物理活化剂的气体对炭基体活化的过程可以分为如下五步：

第一步，气相中的活化剂分子向炭化料表面扩散。

第二步，活化剂由颗粒表面通过孔隙向炭基体内部扩散。

第三步，活化剂分子与碳发生反应生成气体。

第四步，反应生成的气体从基体内部向颗粒表面扩散。

第五步，反应生成的气体不断从表面扩散到气相空间。

物理活化制备活性炭的生产工艺简单、清洁，设备腐蚀和环境污染问题较小，活性炭产品不需要清洗，可直接使用，因此工业上通常采用此种活化方式进行活性炭生产。

化学活化是制备高比表面积、高孔隙率多孔炭材料最常用的方法之一。通常选用 $KOH$、$NaOH$、$ZnCl_2$、$H_3PO_4$ 为活化剂，将活化剂与炭质前驱体按一定质量比例相混合，升温至 600～1000℃ 范围进行活化，能够得到比表面积比较高、孔隙比较发达的活性炭材料。

在化学活化研究中，影响多孔炭材料性能的因素主要有以下几个方面：炭质前驱体自身的结构特性、化学活化剂的反应活性、化学活化条件（包括活化剂配比、活化温度、停留时间）等。在对化学活化机理进行探讨的过程中，应当对上述影响因素综合考虑，研究炭质原料、活化条件和多孔炭微结构之间存在的客观联系，进而制备出适合应用的多孔炭产品。

模板法是选用一种特殊孔隙结构的材料作为模板，导入目标材料或前驱体并使其在该模板材料的孔隙中发生反应，利用模板材料的限域作用，实现控制制备过程中的物理和化学反应，最终得到微观和宏观结构可控的新颖材料。

模板可以分为有机模板和无机模板，其中各种无机模板被广泛用来合成各种炭材料。

常用的模板有氧化硅、氧化铝、硅胶、片层状结构的海泡石以及黏土和沸石等。模板炭化采用的方法一般有 3 种：

① 单纯液相浸渍。将炭源与模板混合，使炭源浸入模板孔道内，然后除去模板外表面炭源，经炭化、洗涤去除模板得到多孔炭材料。

② 单纯气相沉积(Chemical Vapor Deposition，CVD)法。将模板先在保护气氛下加热到一定温度，再通入气体炭源，气体在高温下裂解，使裂解炭沉积在沸石孔道内，然后经洗涤去除模板得到产品。

③ 液相浸渍与气相沉积相结合法。先采用液相炭源浸渍模板，然后炭化一段时间后，接着通入气体炭源，继续加热，进行气相沉积过程。

单纯液相浸渍法是最早采用的方法，工艺容易控制，但是此方法需要较长的浸渍时间。单纯气相沉积法较为便捷，但是炭容易沉积在模板孔道外部。液相浸渍与气相沉积相结合法能使模板的孔道得到充分填充，提高利用率。

模板法制得的炭材料孔径规则，大小可通过选用不同规格的模板剂来控制，电化学性能优良。多孔炭材料制备的其他方法还有微波活化、催化活化法，混合聚合物炭化法，以及模板-物理活化法、化学活化-物理活化联合的方式等。

## 5.3.2 电化学超级电容器

### 1. 金属氧化物超级电容器

金属氧化物相对于炭材料具有更高的比电容，有着良好的电化学性能，其作为超级电容器电极材料显现出来的电容包括双电层电容和法拉第准电容两部分，但是以法拉第准电容为主的。在电极表面有两个过程，离子的吸附/脱吸附和插入/脱出，尤其是纳米级别的过渡金属氧化物，有着良好的电化学性能。

金属氧化物基电容器目前研究最为成功的主要是氧化钌/$H_2SO_4$水溶液体系[200]，由于$RuO_2$的电导率比炭材料大两个数量级，且电极在硫酸溶液中稳定，因此获得了很高的比容量，制备的电容器比炭电极电容器有更好的性能。但是，氧化钌价格昂贵，不易实现商品化，而且其相应的电解液(硫酸)对环境不友好，对集流体的要求较高，从而限制了它的使用。

为了降低成本，现在的研究者正在探讨用其他金属氧化物取代 $RuO_2$ 作为超级电容器的电极材料。一些廉价的金属氧化物如 $NiO$、$MnO_2$、$Co_3O_4$、$SnO_2$、$V_2O_5$ 等都有着与 $RuO_2$ 相似的性质，而且资源丰富，价格便宜，受到了国内外研究者的广泛关注。

$MnO_2$ 因其资源丰富，价格低廉，环境友善，同时具有多种氧化价态，电化学窗口较宽,电化学性能好等特点,成为目前应用前景最为光明的一种金属氧化物材料。

锰是一种多价态的金属,其氧化物二氧化锰有着不同的晶体类型,常见的有 $\alpha$、$\beta$、$\gamma$ 型,还有 $\delta$、$\varepsilon$、$\rho$ 型。迄今为止,天然锰矿和合成的二氧化锰晶体结构,大体上可分为 3 类:一维隧道结构、二维层状结构和三维网状结构,存在 5 种主晶和 30 余种次晶。二氧化锰的基本结构单元是由 1 个锰原子与 6 个氧原子配位提供的六方密堆积结构。在密堆积结构中,各原子层形成四面体和八面体的空穴。常见的结构是 $[MnO_6]$ 八面体与相邻的八面体公用棱和公用角顶,从而形成变化多端的复杂网络,这些网络可容纳各种不同的阳离子与配位物,这就造成了锰氧化物多种多样的组成和晶体结构。

$MnO_2$ 的结构可分为链状或隧道式结构与层状或片状结构两大类。$\alpha$、$\beta$、$\gamma$ 型属于链状结构,$\delta$ 型属于层状结构。$\beta$-$MnO_2$ 是单链结构或 $[1\times1]$ 隧道结构。$\gamma$-$MnO_2$ 是双链和单链互生的,即 $[1\times1]$ 和 $[1\times2]$ 隧道结构互生的。$\alpha$-$MnO_2$ 是 $[2\times2]$ 隧道结构。$MnO_2$ 还原时,电子和氢离子结合 $OH^-$,形成 $MnOOH$。由于 $\beta$-$MnO_2$ 是单链结构,截面面积比较小,氢离子扩散比较困难,因而过电位较大。$\alpha$-$MnO_2$ 是双链结构,截面面积虽然较大,但因隧道中有大分子堵塞,因而使氢离子的扩散也受到障碍。而 $\gamma$-$MnO_2$ 中因含双链结构,截面面积较大,氢离子扩散比较容易,因而过电位较小,活性较高。

$MnO_2$ 是半导体,它的导电性能不好,其还原过程不同于一般金属,几十年来人们对 $MnO_2$ 的还原过程作了大量的研究,认为质子-电子机理是比较正确的反应机理。

当电容器工作时,正极上由于电极处于放电状态,首先进行二氧化锰得到电子的还原反应,在这一过程中,电极表面的二氧化锰快速转变为水锰石,四价锰转变为三价锰而存储电荷;当放电时,水锰石失去电子转变为二氧化锰,从而释放出存储的能量,由于这一过程是高度快速、可逆的,因此这一电极能够实现大电流充、放电,能在短时间内对外输出大功率。但电极材料内部的活性物质由于传质较慢而无法在短时间内完成这一转变,因此在大电流工作时,电极容量会有一定的损失。这就要求电极活性材料具有较大的比表面积。因此在制备二氧化锰时,必须控制条件阻止其晶体长大,以合成出粒径很小、比表面积很大的纳米材料。

目前,制作 $MnO_2$ 电极的方法主要有固相法、化学沉淀法、溶胶-凝胶法、熔盐法、电化学沉积法和水热合成法等[201]。

1)固相法

由固体物质直接制备。固相法具有不使用溶剂、选择性高、产率高、污染少、节省能源,合成工艺简单等特点。

张宝宏等人[198]以高锰酸钾和醋酸锰为原料,在 60℃ 水浴条件下,使用固相法合成 $MnO_2$ 电极。以 1 mol/L KOH 为电解液,$MnO_2$ 电极在 $-0.1\sim0.6$ V 的电压范围内具有良好的法拉第电容性能。在不同电流密度下，电极比容量达 240.25～325.21 F/g。恒流充、放电 5000 次后，电极容量衰减不超过 10%。

固相反应一般是在高温下进行的，能耗大、设备腐蚀严重。低温固相反应成为固相法发展的趋势，同时固相法需要进一步改善粉末粒径大、比表面积小及均匀性差等问题。

2）化学沉淀法

化学沉淀法是液相化学合成应用最广泛的方法之一。它是将沉淀剂加入到金属盐溶液中进行沉淀处理，再将沉淀物洗涤、干燥、加热分解。化学沉淀法的工艺简单，克服了固相法粉体接触不均匀和反应不充分等不足，制备的材料电容性能较好。

罗旭芳等人[199]采用醋酸锰和柠檬酸沉淀反应法制备二氧化锰，经 300℃热分解和酸处理，得到纳米级 $\gamma$-$MnO_2$ 材料。用 IR、XRD、SEM 等方法对样品进行了表征，发现所制备的 $\gamma$-$MnO_2$ 是由 30～70 nm 的微粒组成。用循环伏安法研究得出不同的 $\gamma$-$MnO_2$ 和活性炭配比的复合电极在 0.5 mol/L $Na_2SO_4$、2.0 mol/L $(NH_4)_2SO_4$、1.0 mol/L KCl 等电解液中的比电容。结果表明：分别含 40%、50%（质量比）$\gamma$-$MnO_2$ 的电极在 2.0 mol/L $(NH_4)_2SO_4$ 溶液中的比电容较大，最大值为 109.76 F/g。

彭波等人[200]以 $Mn(Ac)_2$·$4H_2O$ 和 $KMnO_4$ 为原料，采用化学沉淀法合成 $MnO_2$ 粉体，并制成电极。在 0.2～0.9 V(vs. SCE)电位范围内、0.5 mol/L $Na_2SO_4$ 溶液中，制得的电极有相当好的法拉第电容性质，多次循环后比容量稳定在 160 F/g，而且电极在高扫描速率下依然保持了良好的可逆性。经过恒流充、放电测试，结果表明：电容器性质稳定，循环 100 次，比容量保持率在 93% 以上。

目前，采用化学沉淀法制备金属氧化物一般都需要较高的温度，而且产物很容易发生团聚。如何降低反应温度、减少产物的团聚成为亟待解决的问题。

3）溶胶-凝胶法

将金属醇盐或无机盐经水解直接形成溶胶或经解凝形成溶胶，然后使溶胶聚合凝胶化，再将凝胶干燥、焙烧去除有机成分，最后得到粉体。溶胶-凝胶法所制样品的化学性质、微结构和物质化学计量比易于控制，成分纯度高，便于工业化生产。

Pang 等人[201]分别采用溶胶-凝胶法和电化学沉淀法制备了 $MnO_2$，并经实验对比，发现溶胶-凝胶法制备的 $MnO_2$ 的比容量要比电化学沉淀法制备的 $MnO_2$ 的比容量高 1/3，达到了 700F/g，仅次于 $RuO_2$·$xH_2O$。这说明了 $MnO_2$ 的研究前景十分可观。但是溶胶-凝胶法的制备过程复杂，制备周期较长，产物率低，而且制备干粉的时候对焙烧温度要求非常严格，所以不符合应用的要求。

4）熔盐法

熔盐法制得的粉体分散性好，合成产物的组分配比准确、成分均匀，纯度高。

陈野等人[202]采用低温熔盐法在 150℃ 的 KCl - AlCl₃ 体系中制备了 MnO₂，并对其结构和形貌进行表征。XRD 结果表明：所制样品主相为 $\alpha$ - MnO₂；SEM 结果表明：样品为微米级片状结构。以所制备的 MnO₂ 作为电极活性物质，在 2 mol/L(NH₄)₂SO₄ 电解液中对其电化学性质进行测试和研究。循环伏安结果表明：该材料具有良好的电容性能，用恒流充、放电测得在 1 mA 条件下，放电比电容可达 290.72 F/g。经 5 mA 恒流循环 100 次后，电极性能趋于稳定，充、放电效率接近 100%，表现出优异的循环性能。

张春霞等人[203]将 KMnO₄ 在 600℃ 的 KCl - NaCl - LiCl 熔盐体系中反应 5 h，制备了微米级片状 $\lambda$ - MnO₂。该氧化物以 1 mA 恒流充、放电，放电比电容可达 306.92 F/g，经 5 mA 恒电流循环 100 次，充、放电效率接近 100%。

5）电化学沉积法

电化学沉积法制备 MnO₂ 作为电极材料的方法在当前国内外的研究很多。该方法克服了涂覆法的不足，制备过程也很简单。

Yi - Shiun Chen 等人[204]比较系统的研究了锰的各种前驱物对 $\alpha$ - MnO$_x$·$n$H₂O 的沉积速率和电化学性能的影响。通过比较发现，Mn(CH₃COO)₂·4H₂O 是更有前途的前驱物，因为与 MnSO₄·5H₂O、MnCl₂·4H₂O、Mn(NO₃)₂·4H₂O 相比，它在更低的电势下具有很高的沉积速率。同时发现，电荷密度为 3.5 C·cm$^{-2}$ 的 $\alpha$ - MnO$_x$·nH₂O 沉积物显示出令人满意的电容性能，是超级电容器能量存储的最高容量。

电化学沉积方法可以在相对简单的条件下获得晶粒尺寸为 1~100 nm 的电极材料，且具有较高的密度和小的空隙率，受尺寸和形状的限制很少，可通过控制电位、电流及溶液组成等调节薄膜的组成，通过控制沉积时的电量调节薄膜厚度及表面形貌，操作简便、安全。电沉积方法制备的电极不但可以改变电极的表面积，增加反应活性，同时也使得机体的寿命大大提高，耐蚀性、耐高温性增强，因而电化学沉积法是很有前景的制备纳米材料的方法[205]。

**2. 导电聚合物超级电容器**

导电聚合物是一类重要的超级电容器电极材料，可通过设计聚合物的结构，优选聚合物的匹配性来提高电容器的整体性能。以导电聚合物为电极的超级电容器，其电容一部分来自电极/溶液界面的双电层，更主要的部分来自电极在充、放电过程中的氧化/还原反应。在充电时，电荷在整个聚合物材料内储存，比电容大。导电聚合物具有塑性，易于制成薄层电极，内阻小，成本较低，有较大研究价值。

导电聚合物适合作超级电容器的电极材料是因为其电化学特性的基本特征：随着电极电压的增加，出现氧化状态的连续排列，相应于电荷退出和再注入感应过程的可逆性。

以聚苯胺的合成为例，聚苯胺的合成方法主要有化学氧化聚合和电化学聚合两种。不同的聚合方法和合成条件对产物的导电性、形态和性能都有较大的影响。

1984 年，MacDiarmid 提出其具有四种理想形式相互转换反应方程，如图 5-13 所示。

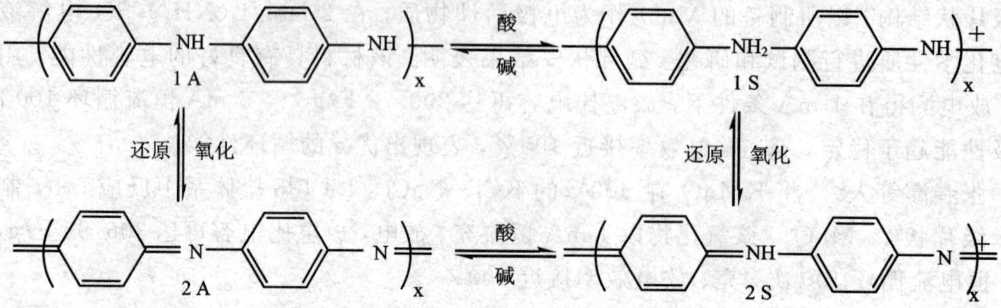

图 5-13 四种理想形式相互转换反应方程

无论是化学氧化聚合还是电化学聚合合成的导电聚苯胺，均对应着以上理想模型的 2S。而碱处理 2S 后得绝缘态 2A，它含有交替的苯环(B)和醌环(Q)。

因而，在 1984—1986 年期间，本征态聚苯胺的链结构被认为是 B 和 Q 交替的线性结构。

然而，以后出现的大量实验事实均与以上模式相矛盾，迫使人们深入研究聚苯胺的本征态链结构。在 1987 年，MacDiarmid 再一次提出聚苯胺的结构模式，如图 5-14 所示。

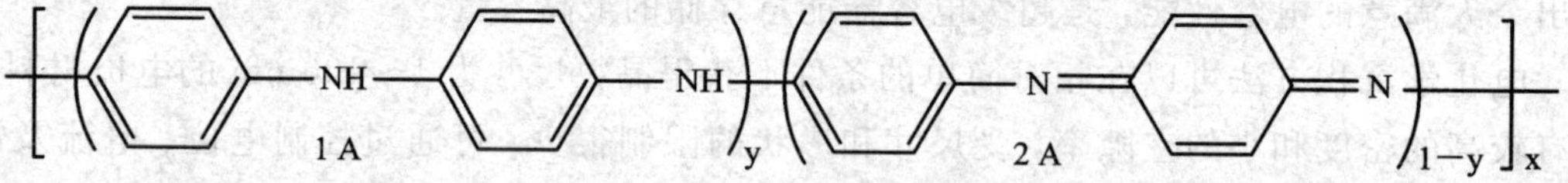

图 5-14 聚苯胺结构模式

该结构中不但含有"苯-醌"交替的氧化形式(2A)，而且含有"苯-苯"连续的还原形式(1A)。应该指出，这一结构模型本质上是对 Green 提出的五种苯胺八隅体结构模式的概括和扩展，即将原来的五种形式概括为一个结构通式，具有八个单体单元的齐聚体扩展到为 $4x$ 个单体单元的高聚物。当 $y=1$ 时，为完全还原的全苯式结构，对应着"leucoeeraldine"；$y=0$ 时，为"苯-醌"交替结构，对应着"penigraniline"；当 $y=0.5$ 时，为苯、醌比为 3:1 的半氧化半还原结构，对应着"emeraldine"。

当 $y=0$ 时，称为全氧化态(型)，如图 5-15 所示。

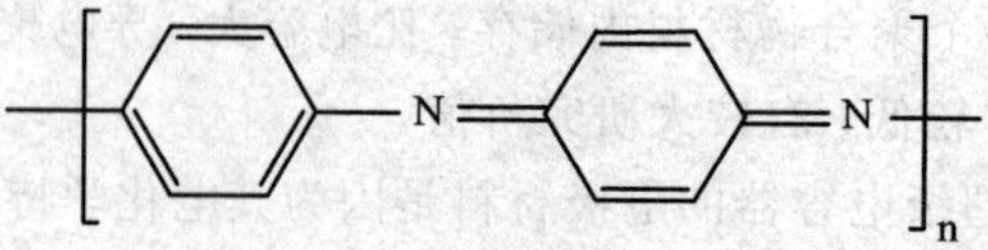

图 5-15 全氧化态分子式

当 y＝1 时，称为全还原态(型)，如图 5－16 所示。

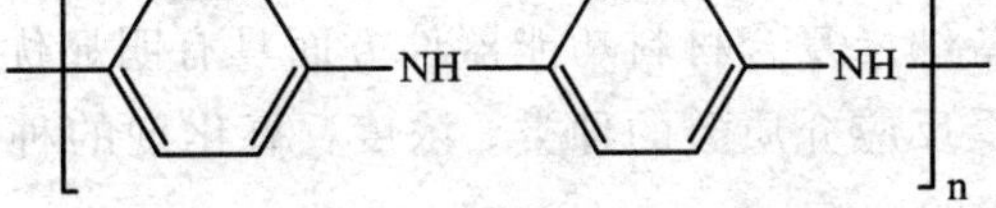

图 5－16　全还原态分子式

当 y＝0.5 时，称为半氧化半还原态(型)。如图 5－17 所示。

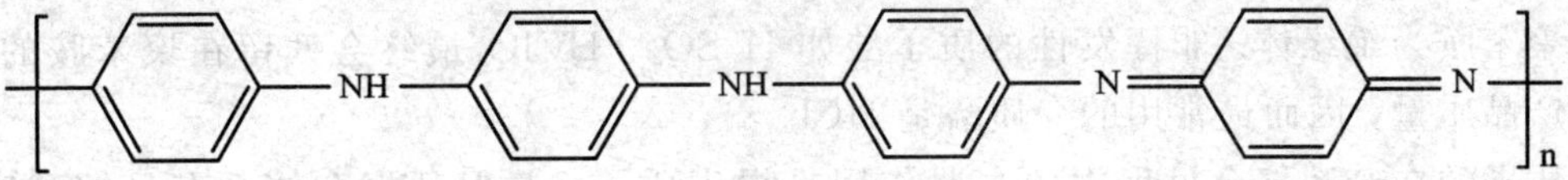

图 5－17　半氧化半还原态分子式

对于 y 值介于 0.35 和 0.65 之间的称为部分氧化还原型。一般认为在合成聚苯胺时，以合成 y＝0.5 的半氧化半还原型的结构形式为好，因为它经过质子酸掺杂后，具有高的电导率。

1）化学氧化聚合

化学氧化聚合一般在酸性水溶液中用氧化剂使苯胺氧化聚合。化学氧化聚合能够制备大批量的聚苯胺，也是最常用的一种制备聚苯胺的方法。化学氧化聚合具有设备简单、反应条件容易控制等优点。

化学氧化聚合研究较多的主要是溶液聚合、乳液聚合[206-208]、微乳液聚合[209-211]等。

溶液聚合是聚苯胺合成最早使用的一种方法，通常是在酸性介质中，采用水溶性氧化剂引发单体发生氧化聚合。溶液聚合工艺简单，可定量获得具有一定氧化度、高导电态的聚合物，减少异构副反应的发生，产物易于纯化。其缺点是聚合过程影响因素多，分子量分布较宽。

乳液聚合有两大类型：一类是水包油(O/W)型，称为普通乳液聚合；另一类是油包水(W/O)型，即反相乳液聚合。它们的差别主要体现在反应连续相的选择上，O/W 型乳液的连续相是水，而 W/O 型乳液的连续相是有机溶剂。乳液聚合是获得高分子量聚合物的有效手段，聚合过程中使用较低的氧化剂(引发剂)用量，聚合热有效分散于水相以避免局部过热，体系黏度变化小，有利于提高聚合物的分子量。但乳液聚合体系中乳化剂的浓度大，不易完全去除，给产物的纯化带来很多困难，并且需要大量的有机溶剂和沉淀剂，制备成本较高。

由于纳米技术的需要，逐渐发展了微乳液聚合与模板聚合，可获得纳米粒子或纳米线导电聚合物。与乳液聚合类似，微乳液聚合通过乳化剂与助乳化剂的匹配，使形成的乳胶粒处于纳米量级，形成纳米反应池。模板聚合体系类似于溶液聚合，但加入作为模板的材料，在模板孔洞中形成纳米级聚合物，如以多孔聚碳酸酯膜为模板合成 PANI 纳米管等。这些新型合成方法在制备纳米复合材料功能器件方面具有明显优势。

溶液聚合反应主要受反应介质酸的种类、浓度，氧化剂的种类及浓度，单体浓度和反应温度、反应时间等因素的影响。

反应介质酸的种类及其浓度对合成聚苯胺性能的影响：苯胺在 HCl、HBr、$H_2SO_4$、$HClO_4$、$HNO_3$、$CH_3COOH$、$HBF_4$ 及对甲苯磺酸等介质中聚合都能得到聚苯胺，而在 $H_2SO_4$、HCl、$HClO_4$ 体系中可得到高电导率的聚苯胺，在 $HNO_3$、$CH_3COOH$ 体系中所得到的聚苯胺为绝缘体。非挥发性的质子酸如 $H_2SO_4$、$HClO_4$ 最终会残留在聚苯胺的表面，影响产品质量，因而最常用的介质酸是 HCl。

质子酸在苯胺聚合过程中的主要作用是提供质子，并保证聚合体系有足够酸度的作用，使反应按 1，4-偶联方式发生。只有在适当的酸度条件下，苯胺的聚合才按 1，4-偶联方式发生。当酸度过低时，聚合按头-尾和头-头两种方式相连，得到大量偶氮副产物；当酸度过高时，又会发生芳环上的取代反应使电导率下降。当单体浓度为 $0.5 \ mol \cdot L^{-1}$ 时，最佳酸浓度范围为 $1.0 \sim 2.0 \ mol \cdot L^{-1}$。

氧化剂种类及其浓度对合成聚苯胺性能的影响：苯胺聚合常用的氧化剂有$(NH_4)_2S_2O_8$、$K_2Cr_2O_7$、$KIO_3$、$H_2O_2$、$FeCl_3$ 等。$(NH_4)_2S_2O_8$ 不含金属离子，后处理简便，氧化能力强，是最常用的氧化剂。在一定范围内，随着氧化剂用量的增加，聚合物的产率和电导率也增加。当氧化剂用量过多时，体系活性中心相对较多，不利于生成高分子量的聚苯胺，且随着聚苯胺的过氧化程度增加，聚合物的电导率下降。

反应温度及单体浓度对合成聚苯胺性能的影响：反应温度对聚苯胺的电导率影响不大，在低温（0℃左右）下聚合有利于提高聚苯胺的分子量，并获得分子量分布较窄的聚合物。在过硫酸铵体系中，在一定温度范围内，随着反应体系温度升高，聚合物的产率增加，当温度为 30℃ 时，产率最大。苯胺聚合是放热反应，且聚合过程有一个自加速过程。如果单体浓度过高会发生暴聚，一般单体浓度取 $0.25 \sim 0.5 \ mol \cdot L^{-1}$ 为宜。

化学氧化聚合的优点是产量高，易进行大规模生产，成本低，但是合成的 PANI 材料的电阻一般偏高，导致所制备的电极的可逆性和大电流放电能力较差。另外，在长期的充、放电循环中，掺杂离子的反复嵌脱，使 PANI 的体积反复变化，造成高分子链的破坏，PANI 电极的容量衰减较明显。

2）电化学聚合

聚苯胺电化学合成法[212-213]是在含苯胺的电解质溶液中，选择适当的电化学条件，使苯胺在阳极上发生氧化聚合反应，生成黏附于电极表面的聚苯胺薄膜或是沉积在电极表面的聚苯胺粉末。目前，用于电化学（聚合）合成聚苯胺的主要方法有动电位扫描法、恒电流、恒电位、脉冲极化法及多种方法的复合法。影响苯胺电化学聚合的主要因素有电解质溶液的酸度、溶液中阴离子种类、苯胺单体的浓度、电极材料、电极电位、聚合反应温度等。其中，以电解质溶液的酸度影响最大，它直接决定着聚合产物的结构和性能。当电化学聚合制备聚苯胺时，使用最多的电极是铂电极，使用石墨、炭、金、不锈钢等电极的也时有报道，但综合性能都不如铂电极。最常用的酸是盐酸和硫酸，也有硝酸、高氯酸、三氟乙酸、氢氟酸等，当所用的酸不同时，聚合反应及产物性能也会有所不同。

电化学（聚合）合成聚苯胺由电极的电位来控制氧化程度，合成的聚苯胺的电导率与电极电位和溶液 pH 值都有关系。电化学聚合的优点是产物纯度高，反应条件简单且易于控制；其不足是只适宜于合成小批量的聚苯胺，难以工业化。

目前，导电聚合物电极材料还存在着品种少、直接用导电有机聚合物作电化学电容器电极材料的电容器内电阻较大等缺点。不断开发新型导电聚合物，改进导电聚合物电极材料的性能，优化超级电容器两极上聚合物的电化学匹配性是导电聚合物超级电容器研究的主要内容。

# 5.4  车用超级电容器

目前，世界上研究的最为活跃的是将超级电容器与电池联用作为电动汽车的动力系统。电动车用电源系统应满足的要求有高比能量、高比功率、可快速充电、成本低廉以及高安全性。普通电池虽然能量密度高，行驶历程长，但是存在充电时间长，无法大电流充电，工作寿命短等不足；而超级电容器比功率大，充电速度快，输出功率大，刹车再生能量回收效率高。因此，采用超级电容器与动力型二次电池并联组成混合电源系统，可基本满足电动汽车的经济技术要求。目前世界各国都在开发电动汽车，主要倾向是开发混合电动汽车，用电池为电动汽车的正常运行提供能量，而加速和爬坡时可以由超大容量电容器来补充能量，另外，用超大容量电容器来存储制动时产生的再生能量。

现在的汽车都是采用电机启动方式，在汽车启动瞬间，蓄电池必须提供启动机瞬间大功率，发动机才可以启动。长期高倍率放电会对蓄电池造成严重的损伤，影响汽车的启动性能和蓄电池的使用寿命。经过研究发现，在启动初始时，由超级电容器向启动机提供强大的启动电流以带动发动机转动，在蓄电池克服其内阻开始放电时，发动机已经转动，启动负载变得很小，此时只需蓄电池提供较小的电流支持到发动机正常运转即可。将超级电容器与蓄电池并联作为汽车的启动电源，不仅能延长蓄电池使用寿命，还能使汽车的起步速度大大提高。

汽车在制动过程中消耗的能量大约占总驱动能量的 50%，回收制动能量的有效方法是采用容量大且能快速充、放电的储能元件来收集能量。超级电容器的特性决定了它在回收汽车制动能量方面具有相当大的优势。

超级电容器不仅可以用于汽车的启动与制动，还被用作汽车的主电源。2006 年 8 月 29 日世界上首条超级电容公交商业示范线在上海投入运营。2008 年哈尔滨工业大学研制出了一款超级电容电动车，这款电动车一次只需充电 15 min 便能连续行驶 25 km，最高时速可达 52 km/h，这项技术已经通过了黑龙江省科技厅组织的专家鉴定。2010 年以"低碳"、"绿色"为理念的上海世博会，为了实现园区公交"零排放"的目标，公交车均采用使用超级电容器动力系统作为车辆唯一主电源，这一动力系统具有超大容量、低内阻、长寿命、高可靠性、低成本、节能环保的特点，达到了世界先进水平。

超级电容器自面市以来，全球需求量快速扩大，已成为化学电源领域内新的产业亮点。超级电容器在电动汽车、混合燃料汽车、特殊载重汽车、电力、铁路、通信、国防、消费性电子产品等众多领域有着巨大的应用价值和市场潜力，被世界各国所广泛关注。

由于环境污染和能源紧缺，电动汽车技术在世界范围内已引起高度重视，其研究也已取得很大进展。在电动汽车的部件中，电源是主要问题。在各种方案中，超级电容器由于特有的优点，正越来越受到人们的重视。

电源是电动汽车的心脏，电源技术是电动汽车的关键技术。电动汽车对电源的要求主要有能量密度，功率密度，循环寿命，充、放电时间，价格费用，可靠性和安全性。传统动力电池在高功率输出、快速充电、宽温度范围使用以及寿命等方面存在一定的局限性，而超级电容器具有很高的功率密度，非常短的充、放电时间，极长的循环寿命以及高可靠性，因此超级电容器在电动汽车领域有着广阔的应用前景，超级电容器将是未来电动汽车开发的重要方向之一。

目前，日本、俄罗斯、美国、法国、澳大利亚、韩国等国家都在加紧电动汽车用超级电容器的开发和应用[218]。

与超级电容器相比，蓄电池虽然具有较高的能量密度，但是却存在低温特性差和高倍率放电会大幅缩短寿命这两个不足。在低温环境下，会出现起初不能启动或动力不足的现象。另外，混合动力汽车在加速、爬坡、启动过程中需要短时大功率电能，即由蓄电池提供高倍率的放电电流。由于蓄电池的高倍率电流放电导致寿命缩短，需要经常更换，因此改善蓄电池寿命这一问题亟待解决。

与蓄电池相比，超级电容器具有很高的功率密度，而且超级电容器基于电容器储能原理，实现充、放电过程，不存在基于电化学原理储能所带来的问题。所以超级电容器具有可高倍率电流充、放电和良好的低温特性。

若将超级电容器与蓄电池结合构成复合电源系统，既能提高电源系统的短时高功率输出能力，也具备持久的动力性能。通过该结合，可充分发挥超级电容器的高功率密度和蓄电池的高能量密度优势，满足混合动力汽车在爬坡加速、启动过程中的动力需求。超级电容器不仅能在短时间产生极大的电流，还能作为一个缓冲装置保护电池，使其不会因为经常性电流的大变化降低寿命。另外，它还能捕捉并储存下坡滑行过程中的动能以及刹车和减速过程中减少的动能(而不是将其以刹车器件发热和机械磨损的形式丢掉了)，以便在加速等时使用。超级电容器能够实现电动车动力系统性能的最优化。

超级电容器在混合能源电动汽车中的作用：

(1) 提供优越的动力性能。由于超级电容器具有非常高的功率密度，因此能较好地满足电动汽车在启动、加速、爬坡时对功率的需求。若它与动力电池配合使用，则可减少大电流充、放电对电池的伤害，延长电池的使用寿命。

(2) 具有非常高的能量回收率。汽车在行驶过程中，至少有百分之三十的能量因热量散发和制动而消耗掉，特别是在城市行驶，经常遇到红绿灯，这样不仅造成能源浪费，而且增加环境污染。超级电容器独有的高比功率特性，非常适合用于制动过程中的能量回收。

(3) 优化储能设备性能。超级电容器妥善解决了储能设备高比功率和高比能量输出之间的矛盾。一般来说，比能量高的储存体系，其比功率不会太高；同样，一个储能体系的比功率比较高，其比能量就不一定会很高。将超级电容器与蓄电池组合起来，就会成为一个兼有高比能量和高比功率输出的储能系统。

(4) 极好的低温性能。超级电容器具有极好的低温性能，能在低温情况下保持大电流充、放电能力，使得以此为能源的电动汽车在我国北方低温环境下仍然能够可靠工作，并确保动力性要求。

(5) 辅助性能。超级电容器除了可以用作混合能源电动汽车的辅助动力系统外，还可用在车载空调、车锁、车窗和车灯等电器的自动开关上。

尽管超级电容器技术已经进入了产业化的快车道，但其中仍然存在着许多技术难题，这些都限制了超级电容器性能的进一步提高、制作成本的进一步降低、应用范围的进一步延伸，及消费市场的进一步拓展。这些问题主要有如下几个方面：

(1) 寻找性能更优，成本更低的电极材料。电极材料是影响超级电容器性能和生产成本的关键因素，因此，对于超级电容器的研究几乎都是围绕着电极材料进行的。而国内的电极材料存在性能不佳和可选择范围小等问题，所以我国在超级电容器的核心部分即高性能电极材料的生产上一直存在瓶颈。

(2) 寻找更优化的匹配组合方法。超级电容器单体产生的电压一般比较低，每只电容耐压仅有 2.5 V 左右，电池要靠多只串联组合提供高电压，这就需要非常复杂的电路保证每只单体电容的均压问题，一旦电压过了，就会损坏；而且一旦组合匹配不好，就会影响到电池组的性能和寿命。

(3) 解决慢放电控制问题。超级电容器的自放电率很高，自放电现象较其他储能器件都要严重，这就限制了超级电容器不能像传统电池一样长时间稳定储能。另外，超级电容自放电大小还与充电条件有关，若是恒压充电，充电时间较长，效果很好；若是恒流充电，充电时间较短，自放电就较严重，因为迅速充电以后，电荷只停留在超级电容的扩散层。

（4）解决内阻较高的问题。超级电容器较大的内阻会阻碍其快速放电，其时间常数在$1\sim2$ s，所以要得到放电更快的超级电容器就必须进一步降低其内阻。目前，主要可以从两个方面降低内阻：一方面，从原料上入手，减少极片和电解液本身内阻；另一方面，通过改变封装结构减少接触电阻，达到降低产品内阻的目的。

（5）进一步减小体积。尽管超级电容器较普通电容器的容量大了$3\sim4$个数量级，但是和电池相比，单体电容还是太小，电池与其体积相当的超级电容器相比，可以储存更多的能量。

除此之外，如果将超级电容器运用在电动汽车和电网中，其可靠性还需进一步提高。

通过半个世纪的研究与探索，超级电容器体系日益完善。作为一种储能巨大，充、放电速度快，工作温度范围宽，工作可靠安全，无须维护保养，价格低廉的储能系统，它有效地解决了能源系统中功率密度与能量密度的矛盾。

# 5.5　微纳电子技术在超级电容器的应用

## 5.5.1　概述

近年来，在微纳米以及 MEMS 技术的带动下，微型传感器、微型驱动器已经逐步应用在各种民用和军用设施当中，发挥着传统器件无法比拟的作用。这些高密度微型机械电子产品需要稳定、可靠同时有较大容量的电源来保证其正常工作，而现有的普通电池和纽扣电池显然已经无法满足电源微型化的需求。因此，微电源在这种情况下应运而生，为了保证微型系统的正常工作以及其整体尺寸最小化，必须设计、加工出与之相适的微电源。完整的微电源系统一般由能量获取与转换单元、能量存储单元与电源管理单元共同构成；而微型超级电容器则是一种基于电化学储能机理的微型能量存储器件，其具有体积小、储能密度大、放电功率高、使用寿命长、稳定性好、可批量生产等优势，故可作为微电源系统中的能量存储单元，在多种 MEMS 微系统中获得应用。

与普通超级电容器相比，基于 MEMS 工艺的超级电容器的优势主要体现为可实现器件的微型化、智能化和集成化，大大提高了器件储能密度；简化超级电容器结构设计，更好地匹配设计器件芯片控制电路工作条件，减小器件体积，降低设计成本；提高器件设计系统的可靠性和稳定性。因此，基于 MEMS 加工技术与微纳米结构的 MEMS 超级电容器是一种高效、实用、环保的能量存储器件，其独特的电源微型化特点，工作温度范围宽、抗过载能力高以及与传统 CMOS 工艺兼容等优势，使其可广泛运用于 MEMS 系统、微能源以及物联网技术等领域中。

## 5.5.2　分类

MEMS 超级电容器以微型化、智能化和集成化而逐渐成为未来超级电容器重要的发展方向之一。按照电介质类型，可将其划分为静电式 MEMS 超级电容、液态电解液 MEMS 超级电容、固态电解液 MEMS 超级电容三类；按照电容器结构设计形式，可将其划分为二维或准二维结构和三维结构 MEMS 超级电容两类。MEMS 超级电容器的工作原理类似于双电层电容器，利用电极和电介质层之间形成的界面有效接触面积来存储电能。

## 5.5.3　工艺制作

### 1. 结构设计及制作

周扬等人设计、制作了一种具有两腔并排式结构的微型聚吡咯超级电容器。该微型超级电容器由微结构、微电极功能薄膜以及酸性电解液构成，其微结构是基于 ICP 刻蚀等微加工工艺实现的；而微电极功能薄膜是通过电化学沉积工艺在集流体表面沉积聚吡咯功能薄膜制备而成的。测试结果表明，上述微型超级电容具有 $6.6~mF/cm^2$ 的比容量，其能量密度能达到 $3~mJ/cm^2$。电化学测试结果表明，与纯聚吡咯膜相比，聚吡咯/碳纳米管复合功能薄膜的阻抗显著降低，容量明显提高，基于上述复合功能薄膜的微型超级电容器的充、放电性能可得到显著改善。

微型超级电容器结构图如图 5-18 所示，该器件由外腔密封结构与腔内金属集流体构成。其中阴、阳两极集流体分别位于阴、阳两极腔体中央，中间有一隔墙将两者分开，以防止出现两极短路；之后采用电沉积工艺在两极集流体表面分别沉积聚吡咯薄膜，灌注磷酸（$H_3PO_4$）电解液，并密封封装，形成完整微型超级电容器件。此种结构具有电极容量大，储液空间足，微加工工艺难度小，容易实现，阴、阳两极不易短路，方便封装密封等优点。

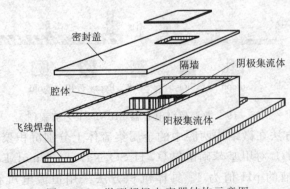

图 5-18　微型超级电容器结构示意图

1) 工艺制作

该微型超级电容器的微结构是通过典型的 MEMS 微加工工艺制备而成的，加工的工艺流程如图 5-19 所示，其主要工序分 3 大步。

第 1 步：制作器件腔体结构。首先取晶面(100)厚度 500 $\mu m$ 的硅片(4 cm$^2$)双面氧化；然后在硅片一面甩光刻胶，第 1 次光刻，刻蚀 SiO$_2$，两槽窗口分别为 1900 $\mu m$ × 1600 $\mu m$ 与 1600 $\mu m$ × 1600 $\mu m$，如图 5-19(b)所示；再用 ICP 刻蚀出两槽，槽深约为 300 $\mu m$，如图 5-19(c)所示。

第 2 步：制作两腔金属集流体。采用厚度为 100 $\mu m$ 的 Pyrex 7740 玻璃作为基片材料，先在玻璃上甩光刻胶，进行第 2 次光刻，得到两电极图案如图 5-19(e)所示；然后依次溅射钛(300 埃)、铂(400 埃)、金(2000 埃)，剥离，得到玻璃上淀积的电极，引线与焊盘。

第 3 步：制作完整微结构。将第 1 步刻好硅杯腔体的硅片倒置，与第 2 步溅射金属集流体后的玻璃基片进行 Glass Frit 键合(对准，即将硅片 1900 $\mu m$ × 1600 $\mu m$ 的空腔对准玻璃板 1700 $\mu m$ × 1400 $\mu m$ 的电极，将硅片 1600 $\mu m$ × 1600 $\mu m$ 的空腔对准玻璃板上 1400 $\mu m$ × 1400 $\mu m$ 的电极)；然后将键合后的晶片的硅面上甩光刻胶，进行第 3 次光刻，如图 5-19(h)所示；ICP 刻蚀深度约为 200 $\mu m$，形成最终结构，如图 5-19(i)所示。

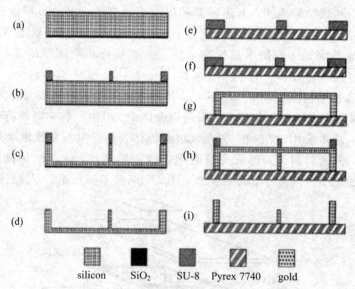

图 5-19　微型超级电容器 MEMS 工艺流程图

采用电化学沉积方法在微结构两腔中的金属集流体上分别沉积聚吡咯功能薄膜。其电沉积反应液由 0.6 mol/L 对甲基苯磺酸钠(C$_7$H$_7$SO$_3$Na)，0.6 mol/L 吡咯单体(C$_4$H$_4$N)，然后用稀 H$_2$SO$_4$ 调溶液的 pH 值为 4。具体沉积方法采用恒流电沉积工艺，沉积电流为 8 mA，沉积时间为 1.5 h。该薄膜的沉积电流参数是根据活性物质的生长特性以及两腔中间隔墙高度确定，若沉积时间过长，容易出现两腔薄膜相连、器件短路现象；反之，时间过短，则薄膜厚度有限，会降低该微型超级电容器的比容量。故选择合适的电沉积参数对该器件的电化学特性影响很大。

通过上述电沉积工艺完成微电极聚吡咯功能薄膜制备后，接下来灌注 $H_3PO_4$ 电解液，密封，形成完整的微型超级电容器件，然后进行性能测试。为方便实验过程，用一层有机玻璃薄片进行暂时密封，以防止测试过程中电解液挥发。

2）性能测试

微型超级电容器的性能测试是指其电化学特性测试，包括三部分：恒流充、放电测试，循环伏安测试（CV 测试），交流阻抗谱测试（EIS 测试）。其中，恒流充、放电测试表征该器件在恒定电流下的充、放电特性，据此可判断器件的比容量、大电流放电等指标；循环伏安测试是指通过控制电极电势，以使电极上交替发生不同的氧化/还原反应，并记录电流-电势曲线，以考察电极的容量、可逆性等关键性能指标；交流阻抗谱测试则是通过测量对体系施加小幅度微扰时的电化学响应，据此可考察研究器件的阻抗以及电极反应机理等现象。采用 CH I660B 电化学工作站作为测试设备，CV 测试时采用标准的三电极系统，工作电极为器件微电极，辅助电极为铂电极，参比电极为饱和甘汞电极，EIS 测试与恒流充、放电测试都采用常规二电极系统。图 5-20(a)所示为该微器件进行性能测试后（移除掉电解液以及封盖）照片；图 5-20(b)所示为移除封盖后的该微型超级电容器实物对比照片。

(a) 显微镜照片

(b) 实物对比照片

图 5-20 微型超级电容器显微镜照片与实物照片

## 2. 电极设计及制作

超级电容器的储存电荷能力主要取决于电极上搭载的活性物质和电极表面积的大小。目前报道的超级电容器的研究大多集中于电极材料，对于制备三维电极结构的研究较少。利用三维电极结构取代二维电极结构，在相同底面积上可获得更大的表面积，其增大倍数与深宽比成正相关，从而有效增大结构表面积，有利于搭载更多的电极活性物质，增强电荷储存能力，在相同底面积上存储更多的电荷。

ICP 刻蚀是将欲刻蚀的基底用掩膜遮盖，用电场加速辉光放电所产生的重离子，如 $Ar^+$ 等得到具有较高能量的离子，将之以近似垂直的角度撞击基底的无掩膜部分，将硅原子撞离原来的结构。同时，在刻蚀过程中通入 $SF_6$ 等反应气体，气体在电场中电离出的离子、游离基等与硅基底上的硅和撞离的硅发生反应生成气态物质，被真空系统抽走，从而完成硅的定向刻蚀，形成三维结构。它是通过活性离子对衬底的物理轰击和化学反应而产生刻蚀作用去除基底的一种方法，同时兼有各向异性和选择性好的优点。

文春明等人针对当前微电极结构表面积较小、单位底面积上储能密度有限等情况，从增大电极结构表面积，提高电极活性物质搭载量的角度出发，提出利用 ICP 技术在硅基上刻蚀深槽，将电极结构制作成三维立体形状，使相同底面积上电极结构具有更大表面积，以便于在结构表面沉积更多的电极活性物质，提高微型超级电容器的电荷存储能力。他们研究了基于 ICP 技术的硅基三维微电极结构的制备工艺，并对制备过程中的相关因素进行了分析。

为增大硅基微型超级电容器电极结构表面积，以提高电极的电荷存储能力，采用感应耦合离子刻蚀（ICP）技术制备了超级电容器三维微电极结构，研究了刻蚀、钝化气体流量和射频功率及电极电压等工艺参数对所制电极结构的影响。要取得较理想的结果，须根据刻蚀的一般规律和所用设备的具体特点，结合实际要求来确定工艺参数。在掩膜宽度为 25 $\mu m$ 时，所制三维电极结构表面规则平整，比二维电极结构表面积增大 8.38 倍。

利用 ICP 技术刻蚀硅形成深槽制作三维结构，其表面积相对于二维平面结构将会有较大的增加。三维微电极结构示意图如图 5-21 所示，$B$ 表示同底面积上三维立体结构所增大表面积的倍数；S 2D、S 3D 分别代表二维（平面）结构和三维结构表面积；$L$ 为梳齿总长度；$W$ 为总宽度；$H$ 为梳齿高度；$W_1$ 为单个梳齿宽度，$W_2$ 为两个梳齿之间的距离，则单个梳齿长度为 $W-2W_1-W_2$。

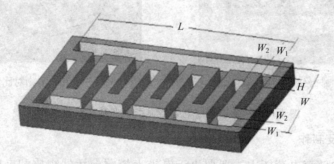

图 5-21　三维微电极结构示意图

微电极结构采用 ICP 技术制备。将硅片清洗干净并放入烘箱烘 10 min，溅射 200 nm（德国 FHR MS 100X6-L），铝膜作为刻蚀的掩膜，用 AZ1500 光刻胶转印图案，曝光、显影，腐蚀铝膜，露出刻蚀窗口进行 ICP 刻蚀（英国 STS LPXICP ASE - SR），制备加工流程如图 5-22 所示。其中，图（a）为硅片准备；图（b）为溅射铝膜；图（c）为转印图案；图（d）为 ICP 刻蚀；图（e）为去除铝膜，得到三维微电极结构。刻蚀工艺参数如下：腔室温度 40℃，硅片温度 25℃，射频功率 600 W，电压 300 V，总刻蚀时间 80 min。在刻蚀过程中，$SF_6$ 流量为 150 mL/min，$O_2$ 流量为 12 mL/min，直流偏置电压为 120 V，功率为 20 W，腔内气压 2.67 Pa。在淀积过程中，$C_4F_8$ 流量为 85 mL/min，腔内气压 5.33 Pa。

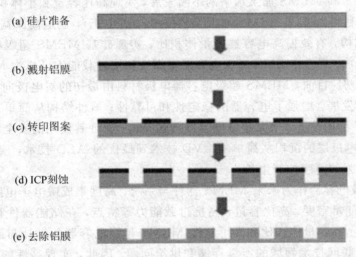

(a) 硅片准备

(b) 溅射铝膜

(c) 转印图案

(d) ICP 刻蚀

(e) 去除铝膜

图 5-22　ICP 刻蚀结构加工流程图

设计、利用 ICP 技术刻蚀硅片，在硅基上制备微型超级电容器高深宽比三维微电极结构，以扩大电极结构表面积，方便沉积更多电极活性物质，增强电容器存储电荷能力。制备了表面积增大 8.38 倍的三维微结构，得到了制备微电极结构的工艺参数。以上提出的方法有利于将电能存储器件与微型发电机、用电器（如传感器等）集成在同一硅片上，有利于减小整个系统体积和减少器件之间的连线，提高系统的可靠性。由于三维微电极结构的深宽比越大，表面积就越大，因此继续加大微结构的深宽比，在相同的底面积上获取更大的结构表面积，以及通过溅射、电镀等方式在电极结构上沉积活性物质形成电极，进行相应的性能测试等是进一步的研究工作重点。

### 5.5.4　技术难点与发展趋势

**1. 技术难点**

（1）结构设计过于简单，空间利用效率不够，导致该超级电容器性能并不高；

（2）采用碳纳米管作为电极材料的超级电容器，其工作电压低，能量密度仍然有限；

（3）利用金属氧化物作为电极材料的超级电容器，其电容-电压（$C$-$V$）曲线并不十分符合理想超级电容器的性质；

（4）以液态或固态电解液形式的 MEMS 超级电容器因电解液随时间的延长而容易溢出，导致不易集成，从而不被广泛应用；

（5）二维结构 MEMS 超级电容器在大电流放电情况下，容量衰减比较严重。

**2. 发展趋势**

随着微纳技术和 MEMS 加工水平的不断发展，实现高比容量和小体积 MEMS 超级电容器成为可能，利用先进的 MEMS 加工工艺技术（如 DRIE），制造高深宽比、大比表面积三维硅微基础结构，有效提高电容器容量体积比，实现硅基 MEMS 超级电容器的微型器件芯片一体化集成，提升 MEMS 超级电容器可靠性和抗过载能力已成为 MEMS 超级电容器的未来发展趋势。目前，MEMS 超级电容器电极材料由最初的炭电极向高电导率、低内阻的导电聚合物发展，增强了电容器的稳定性和可靠性；器件结构从简单二维电解液结构到三维"静电式"结构设计，增大超级电容器接触面积，保证其使用的安全性和环境无污染性；电介质层和电极层的沉积从简单的 CVD 技术到最优的 ALD 技术，实现了具有均匀、致密和高击穿场强的薄膜控制生长。

MEMS 超级电容器作为未来 MEMS 器件与系统、高度集成微电子电路等发展的关键部件，它具有高能量密度、高比容量、高抗过载能力等特点，在储能器件和微型电源方面的应用前景广阔。高容量体积比和高可靠性 MEMS 超级电容器的设计与研制有助于解决微能源领域和物联网技术领域的能量存储和供给问题，因此，实现高性能 MEMS 超级电容器具有重大的实用意义和科学价值。

# 第6章　新能源成果及发展趋势

## 6.1　新能源研究成果

新能源在能源危机和环境污染的双重压力下，加快了研发与产业化的步伐。各国的经济战略开始转向低碳路线，新能源被赋予抢占未来战略制高点的重任。我国对新能源产业的发展也给予了前所未有的关注，将其提升到战略高度，明确提出大力发展新能源等战略性新兴产业。发展战略性新兴产业，促进产业结构优化、升级，科技成果的转化是关键环节。目前我国科技发展已进入重要跃升期，科技成果产出和产业化步伐明显加快，对经济社会发展起到了重要支撑作用。

我国新能源利用可以追溯到 20 世纪 50 年代末的沼气利用，但新能源产业在我国规模化的发展却是在近几年的时间。相对于发达国家，我国新能源产业化发展起步较晚，技术相对落后，总体产业化程度不高，但是，我国具备丰富的天然资源优势和巨大的市场需求空间，在国家相关政策引导和扶持下，新能源领域成为投资热点，技术利用水平正逐步提高，具有较大的发展空间。

在新能源中，技术相对成熟的核能、太阳能和风能发电等产业化方面做的工作较多。由于核能的安全性问题，特别是 2011 年日本地震、海啸后引发的福岛核电站爆炸事故，放缓了世界范围内对核电站的建设。在太阳能方面、热能和光能方面做得产业化较好，风能方面产业化也做了一些。除此之外，太阳能结合风能的风光互补系统也发展较快。

**1. 产业方面[219]**

1) 产业规模不断扩大，发展速度加快

目前，中国新能源发展较快，利用比较广泛的新能源包括太阳能、风能和生物质能。

中国太阳能热水器利用居世界首位，热水器保有量一直以来都占据世界总保有量的一半以上，仅 2006 年，中国太阳能热水器年生产能力已超过 1800 万平方米，运行保有量达到 9000 万平方米。全国有 3000 多家太阳能热水器生产企业，年总产值近 200 亿元。

我国光伏产业近年来发展迅速，其中的太阳能电池生产发展速度惊人，引起世界瞩目。2003 年年底，中国太阳能电池的累计装机达到 55 MW；2005 年年底国内光伏电池生产139 MW，生产能力 400 MW；2006 年生产光伏电池 369 MW，生产能力 1200 MW，在世界上排在第三位。

风力发电是中国发展最快的发电技术。仅 2006 年一年新增装机容量就增长一倍。中国已经建成了 100 多个风电场，2006 年共安装 1450 台风机，新增总装机容量达到 1.3 GW，占全球新增装机的 8.9%。风电装机容量达 260 万千瓦，占全国装机容量的 0.42%。中国风电装机容量增长次于德国、美国、西班牙和印度，居世界第五位，发电装机规模从 2004 年的第十位升至 2006 年的第四位，其发展速度已经居世界第二位。

2006 年国内生物质发电装机容量为 220 万千瓦，占全国发电装机容量的 0.35%，约占全世界生物质发电总装机容量的 4% 左右。

国内乙醇总产量约 350 万吨，其中燃料乙醇产量达到 130 万吨，位居世界第三；以废弃油脂为原料生产的生物柴油达到 6 万吨；农村沼气产量突破 1.7 亿立方米。

2）产业链尚不完整

我国新能源产业普遍存在产业链不完整或上下游产业链无法对接的问题。而矛盾比较突出的是风电和光伏发电产业。

对于风电产业，产业链上下游不对接是制约风电产业化的主要因素。

风电产业链大致分为上游的风电设备制造产业和下游的风电建设运营产业两部分。其中风电制造产业可以细分为整机制造产业和零部件制造产业。我国风电产业链上下游不匹配，上游生产能力和研发水平在全球处于较低水平，而下游的风电建设发展速度却位居世界前列，上下游发展速度和规模明显不能衔接，我国风电产业化进程受到约束。

上游，我国兆瓦级以上的整机制造产业处于起步阶段，国内部分厂商通过与国外厂商联合开发得到国外企业生产许可证等方式，具备了兆瓦级机组设备生产能力，但技术和市场尚不成熟，还未能大规模应用。同时，我国风电设备关键零部件生产环节薄弱，比较突出的是叶片、齿轮箱、主轴轴承制造，还不能满足国内整机制造能力的需求。下游，我国近年来风力发电发展迅速，国内大型发电集团、企业纷纷开发风电项目，风电设备需求持续高涨。

光伏产业包括多晶体硅原材料制造、硅锭/硅片生产、太阳能电池制造、组件封装和光伏系统应用等。

目前，太阳能光伏产业链的源头——多晶体硅原材料制造，中国基本依赖进口，国内企业技术较低，且规模比较小。我国硅锭/硅片生产技术比较成熟，可以与国外生产厂商媲美，但由于多晶体硅原材料依赖进口，限制了国内硅锭/硅片生产企业的发展。我国的太阳能电池制造产业位居世界前列，2009 年我国太阳能电池生产居世界第一。目前，中国光伏电池封装产业，是整个光伏产业链中生产工艺发展最成熟，生产设备国产化率最高，从业门槛最低，从事企业最多，且扩产最快，产量最大的一个环节。国产光伏组件绝大部分出口国外，特别是欧盟国家，但由于上游硅材料紧缺的原因，目前国内封装产能过剩，利润微薄，产品质量参差不齐，国际竞争力相对有限，发展空间不足。早在 2006 年，中国生产的 370 MWp(兆瓦光伏)光伏电池组件中，大约仅有 10 MWp 用于国内，其余 98% 均出口。我国光伏系统应用程度比较低，在 2006 年，光伏发电累计装机容量只有 85 MWp，消耗的主要份额为农村电气化。可以看出，我国太阳能光伏发电产业发展处于整个产业链中端，此部分附加值比较低，而附加值较高的太阳能光伏发电系统的应用却在国外。太阳能光伏发电产业链末端发展严重不足，成为我国太阳能产业成长的制约因素。

　　3) 平均技术水平偏低、利用成本较高，产品竞争能力弱

　　相对于发达国家，我国新能源利用起步较晚，新能源利用技术平均水平偏低。目前，我国新能源利用的大部分核心技术和设备制造依赖进口，技术和设备国产化程度不高，而技术和设备部分一般占新能源投资的绝对比重，导致我国新能源利用成本高，同类产出产品竞争能力弱。

　　目前，国内风电设备制造整体能力不高，兆瓦级以上风电设备制造技术还需要进一步验证，近期还不具备国内批量生产的能力；太阳能电池生产能力居世界前列，太阳能系统集成技术虽然并不低于全球各国水平，但目前太阳能光伏发电每千瓦时发电成本为 4 元左右，上网电价约 4～5 元，上网电价是常规上网电价的 8～10 倍左右，尚不具备和常规发电竞争的能力。而我国生物质能发电的净化处理、燃烧设备制造等方面与国际先进水平还有一定差距。

## 2. 科研方面

　　据钟永恒等人在"我国新能源科技成果现状研究与未来发展建议"中统计：2000－2006年新能源技术总体发展较为平稳，太阳能和生物质能发展开始起步。2007 年的科技成果登记量增长较其他年度显著，这表明我国对新能源技术的研发投入呈现良好的发展态势，这与近年来的能源短缺以及能源危机的压力息息相关。通过年度对比可以看出，生物质能近年来发展较快，2008 年呈现出高峰。作为一个农业大国，我国有发展生物质能的优势，近年来对生物质能领域的关注逐步增加。核能领域的成果则一直处于较少状态，2009 年出现少量增加，这一方面与国际、国内对发展核能诸多方面的政策限制有关，另一方面也是由于发展核能的成本较高所致。

　　1) 太阳能电池类

　　在太阳能方面，由于具有清洁、安全、无穷无尽，且在世界上任何地方都可得到等优点，使其成为低碳能源中最环保的能源。据《新兴能源产业发展规划》，到 2020 年，太阳能发电装机容量将达到 $2000 \times 10^4$ kW。通过 CSTAD 中检索与科技成果数据显示，2000－2010 年间太阳能科技成果共 169 件。其中南开大学和中科院等是太阳能技术领域主要的科技成果完成机构。中科院院属研究所共有 14 个研究机构在太阳能技术领域拥有较多的科技成果，其中广州能源研究所和等离子体物理研究所是太阳能技术科技成果产出的主要

机构。另外，中科院半导体研究所在太阳能技术领域产出较多。从各研究所科技成果的数量可以看出，排在前三位的研究所贡献了 14 件科技成果，占中科院总产出的 39%。但中科院在太阳能领域的成果相比南开大学还有差距，因此应加大这方面的研发力量，在新技术上夺得先机。

2）燃料电池类

在氢能和燃料电池体系，由于低成本获氢技术还有待于提高，因此氢能产业化步伐比较缓慢，这是今后要突破的领域。另一方面，对于液态碳氢燃料的低成本获取，使得甲醇类燃料电池的应用成为燃料电池应用的另一新动向。

由于化石类燃料能源的大量消耗，不但使能源出现短缺和危机，而且大量污染了环境，造成地球环境变暖的温室效应，南极附近的臭氧层的空洞的出现给人们敲醒了生存环境的警钟。如何解决含碳排放成为人们急需解决的问题。另一思路给人们带来新的出路：使用低成本手段不断将 $CO_2$ 还原，使其成为可重新利用的碳氢燃料，供液态源（如甲醇类）燃料电池使用，这会成为近期以至于将来的行业热点。近几年，利用太阳能光催化 $CO_2$ 转化为碳氢燃料类成为人们的研究热点之一。

3）超级电容器

在超级电容器方面，比能量的大幅度增大是需要突破的核心任务之一，将电解质去液态化而研究开发固态超级电容器是突破途径之一，是科研界近一段时间内的热点和重点之一。

总之，当前我国已经成为全球新能源产业投资第一大国，近 10 年来新能源技术科技成果产出颇丰，今后必须结合产业和科研，在未来应对能源危机时处于不败之地。

# 6.2　新能源发展趋势

**1. 新能源发展宏观规划**

从国家政策、自主技术研发、产业布局等方面阐述新能源发展宏观规划。

1）国家政策将为新能源发展创造有利环境

为优化国内能源利用结构，促进我国经济可持续发展，我国公布、实施了《可再生能源法》，制定了可再生能源发电优先上网、全额收购、价格优惠及社会公摊的政策。建立了可再生能源发展专项资金，支持资源调查、技术研发、试点示范工程建设和农村可再生能源开发利用。发布《国家中长期科学技术发展规划纲要（2006－2020 年）》，编制完成了《可再生能源中长期发展规划》，提出到 2010 年使可再生能源消费量达到能源消费总量的 10%，到 2020 年达到 15% 的发展目标。

2）自主技术研发将为新能源发展奠定技术基础

近几年，我国新能源利用技术取得了突破性进展，在引进国外先进技术的基础上，自主研发能力持续提高，为新能源持续利用奠定技术基础。

我国风电制造产业技术发展迅速，风电机组生产和零部件生产能力迅速提高。2006 年 5 月，2 MW 风电增速齿轮箱在重齿问世，填补了我国该项技术的空白；2006 年 11 月 13 日，国内第一套在自己制造的模具上生产的 1.5 MW 风力机叶片在上海玻璃钢研究院诞生，表明了我国已经具备了自主研制生产兆瓦级风力机叶片能力。2007 年，继 2006 年我国 1.5 MW 变速恒频双馈风力电机组"兆瓦级变速恒频风力发电机组控制系统及变流器"成功通过鉴定后，我国拥有自主知识产权的 2 MW 变速恒频风力发电机组安装试用，正式并入国家电网运行，该机组是目前中国最大功率的风力发电机组。

3）产业龙头带动与民营企业异军突起将为新能源发展注入动力

新能源发展已经成为国内各产业巨头和民间资本重点投资对象，发展新能源产业成为企业发展重要的战略之一。

新能源发电，特别是风力发电受到国内发电集团追捧，我国五大发电集团均不同程度地进入风力发电领域。截至 2007 年，中国大唐集团公司风电总装机规模超过 100 万千瓦；2007 年 9 月，华电集团成立华电新能源公司，负责华电集团新能源项目的投资、建设、生产及电力销售；华能集团成立华能新能源产业控股有限公司，从事水电、风电、城市垃圾发电、太阳能利用及其他新能源项目的投资、开发、组织、生产、经营、工程建设。

中粮集团通过资本运作，控股、参股了国家投资建设的 3 家乙醇企业。中国石化和中国石油也分别在广西、新疆、河北、四川等地建设生物燃料生产企业。民营企业以其敏锐的市场嗅觉和果断的决策机制已占据国内生物燃料的半壁江山，从事生物能源开发的民营企业已有数十家。各大产业巨头和民企凭借自身的市场优势和产业洞察力进入新能源领域，为新能源在中国的持续发展提供了良好的生长空间。

受到新能源利用技术条件限制以及产业链断接等因素的影响，我国部分新能源开发离产业化利用还有一段距离，但同时迅速成长壮大的新能源企业，国家发展政策对新能源的倾斜以及逐步成熟的新能源技术将进一步推动我国新能源产业化发展的进程。

**2. 新能源发展具体实施**

当前，我国已经成为全球新能源产业投资第一大国，近 10 多年来新能源技术科技成果产出颇丰，但在很多方面还需要做很多工作。

（1）进一步完善新能源产业发展规划。世界各发达国家都以发展新能源和绿色能源为首要任务来解决经济发展问题，中国应抓住这次变革机遇，将新能源和绿色能源作为首要任务来解决经济拉动问题。未来我国新能源主要需明确其发展路线图，借鉴和学习美国等发达国家的能源战略、决策和法规，指导、促进我国新能源产业的发展。

（2）提高产业"软"、"硬"技术，缩小与国外先进水平的差距。我国新能源技术不仅包括产品设计、生产和制造、加工等各项"硬"的技术，还应该包括产业规划、技术标准设定、监测管理等"软"的技术。在"硬"的方面，要提高自主创新能力，力争向产业链上游发展，减少对国外产业配套技术的依存度；在"软"的方面，通过开发先进电网调控和调度技术，构建智能电网，规范产业标准，同时明确对项目的审批、专项资金安排、价格机制与上网电价统一协调等措施。

（3）建立新能源产业资金和运营保障体系。新能源产业终端应用一般为发电，目前我国发电领域仍然是以垄断性市场运营为主，运营资金和运营主体准入的门槛高。发电项目的权利主要集中在国有大型能源企业，民营、外资等商业资本进入该领域的仍是少数。这就需要在加强运营主体保障外，还要有提供大量、持续的资金投入机会和途径，拓宽融资渠道，以加强新能源产业的抗风险能力。

（4）完善新能源价格政策。借鉴国外相关经验，适时出台并鼓励使用风电、太阳能"价格-利率"联动的利率联动机制，鼓励使用可再生能源发电，为风能、太阳能等行业补贴提供保证。在新接入系统突破项目建设资金筹措以及在上网电价落实等方面给予更为优惠的政策，综合运用价格、财税和金融等政策手段，从根本上解决风电、太阳能发电项目盈利水平差的问题，创造风电、太阳能产业健康可持续发展的良好环境。

（5）加强基础研究，促进产学研结合，完善新能源科技创新体系。建议开展新能源电力并网、大幅度提高光转换效率；发展转基因生物质能源等，开展关键新技术的基础研究。进一步完善以企业为主体、以市场为导向的产学研相结合的新能源科技创新体系，积极引入海外高科技领军人才，建立政界、经济界和学界共同组成的新能源创新体系。

# 6.3　微纳电子技术未来在新能源领域中发展趋势

## 6.3.1　微纳电子技术未来在太阳能电池中发展趋势

在未来太阳能电池方面有以下几个发展：首先在单个器件和材料方面，不断研究新的材料和器件结构，开发新机理的太阳能电池；另一方面，针对太阳能发电体系进行优化研究。

微纳电子技术在器件方面有以下几个趋势：

1）叠层太阳能电池[220-223]

用微纳电子技术精准控制膜厚，从层间晶格匹配和能带匹配角度获得更好的太阳能光电转换率。

利用 GaAs 制备出的单结电池最高效率已经达到了 19.3%，而双结电池的极限效率将达到30％，三节电池的极限效率为38％，四节电池的极限效率为41％，将远远超过硅类电池的极限效率33％。虽然As是有剧毒的物质，但是我们还是可以从以上数据中看到叠层电池的发展前景将非常的广阔。

　　造成热损失的原因是太阳光中能量较低的光子不会被半导体结吸收，而能量较高的光子却没有将超过能隙的能量有效利用到负载上，若能将太阳光光谱分成连续的若干部分，用响应能带宽度的半导体材料来吸收相应波段的太阳光，并按照能带宽度从大到小的顺序从外向内叠加起来，波长短、能量高的光波被最外层较宽能带材料组成的电池利用，波长长、能量低的光透过宽带隙材料被能带较窄的电池利用，这样就能够最大限度地完成光电转换，减少热损失。这种结构就是叠层太阳能电池的基本结构，能够在很大程度上提高电池的性能和稳定性，原理示意图如图6-1所示。

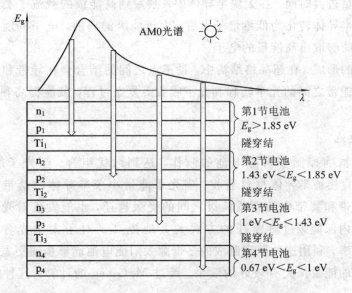

图6-1　叠层太阳能电池原理示意图

　　叠层电池的制备可以通过机械堆叠或者隧道结串联一体化两种方式来获得。机械堆叠，顾名思义就是分别制备出两个独立的太阳能电池，一个能带较宽，另一个能带较窄，然后把能带宽的电池堆叠在能带窄的电池上，形成叠层电池。而隧道结串联一体化的方法是利用两种不同禁带宽度的材料制成的子电池通过隧穿结串接起来，利用隧穿结来解决由于各子电池的p-n结直接串联起来而引起的p-n结反偏不导电的问题。通过无限增加太阳能电池的层数，可使这种叠层电池的理论最高效率为86.8％。

　　2）碰撞离子化电池（量子点电池）[224]

　　微纳技术体现在制作量子点电池方面：通过对光电转换中能量损失的分析，高能量的光生载流子很快会将高于能带的能量损失掉，如果将这部分能量去冲击别的电子，产生更多的载流子，将会极大地提高光子能量的利用率和电池的转换效率，利用这种原理制备出的电池称作碰撞离子化电池，也叫量子点电池。这种电池的极限效率为85.9%，通过在p-i-n型太阳能电池的本征区域中间引入一单层排列规则的量子点电池，经过计算，其理论转换效率能达到63%。

在太阳能电池应用量子点有很多优势：

（1）量子尺寸效应。通过改变量子点的尺寸可以改变对光的吸收波长，在高密度的量子点群中，尺寸小的量子点可以吸收高能量的光子，尺寸大的量子点可以吸收低能量范围的太阳光，这样就提高了电池与太阳光谱的整体匹配程度。

（2）延长能量过渡时间。在大块半导体中，激发到高能级的载流子会在非常短的时间内放出能量，而半导体转化为低维量子点后，由于能级的离散，电子的能量变化比大块半导体慢，因而就能够取出高能量的电子。

（3）多能带的形成。在超晶格结构中，量子点之间的结合会在导带和价带中形成小能带，利用多数小能带之间的光学转移和光子吸收等复杂过程，就能提高和太阳光能谱的匹配度。

3）多带隙电池

用微纳技术精确控制多带隙电池的制作，达到最优组合。当光子能量大于禁带宽度时，光子能够直接被半导体材料吸收；当光子能量小于半导体的禁带宽度时，通过载流子在半导体允带和禁带中的杂质能级之间的受激越迁，也能发生对光子的吸收，这种通过电子在带隙内深能级过渡跃迁的方式大大地提高了对于太阳光各波段的利用率，提高了电池的效率。利用这种原理制成的多带隙太阳能电池能够覆盖更宽的太阳光谱，对于削减短波区域的能量损失有较好的效果。经过 M. Green 的计算，这种电池的极限转换效率为86.8%。

4）钙钛矿太阳能电池

自从 1954 年美国贝尔实验室第一块硅太阳能光伏电池研制出来的 60 多年的发展史中，各国不断努力将这一绿色、环保、可再生的新能源引入实际应用。但始终存在着在光电转换效率和成本之间的矛盾。第一代晶体硅（单晶和多晶），产品电池转换率较高（15%左右），但工艺复杂且成本较高（2009 年 2.4 美元/瓦），始终不能广泛应用和发展。为了解决成本问题，开发了第二代低成本薄膜太阳能电池，它主要分为硅类、化合物类、染料敏化类、有机聚合物类。其中，化合物半导体虽然低成本（2009 年太阳能电池 CdTe 成本0.8 美元/瓦），但其转换率（10%左右）低于第一代单晶硅，使其步入市场使用遇到障碍。2009 年后，特别是 2013 年报道的钙钛矿太阳能电池，使得光电转换效率和成本之间矛盾趋于缓和，在低成本状况下，实现高的光电转换效率。

由于钙钛矿材料结构稳定，具有较好的吸光性能和较长的平均自由程（300 nm 左右），使其成为太阳能电池研究领域的热点。特别是 NATURE（2013，VOL501）Mingzhen Liu 等人报道的以 $CH_3NH_3PbI_{3-x}Cl_x$ 为代表的 p-i-n 结构的钙钛矿材料太阳能电池，是将传统的敏化太阳能电池和 p-n 结太阳能电池结合在一起的新结构，使其转化效率可达 15%，实现了低成本下的高转换率目的，将钙钛矿太阳能电池的研究推向高潮。深入研究该类太阳能电池的电荷输运机理及影响电池性能的关键因素，成为迫切问题，它可为进一步提升光电转换率和核心制备技术提供理论根据。该类太阳能电池的研究将引领近一段时间内的发展趋势。

## 6.3.2 微纳电子技术未来在燃料电池中发展趋势

首先分析氢燃料电池的发展趋势。由于燃料电池本身的转换率达 60%～70%，所以研究的核心是高效、低成本获氢技术的研究，利用太阳光光催化裂解水是一种经济的选择，但 3% 的催化效率需大幅提升才能被市场所接受。利用各种微纳电子技术，合成具有高效催化能力的光催化剂是今后的选项之一。

甲醇燃料电池用于车用动力将是未来的发展趋势之一。近几年利用太阳光光催化 $CO_2$ 转甲醇的研究引起各国研究者关注，由于空气中 60% 的含碳排放来源于汽车尾气，因此将来可直接将汽车尾气中的 $CO_2$ 转化为甲醇，既解决了含碳排放的空气污染问题，又部分解决了汽车能源问题，变废为宝。高效、低成本地利用太阳光光催化 $CO_2$ 转甲醇的核心在于高效的光催化的合成，所以利用各种微纳电子技术，合成具有高效催化能力的 $CO_2$ 转甲醇的光催化剂仍是今后的选项之一。

目前，二氧化碳光催化合成甲醇催化剂发展的主要类型有铜基催化剂、以贵金属为主要活性组分的负载型催化剂以及其他类型的催化剂。

### 1. 铜基催化剂[225]

1）Cu/n 型半导体

铜基催化剂主要是 $Cu/TiO_2$ 催化剂，金属 Cu 对 $TiO_2$ 催化剂具有很重要作用，Baiker 等人系统研究发现，铜基催化剂比较适合 $CO_2$ 加氢合成甲醇反应研究。所以很多工作者采用各种技术制备 $Cu/TiO_2$ 催化剂用于光催化二氧化碳和水合成甲醇的反应中来。尹霞等人通过实验证明，掺杂 $Cu^{2+}$ 改性 $TiO_2$ 光催化剂可明显提高光催化效果。I-Hsiang Tseng 等人将 $Cu/TiO_2$ 催化剂紫外光照下对二氧化碳和水合成甲醇体系的催化，催化剂 $Cu/TiO_2$ 和 $TiO_2$ 采用均相水解溶胶-凝胶法制备。结果表明，当催化剂材料比为 2.0wt.% $Cu/TiO_2$ 时，甲醇产率最高。

虽然对铜基甲醇催化剂上合成甲醇反应的机理至今仍存在不少的争议，但对下列问题的认识基本是一致的：Cu 物种是 $CO_2$ 合成甲醇的活性物种，在同等条件下 $Cu^+$ 的催化能力优于 CuO。因此研究催化剂的还原过程，采取有效措施，尽量使催化剂中的铜（尤其是表面上的铜）还原并维持在 $Cu^+$ 状态，这样也可以有效提高催化活性。

2）Cu/n/p 复合型半导体

天津大学钟顺和课题组报道了气相体系中复合催化剂 0.5％Cu/TiO$_2$ - 2.0％NiO，0.5％Cu/ZnO - 1.5％NiO，0.75％Cu/WO$_3$ - 1.5％NiO 光促表面催化制甲醇的研究，采用 Sol - Gel 法制备 n/p 复合型半导体材料，利用 X 射线衍射、透射电镜、红外光谱、紫外-可见光漫反射、程序升温脱附技术对材料结构、吸光性能、化学吸附性能进行了表征，研究了该类材料的光促表面催化反应规律。结果表明，所制备材料能够明显促进目的反应，其中 0.75％Cu/WO$_3$ - 1.5％NIO 室温就能使其反应产生甲醇。由于光—表面—热的协同效应，其选择性超过 90％，升高反应温度可以提高甲醇的产量，且选择性仍然高于 88％。n/p 半导体的复合及表面金属 Cu 的负载，一方面增加了表面活性位，使材料能够进行有效的化学吸附活化；另一方面，n/p 复合效应及表面金属的 Schottky 能垒效应提高了材料对光生载流子的分离能力。n/p 复合型半导体还由于复合后 p-n 结的形成，对于光催化活性的提高有很大的空间，因此，n/p 复合型半导体的研究对光催化反应有一定的实际意义。但就目前的研究而言，n/p 复合型半导体光催化机理尚未明确，对实验现象解释存在很多的不一致，且对于 n/p 复合界面状态的研究还很少，合成理想 p-n 结的半导体材料还有很大的难度，进一步的研究其催化机理和复合表面状态，有可能会成为解决光催化问题的一个亮点。

**2. Pt 负载型催化剂**

Tanaka 等人用俄歇电子能谱和 XPS 检测发现，在纯 TiO$_2$ 的表面，$CO_2$ 仍以分子形式存在，没有光反应的特性，而在 Pt - TiO$_2$ 表面则解离为 CO，所以有很多人在 TiO$_2$ 上负载不同的金属，以取得更好的效果。例如，徐用军等人利用 TiO$_2$ 负载钯、二氧化钌等制备了 Pd/TiO$_2$、RuO$_2$/TiO$_2$、Pd/RuO$_2$/TiO$_2$ 等作为 $CO_2$ 和水生成一碳有机化合物的催化剂。结果表明，经过改进后，催化效率大大地增高，其催化效率与其表面的 Pd 或 $Ru^{4+}$ 含量密切相关，即 Pd 或 $Ru^{4+}$ 的含量越高，催化效果越好。在 TiO$_2$ 表面同时修饰钯和钌后，催化效率比单独修饰钯或钌时有大幅度提高，即 Pd/RuO$_2$/TiO$_2$ 型催化剂对光还原具有更高的催化效率。此外，与 Cu - Zn - Al 催化剂相比，纯净的 Pt 负载于 SiO$_2$ 上，其活性较低。但当其中加入极少量其他组分，如 Li、Mg、Ba 和 Mo，特别是添加了少量 Ca 后，其催化活性有显著的改善，因为 Pt 系催化剂具有优良的抗硫中毒性能。但是其催化的产物有很多种，其中主要产物有甲酸和甲醇。各类催化剂的催化效率对比如表 6-1 所示。

表 6-1　各类催化剂催化效率对比

| 催化剂 | 紫外光照射 | 温度/℃ | 二氧化碳转化率 | 甲醇生产率 |
|---|---|---|---|---|
| $Cu/WO_3 - NiO$ | 是 | 60 | 0.42 | 19.0 |
| $Cu/TiO_2 - NiO$ | 是 | 60 | 0.47 | 21.3 |
| $Cu/ZnO - NiO$ | 是 | 60 | 0.54 | 24.5 |
| $Ti - Si$ 膜 | 是 | 60 | 0.64 | 28.9 |
| $Cu/TiO_2$ | 是 | 60 | 0.68 | 30.1 |

### 3. 含 Fe 催化剂[226]

Matsumoto 等人用 $CaFe_2O_4$ 进行了光催化还原 $CO_2$ 的研究，在催化剂中加入 $NaH_2PO_2$ 和 $BaCO_3$ 可促进光催化 $CO_2$ 还原生成甲醇。这是因为，虽然 $CaFe_2O_4$ 导带底的能量值足以使电子还原 $CO_2$ 生成有机物，但是其价带顶的能量与 $O_2/H_2O$ 氧化/还原电位相比，不足以使空穴氧化 $H_2O$，必须大于这个值才能发生氧化。加入具有低氧化/还原电位的 $H_2PO_2^-$ 和 $Fe^{2+}$ 可作为有效的还原剂，使 $CaFe_2O_4$ 价带中的空穴氧化。在弱酸性条件下，将 $BaCO_3$ 粉末加入到含有 $H_2PO_2^-$ 的 $CaFe_2O_4$ 溶液中，由于在催化剂附近提供了更多的 $CO_2$（$CO_3^{2-}$），因而可明显促进光还原 $CO_2$ 生成甲醇。从产生的甲醇量依赖于光照的波长可推断出，$CaFe_2O_4$ 导体中产生的电子还原 $CO_2$。

在光催化 $CO_2$ 还原反应时，含 Fe 催化剂必须满足两个条件：一是导带底高于 $H_2CO_3/CH_3OH$ 的氧化/还原电位；二是价带顶必须低于 $O_2/H_2O$ 的氧化/还原电位。而特定的氧化物组合则可以满足上述条件。

图 6-2 所示为 $CaFe_2O_4$ 和 $Fe_2O_3$ 的能带图和一些有关二氧化碳还原/氧化/还原水平

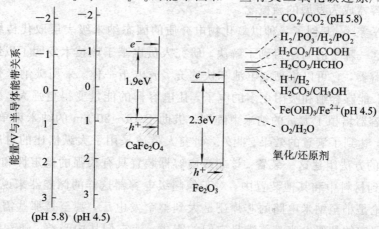

图 6-2　$CaFe_2O_4$ 和 $Fe_2O_3$ 能带图和各种还原 $CO_2$ 产物的氧化/还原能级图

的物质在 pH=5.8 和 pH=4.5 中的情况。能量水平的传导带边缘的铁酸钙具有足够高的能级来避免二氧化碳转变成其他有机化合物。在另一方面，夹带边缘能级的空穴并不能满足氧化水分子的能力，因为它几乎和水分子的氧化/还原性能一样，而且需要高电势才能满足氧气产生的条件。亚磷酸钠和二价铁离子将有效地作为还原剂，因为它们的还原性足够强，能够氧化铁酸钙价带上的空穴，氧化铁的导带能级边缘太低无法减少在电子照明条件下生产的二氧化碳。

### 6.3.3 微纳电子技术未来在超级电容器中发展趋势

MEMS 超级电容器作为未来 MEMS 器件与系统、高度集成微电子电路等发展的关键部件，具有高能量密度、高比容量、高抗过载能力等特点，在储能器件和微型电源方面应用前景广阔。高容量体积比和高可靠性 MEMS 超级电容器的设计与研制有助于解决微能源领域和物联网技术领域的能量存储和供给问题，因此，实现高性能 MEMS 超级电容器具有重大的实用意义和科学价值。

固态超级电容器由于克服了液态超级电容器比能量小、不稳定等缺点而成为这一方面发展的趋势和热点之一。固体电解质和凝胶电解质具有良好的可靠性且无电解液泄漏，比能量高，循环电压较宽，尤其是凝胶电解质电导率达 $10^{-3}$ S/cm 数量级，和有机电解液相差不多，循环效率达 100%，这使得超级电容器向着小型化、超薄型化发展成为可能。但是固体多聚物电解质在双电层电容器中受到一定的限制，因为室温下大多数聚合物电解质的电导率较低，电极/电解质之间接触情况很差，电解质盐在聚合物基体中的溶解度相对较低，尤其是当电容器充电时，低的溶解度会导致极化电极附近出现电解质盐的结晶。因此全固态超级电容器成为发展的新概念。

美国物理学家[227]开创了一种以氧化物电介质的固态纳米级表层取代传统电解质的技术，进而使得这一棘手的问题得到了解决。研究人员也基于该技术发明了以纳米管为基础的固态超级电容器，它可以集高能电池和快速充、放电于一体。采用碳纳米管使得电子有足够多的面积，能够容纳和吸附更多的电子，让电容器的能量变得更强大。研究人员为这个新的超级电容器培植了大量的纳米束阵列，借助于 15~20 nm 的纳米束单壁碳纳米管，并将它们列阵，达到了满意的效果。此外，研究人员还采用了大纵横比的材质和类似原子层沉积（ALD）的方法组建这一装置。该超级电容器装置具有很强的稳定性和扩展性，能够很轻松地整合到材料中和其他装置中。对于像超级电容器这样的储能器来说，无疑是个巨大的发展。无论是小至纳米电路的芯片还是大到整个发电厂，甚至是那些需要快速充、放电的装置，新研究的超级电容都能满足它们的需求，让它们从中受益。随着纳米管固态电容器的诞生，整个储能器领域也得到了突破性的发展。

荣常如等人[228]发明涉及一种柔性固态超级电容器及其制备方法，其特征在于：电极由外层包覆离子-电子传导聚合物膜的活性物质、导电剂及黏结剂组成；隔膜包括聚合物电解质和纤维布支撑体；集流体包括镀有金属层的炭纤维布和导电黏结剂；封装外层包括85～95份的聚合物，3～12份的纳米黏土与玻璃纤维的混合物，混合物中两者组成比为2：1。聚合物与用于汽车内饰件的聚合物具有相同或相似的分子结构，可以与汽车内饰件进行汽车内饰件/储能单元一体化设计。它提高了器件的强度；并降低了接触电阻，提高了离子传导率；提高了聚合物电解质基体的链柔性，有利于离子的扩散传输；节省新能源及节能汽车装配空间，降低储能单元重量，安全环保，是一种理想的新能源汽车用储能器件。

柔性固态超级电容器及其制备方法。它由电极、隔膜、集流体及封装外层组成。其特征在于：电极由外层包覆离子-电子传导聚合物膜的活性物质、导电剂及黏结剂组成，其中活性物质、导电剂、黏结剂按质量组分比为70～80：10～20：8～18；离子-电子传导聚合物膜的活性物质占总质量的3％～26％；隔膜包括聚合物电解质和纤维布支撑体，聚合物电解质由聚合物基体、电解质以及添加剂组成，按质量份数为70～85份的聚合物基体，15～20份的电解质，1～5份的添加剂；集流体包括镀有金属层的炭纤维布和导电黏结剂，导电黏结剂由80～98份的聚合物，1～10份的碳纳米纤维，1～10份的导电炭黑，碳纳米纤维及石墨经1～8％的硅烷偶联剂修饰；封装外层包括85～95份的聚合物，3～12份的纳米黏土与玻璃纤维的混合物，混合物中两者组成比为2：1。聚合物与用于汽车内饰件的聚合物具有相同或相似的分子结构，可以与汽车内饰件进行汽车内饰件/储能单元一体化设计。其制备方法如下：

（1）将聚合物基体、电解质、纳米添加剂混合均匀制成聚合物电解质浆料，涂覆在纤维布支撑体上，50～120℃真空干燥至恒重，得到厚度为30～120 $\mu$m的隔膜。

（2）将离子-电子传导聚合物膜包覆的活性物质、导电剂、黏结剂制成电极浆料，涂覆到隔膜一面，涂覆边界距隔膜边缘2～5 mm，真空干燥箱中50～120℃干燥至恒重，得到第一电极，厚度为50～200 $\mu$m；在隔膜另一面涂覆活性炭电极浆料，50～120℃真空干燥至恒重，得到第二电极，厚度为50～200 $\mu$m。

（3）将镀有厚度为20～300 nm的金属层通过真空蒸镀机在炭纤维布上镀上镍或铝金属层，布置于电极上，炭纤维布与电极同宽，比隔膜长1～10 cm，涂布聚合物与导电剂形成的导电黏结剂，层压固化，得到集流体，厚度为30～80 $\mu$m；在同一侧不同端裁切炭纤维布宽度为1～20 cm，得到超级电容器单体电芯；将相同大小的 $N(N \geqslant 2)$个电极，两两中间放置镀有厚度为300～800 nm金属层的炭纤维，涂覆导电黏结剂，层压固化，使 $N$个单体电芯连接在一起，得到超级电容器电芯。

（4）将聚合物及铵盐修饰的纳米黏土在溶剂中混合均匀，制成封装溶液，涂敷在电芯上，涂覆边界至隔膜边缘，50～120℃真空干燥至恒重，得到厚度为30～300 $\mu$m的封装外层，封装外层填料为经有机小分子修饰改性的纳米黏土和玻璃纤维的混合物。

尽管柔性电子器件如分布式传感器、柔性显示器、电子皮肤等正日益接近人们的生活，但是有关驱动这些柔性电子产品的柔性电源方面的研究却远远落后。超级电容器是一种高效、实用、环保的能量存储器件，具有高功率密度，充、放电循环寿命长，快速充、放电，使用温度范围宽，安全性高等特点，是我国中长期科学技术发展规划中要解决的前沿技术之一。与液态超级电容器相比，全固态超级电容器具有安全系数高、结构简单、易于封装等特点，在可穿戴式电子产品中具有广泛的应用前景。

纳米能源技术与功能器件研究团队的周军教授研究组和王中林教授及材料科学与工程学院黄云辉教授等人[227]合作开展了基于纸的全固态柔性超级电容器研究工作。博士后袁龙炎及博士研究生肖旭等人首先将普通的打印纸功能化，然后利用电子束蒸发一层金薄膜作为电极，再通过电化学沉积法沉积聚苯胺纳米线薄膜，结合凝胶电解质制备出纸质柔性超级电容器。测试表明，固态器件的重量仅为 60 mg，面积电容约为 50 mF/cm²，将 6 个器件串联起来足以点亮一个蓝光 LED。固态器件秉承纸的柔性，在不同弯折的条件下，器件性能保持稳定。在上述基础之上，他们还将商用柔性压电陶瓷所产生的电能存储在纸基全固态柔性超级电容器中，实现了对他们前期所研究的应变传感器的驱动，构建了集能量收集、存储及驱动为一体的自驱动系统[230]。该工作于近日正式发表在德国应用化学上，并被编辑选为 Hot Paper[231]。

图 6-3 所示为全固态超级电容器结构及性能。

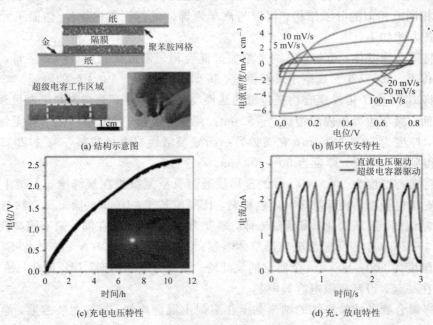

(a) 结构示意图　　　　　　(b) 循环伏安特性

(c) 充电电压特性　　　　　　(d) 充、放电特性

图 6-3　全固态超级电容器结构及性能

在图 6-3 中，图(a)中的上图为全固态超级电容器结构示意图，下图为全固态超级电容器正常(左)弯曲(右)情况下的光学片；图(b)为全固态超级电容器的循环伏安特性线；图(c)为超级电容器经由压电陶瓷充电的曲线；图(d)为应变传感器分别在直流电压和超级电容器驱动下的响应曲线。

为了进一步降低制备柔性超级电容器的制作成本，他们与中山大学童叶翔教授及陈建教授、重庆大学胡陈果教授以及佐治亚理工学院王中林教授研究组合作，利用简单的酒精火焰法在柔性高导电的炭布上先生长一层高比表面积的碳纳米颗粒，然后通过电化学沉积的方法生长二氧化锰纳米线，获得了二氧化锰纳米线/碳纳米颗粒/炭布复合电极材料，在此基础上制备出全固态柔性超级电容器。该研究工作已经正式发表于《ACS Nano》[232]。该研究工作一经发表即受到国际同行的关注，美国化学学会《化学与工程新闻》(Chemical and Engineering News)在 2012 年 1 月 5 日以"A Flexible Power Source From Soot"为题专门对该工作予以报道和介绍。国际公认石墨烯研究先驱、美国得克萨斯大学奥斯丁分校 Rodney Ruoff 教授以"Solid Performance"来评价本研究工作。

在图 6-4 中，图(a)为生长在柔性炭布上的 $MnO_2/C$ 纳米颗粒的 SEM 图；图(b)为柔性固态超级电容器可被弯折和卷曲(上图)，三个电容器串联点亮红色二极管的光学照片(下图)；图(c)为柔性固态超级电容器在不同弯曲角度下的循环伏安特性曲线。

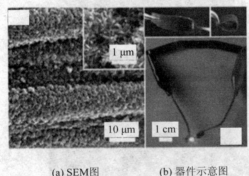
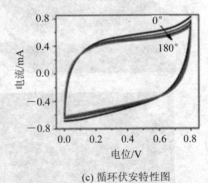

(a) SEM图    (b) 器件示意图    (c) 循环伏安特性图

图 6-4　全固态 $MnO_2/C$ 超级电容器示意图

谭强强等人[233]发明涉及一种全固态超级电容器及其制造方法。该方法包括如下步骤：将固态电解质原始浆料分别涂覆在正、负电极表面；然后在真空环境中静置等待固态电解质成型；再将正、负电极叠合在一起，中间放入聚丙烯多孔薄膜；最后在惰性气氛中装入外壳，得到全固态超级电容器。该方法所提供的制造方法所得到的全固态超级电容器相对于传统的超级电容器，具有更高的安全性，电解质不易泄漏，不易燃烧爆炸，并且具有更高的比容量以及更长的循环寿命。

据美国物理学家组织网报道，莱斯大学研究人员[234]发明了一种以纳米管为基础的固态超级电容器。它有望集高能电池和快速充电电容器的最佳性质于一个装置中，以适合在极限环境下使用。相关研究成果发表在《碳杂志》上。

双电层电容器(EDLCs)一般被称为超级电容器，拥有比电池等用于调节流量或供应电力的快速突发的标准电容器多几百倍的能量，同时还有快速充、放电的能力。但是基于液态或凝胶电解质的传统 EDLCs，在过热或过冷的状况下会发生故障。莱斯团队研发的超级电容器利用一种氧化物电介质的固态纳米级表层取代电解质，可避免该故障发生。

超大电容的关键是让电子的栖息地有更多的表面面积，而在地球上没有任何东西比碳纳米管在这方面的潜能优势更大。当投入运用时，纳米管会自组装成密集、对齐的结构。当被转化为自足的超级电容器后，每个纳米管束的长度都比宽度多 500 倍，而一个小芯片可能有上千万个纳米束。

Ti - Au/Cu 垂直对齐单壁纳米管示意图如图 6 - 5 所示。

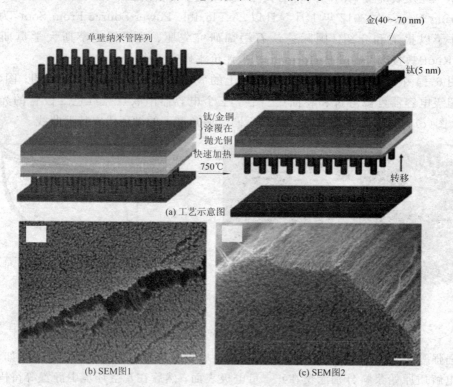

图 6 - 5　Ti - Au/Cu 垂直对齐单壁纳米管(VA - SWNT)示意图

莱斯团队首先为这个新装置培植了大量由 15～20 nm 的纳米束单壁碳纳米管组成的长达 50 μm 的阵列。这个阵列继而会被转化为一个铜电极，该铜电极的涂层由金和钛组成(Ti - Au/Cu)，这能助其提高附着力和电稳定性。为提高导电性能，纳米管束(原电极)会掺杂硫酸，然后会被通过原子层沉积(ALD)的方法，涂上一层氧化铝(介电层)和掺杂了铝的氧化锌(反电极)的薄膜。

Al – ZnO/Al$_2$O$_3$ 单壁纳米管示意图如图 6 – 6 所示。

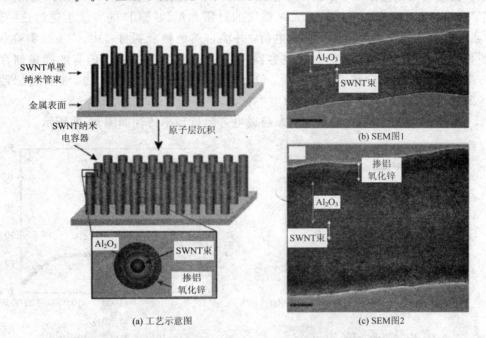

图 6 – 6   Al – ZnO/Al$_2$O$_3$ 单壁纳米管示意图

Al/Al – ZnO(SWNT)超级电容的 SEM 图样与涂覆工艺示意图如图 6 – 7 所示。

图 6 – 7   Al/Al – ZnO(SWNT)超级电容示意图

这种储能器适用范围广，小至纳米电路的芯片、大到整个发电厂都能从中获益。研究人员卡里-品特称，没有人采用这么大纵横比的材质和类似 ALD 的方法组建过这一装置。"这种超级电容器能在高频循环下拥有电荷，并能自然地整合到材料中。"莱斯实验室的化学家罗伯特·豪格称，这种新的超级电容器具有稳定性和扩展性。"所有的能量储存器的固态方案都将会密切整合到很多装置中，包括柔性显示器、生物植入物、多种传感器和其他电子装置。它们都能从快速充电和放电中获益。"

Al – ZnO/Al$_2$O$_3$/(Ti – Au/Cu)固态超级电容阻抗频率特性如图 6 – 8 所示。

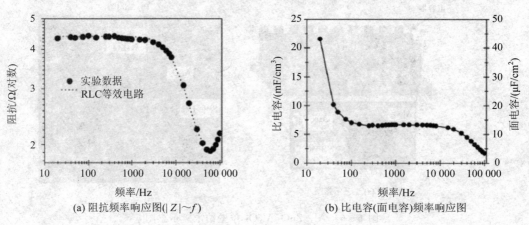

(a) 阻抗频率响应图(|Z|∼f)  (b) 比电容(面电容)频率响应图

图 6 – 8  Al – ZnO/Al$_2$O$_3$/(Ti – Au/Cu)固态超级电容阻抗频率特性

Al – ZnO/Al$_2$O$_3$/(Ti – Au/Cu)固态超级电容性能参数如图 6 – 9 所示。

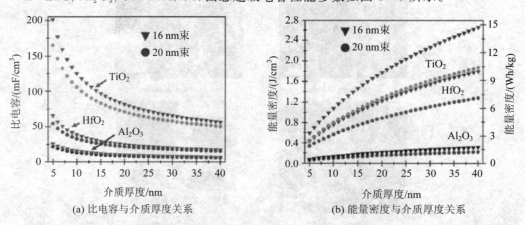

(a) 比电容与介质厚度关系  (b) 能量密度与介质厚度关系

图 6 – 9  Al – ZnO/Al$_2$O$_3$/(Ti – Au/Cu)固态超级电容性能参数

另外，在动力汽车领域，新型固态超级电容器的研发将有力提升电动汽车性能。新型超级电容器是用棉纸制成的，它柔韧性强，充电和放电速度非常快，可以在急刹车时充满电，从而提升混合动力电动汽车性能。这种固态超电容器用棉纸浸泡碳纳米管制成，它很薄，柔韧性很强，很容易放进狭小的空间，几乎可以在汽车上随处安装，甚至可以贴在车体内表面上。科学家们知道，使用超级电容器与电池结合，可以大大提高混合动力电动汽车(HEV, Hybrid Electric Vehicles)的燃油经济性，这是因为超级电容器可以充电，供电比电池快得多。例如，这种性能使超级电容器可以在急刹车时恢复所有的能量，而电池只会在摩擦制动中浪费能量，因为它无法迅速获取能量。

制作电解质时，研究人员混合一种聚合物溶液，进行加热，这种溶液最初看起来像一种透明的胶状凝胶。把成品电极浸入这种凝胶，使电极面对面排列，让一切都干燥，这样多余的水分会蒸发，电解质就会凝固。

"我们的研究，最大意义是制成了一种柔性的固态超级电容器，"美国明尼苏达大学(University of Minnesota)机械工程教授拉杰什·拉加曼尼(Rajesh Rajamani)说。"其他研究人员以前也使用碳纳米管，用作超级电容器的电极。然而，他们的超级电容器也使用液体电解质，因此，既不完全是固态的，也不是柔性的。"

在测试中，这些超级电容器充电可以超过 3 V，这就有利于实现高能量密度，或使用给定的体积存储更多的能量。这种超级电容器的其他规格，比电容是 13.15 F/g，单位能量是 5.54 Wh/kg，非常类似商用超级电容器的值。另外，它的柔韧性使它很容易弯曲，放进狭小的空间，这使它可用于便携式电子产品以及混合动力车。

这种新的超级电容器的最大缺点是高电阻，这会降低整体功率密度，因此也会降低充电速度。研究人员认为，这种高电阻源自纸质碳纳米管电极，其电阻高于金属电极。然而，他们预测，给棉纸涂上更高密度的碳纳米管溶液可以降低电阻，他们计划在未来更多地研究这个问题。

另外，在碱性固态聚合物电解质应用方面，原长洲等人[235]研究了碱性全固态纳米晶 NiO 电容器的电化学电容特性。他们在乙醇冰体系中制备了 $Ni(OH)_2$ 前驱体，在 300℃ 下对其进行热处理制得 NiO 纳米晶。溶剂浇铸法制备了 PVA - KOH(5 mol/L)- $H_2O$ 碱性固态聚合物电解质，并以此为电解质和隔膜，以纳米晶 NiO 为电活性物质组装成碱性全固态纳米屏 NiO 电化学电容器。采用 XRD 和 HRTEM 测试技术结果表明，纳米屏 NiO 分散性较好，粒径约为 5 nm。循安伏安，恒流充、放电，交流阻抗，漏电流，自放电和循环寿命等电化学测试均表明，基于 PVA - KOH(5 mol/L)- $H_2O$ 电解质和纳米 NiO 的碱性全固态电化学电容器具有良好的电化学电容特性。当电流密度为 0.2 A/g 时，其比电容和比能量分别为 103.2 F/g 和 11.6 kW/kg，经过 1500 次恒流循环充、放电，比电容衰减为初始容量的 10%，显示其具有良好的电化学稳定性。

碱性全固态纳米晶 NiO 电容器的电化学电容行为具体为：图 6 - 10(a)所示为碱性全

固态纳米 NiO 电化学电容器不同扫速下的循环伏安图，从图中可见，在 $-0.2$ V 到 $0.9$ V 的扫描区间，CV 曲线沿 $x$ 轴呈现出良好的对称矩形框图，这表明该电容器具有良好的电化学电容行为；而且在扫描方向反向时，电流很快反向，这反映出该电容器具有较小的阻抗。图 6-10(b) 为碱性全固态纳米 NiO 电化学电容器在不同电流密度下恒流充、放电图（图中箭头所示电流密度依次为 1.4、1.0、0.6、0.4 和 0.2 A/g）。

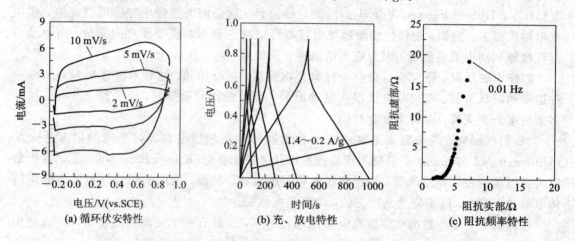

图 6-10　碱性全固态纳米晶 NiO 电容器性能参数

　　典型的对称三角波形充放电曲线表明，该电极具有良好的电化学电容特性和电化学可逆性。根据放电电流曲线，其比电容由公式 $C_m = It/\Delta V$（式中，$I$ 为放电电流密度，$t$ 为放电时间，$\Delta V$ 为实际的放电电位降，$C_m$ 为全固态纳米晶 NiO 电化学电容器比电容）计算，在 $0.2$ A/g 的放电电流密度时，其比电容为 $103.2$ F/g。图 6-10(c) 所示为碱性全固态纳米 NiO 电化学电容器开路条件下的交流阻抗图。该曲线与实轴的交点反映出该碱性全固态电化学电容器具有较小的内阻，约为 $1.7$ Ω。且图中较小的半圆以及低频区交流阻抗曲线与实轴垂直均表明，该材料具有较小的传荷电阻和优良的电化学电容行为。该电容器的质量比电容也可以按照公式 $C_m = \dfrac{1}{2}\mathrm{j}\pi f Z'' m$（式中，$C_m$，$f$、$Z''$ 和 $m$ 分别表示该电容器的质量比电容、交流频率（$0.01$ Hz）、阻抗曲线的虚部和正极与负极的电活性物质的总质量）从交流阻抗图上求得，结果约为 $102$ F/g 与充、放电测试结果基本一致。

　　将全固态电容器恒流充电至工作电压 $U_w = 0.9$ V，然后恒压在工作电压 3 h，记录电流随时间的变化关系。图 6-11(a) 所示为碱性全固态纳米 NiO 电化学电容器的漏电流测试结果。从图中可以看出，$0.9$ V 恒压充电约 3 h 后，电容器获得了较平稳的漏电流 $I_L$，约为 $0.098$ mA。根据公式 $R_p = V_w/I_L$ 可得漏电电阻 $R_p$ 约为 $9 \times 10^5$ Ω。如此小的漏电流是与其表面区域氧化/还原反应的电极反应本质以及 PVA-KOH($5$ mol/L)-$H_2O$ 碱性固体聚合物为固体电解质密切相关的。图 6-11(b)所示为碱性全固态纳米 ND 电化学电容器的自放电测试结果，经过 30 h 电压仍在 0.3 V 左右。

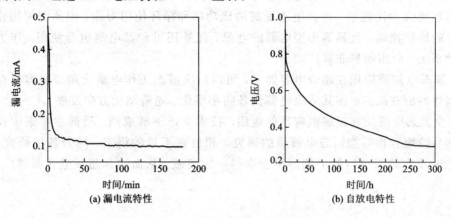

(a) 漏电流特性　　　　　　　　(b) 自放电特性

图 6-11　NiO 碱性全固态超级电容器恒流充电

图 6-12(a)所示为碱性全固态纳米 NiO 电化学电容器的 Ragone 曲线，由该图可得出该电容器的比能量($E$)和平均比功率($P_{av}$)的关系。比能量和平均比功率可以分别由公式 $E = \frac{1}{2}C_m V^2$ 和 $P_{av} = E/t$ 来求得。当电流密度为 1.4 A/g 时，比功率可达到 630.5 W/kg；当比功率减小到 89.9 W/kg 时，比能量达 11.6 kW/kg。图 6-12(b)所示为该碱性全固态电容器的循环寿命图(电流密度为 0.25 A/g，恒流充、放电)，由该图可看出，经过 1500 次恒流充、放循环，电容衰减仅为初始容量的 10%，显示出其具有较好的使用寿命。

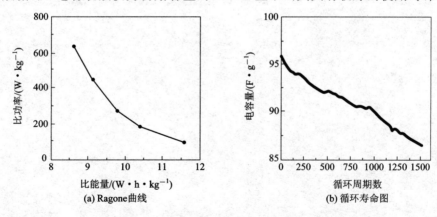

(a) Ragone曲线　　　　　　　　(b) 循环寿命图

图 6-12　NiO 碱性全固态超级电容器性能参数

**总结：**

（1）固态电解质是一种新型功能性材料。近十几年在其导电机理、性能研究、新品种研制等方面有很大进展，逐步形成界于电化学、固体物理、高等物理化学间新兴的边缘学科。固体电解质已在科学研究以及化工、能源、冶金、电子等部门展现出广阔的应用前景。

（2）超级电容器是介于传统电容器与电池之间的一种新型的储能装置，由于它具有比常规电容器更大的比能量，比蓄电池更高的比功率和循环使用寿命，因此它可用作电子记忆电路等的辅助能源，玩具等小型电器的电源，此外还可和蓄电池组合使用，作为电动车辆的驱动系统。应用前景非常广阔。

（3）固态电解质应用在超级电容器上，可以解决液态工作电解质超级电容器存在着漏液甚至爆炸的潜在缺点。使其适应电器设备向小型化、超薄型化方向发展。

（4）全固态电解质在超级电容器的应用，技术上还不够成熟。目前主要集中在准固态电解质和凝胶聚合物等类固态电解质的研究，相信在不远的将来，随着各项研究的进展，全固态电解质在超级电容器上的应用会取得一定突破。从而达到超级电容器被广泛推广、使用的目标。

# 参 考 文 献

[1] 李志坚. 从微电子到纳电子. 半导体学报，第 24 卷增刊，2003，5：1 - 5.

[2] 2011－2020 年我国能源科学学科发展战略报告，国家自然科学基金委员会能源科学学科发展战略研究组，2010，5.

[3] 杨德仁. 太阳电池材料. 北京：化学工业出版社，2008.

[4] Chapin D M，Fuller C S，Pearson G L，J. Appl. Phys. 1954，8：676.

[5] Green M. Solar Cells：Operating Principles，Technology，and System Applications. Chap. 5. Englewood Cliffs：Prentice Hall，1982：85 - 102.

[6] 彭英才，于威，等. 纳米太阳电池技术. 北京：化学工业出版社，2010.

[7] 庄奕琪，孙青. 半导体器件中的噪声及其低噪声化技术. 北京：国防工业出版社，1993.

[8] Vladimír BRZOKOUPIL，Utilization of noise characteristic for quality check of solar cells[R]，Doctoral Degree Programme(1)，Dept. of Electrical and Electronic Technology，FEEC，BUT 2002.

[9] P V V Jayaweera. 1/f Noise in dye-sensitized solar cells and NIR proton detectors [J]，Infrared Physics&Technology，2007(50)：270 - 273.

[10] Zdeněk Chobola，Measurement of Low Frepuency Noise of Monocrystalline Silicon Solar cells[R]，Dubrovnik，Croatia XVII IMEKO World Congress Metrology in the 3rd Millenniumb June 22 - 27，2003：783 - 785.

[11] Z Chobola. Impulse noise in silicon solar cells，[J]，Elsevier Science Microelectronics Journal 2001 32：707 - 711.

[12] Mack R. Study of solar cells defects via noise measurement，[R]，Electronics Technology，2008.

[13] 太阳电池：材料、制备工艺及检测. 梁骏吾，等，译. 北京：机械工业出版社，2011.

[14] 杨德仁. 太阳电池材料. 北京：化学工业出版社，2008.

[15] Endroes A，Mono-and tri-crystalline Si for PV application，Proc. E-MRS 2001 Spring Meeting，Symposium E on Crystalline Silicon Solar Cells，Sol. Energy Mater. Sol. Cells，2002，72：109 - 124.

[16] O'Mara W，Herring R，Hunt L Eds. Handbook of Semiconductor Silicon Technology，Noyes Publication，1990：395，1990.

[17] Kim J M, Kim Y K. Solar Energy Materials and Solar Cells, 2004, 81: 217.

[18] Nishimoto Y, Namba K. Journal of The Electrochemical Society, 1999, 146: 457.

[19] 太阳能电池培训手册. http: //down load. ofweek. com/detail - 6000 - 1249. html.

[20] Gereth R, Fischer H, Link E, et al. Contribution to the solar cell technology. Energy Conversion, 1972, 12: 103 - 107.

[21] Iles P A. Increased output from silicon solar cells. Conference Record, 8th IEEE Photovoltaic Specialists Conference, Seattle, 1970: 345 - 352.

[22] Gereth R, Fischer H, Link E, et al. Silicon solar technology of the seventies. Conf. Record, 8th IEEE Photovoltaic Specialists Conf. , Seattle, 1970: 353.

[23] Spear W E, LeComber P G. Solid State Commun. 1975, 17: 1193.

[24] Carlson D E, Wronski C R, Triano A, Daniel R E. Solar cells using Schottky barriers on amorphous silicon. Proc. 12th IEEE Photovoltaic Specialists Conf. , Baton Rouge, 1976: 893 - 895.

[25] Tawada Y, Tauge K, Kondo M, et al. Appl. Phys. Lett. , 1982, 53: 5273.

[26] Ovshinsky S R. 18th IEEE Photovoltaic Specialists Conference. IEEE, New York, 1985: 1365.

[27] Staebler D L, Wronski C R. 1977, Reversible conductivity change in discharge produced amorphous silicon. Appl. Phys. Lett. , Vol. 31, pp. 292 - 294.

[28] Guha S, Yang J, Banerjee A, Hoffman K, Call J. Manufacturing issues for large volume production of amorphous silicon alloy photovoltaic modules. AIP Conf. Proc. , 1999, 462: 88 - 93.

[29] Sakai H, Yoshida T, Fujikake S, Hama T, Ichikawa Y. Effect of p/i interface layer on dark J - V characteristics and $V_{OC}$ in p - i - n a - Si solar cells. J. Appl. Phys. , 1990, 67: 3494 - 3499.

[30] Hack M. Shur M. Limitations to the open circuit voltage of amorphous silicon solar cells. Appl. Phys. Lett. , 1986, 49: 1432 - 1434.

[31] Lee Y, Ferlauto A S, Lu Z, Koh J, Fujiwara H, Collins R W, Wronski C R. Enhancement of stable open circuit voltage in a - Si : H P - I - N solar cell by hydrogen dilution of P/I interface regions. Proc. 2nd World Conf. on Photovoltaic Solar Energy Conversion, Vienna, 1998: 940 - 943.

[32] Pearce J M, Koval R J, Ferlauto A S, Collins R W, Wronski C R, Yang J, Guha S. Dependence of open circuit voltage in protocrystalline Si : H solar cells on carrier recombination in p/i interface and bulk regions. Appl. Phys. Lett. , 2000, 77: 3093 - 3095.

[33] Guha S, Yang J. Amorphous Silicon Technology. Proc. 29th IEEE Photovoltaic Specialists Conf. , New Orleans, 2002: 1070 – 1075.

[34] Carlson D E. Semiconductor device having a body of amorphous silicon. 1997, US Patent 4, 064, 521.

[35] Tsai C C, Knights J C, Chang G, Wacker B. Film formation mechanisms in the plasma deposition of hydrogenated amorphous silicon. J. Appl. Phy. , 1986, 59: 2998 – 3001.

[36] Kroll U, Meier J, Keppner H, Shah A, Littlewood S D, Kelly I E, Giannoules P. Origins of atmospheric contamination in amorphous silicon prepared by very high frequency(70 MHz)glow discharge. J. Vac. Sci. Technol. 1995, A 13(6): 2742 – 2746.

[37] Satio K, Sano M, Ogawa K, Kajita I. High efficiency a – Si : H alloy cell deposited at high deposition rate. J. Non – Cryst. Solids, 1993, 164 – 166: 689 – 692.

[38] Gobat A R, Lamorte M F. Characteristics of high-conversion – efficiency gallium-arsenide solar cells. IRE Transactions on military electronics, 1962, 6(1): 20 – 27.

[39] Woodall J M. High efficiency $Ga_{1-x}Al_xAs$ — GaAs solar cells. Appl. Phys. Lett. , 1972, 21(8): 379.

[40] Loferski J J. Theoretical consideration governing the choice of the optimum semi-conductor for photo-voltaic solar energy conversion. J. Appl. Phys. , 1956, 27: 777 – 784.

[41] Wagner S, Shay J L, Migliorato P. $CuInSe_2$/CdS heterojunction photovoltaic detectors. Appl. Phys. Lett. , 1974, 25: 434 – 435.

[42] Shay J L, Wagner S, Kasper H M. Efficient $CuInSe_2$/CdS solar cells. Appl. Phys. Lett. , 1975, 27: 89 – 90.

[43] Kazmerski L L, White F R, Morgan G K. Thin-film $CuInSe_2$/CdS heterojunction solar cells. Appl. Phys. Lett. , 1976, 29: 268 – 270.

[44] Mickelsen R A, Chen W S. Development of a 9.4% efficient thin-film $CuInSe_2$/CdS solar cell. Proceeding of 15th IEEE Photovoltaic Specialist Conf. , 1981.

[45] Mitchell K W, Eberspacher C, Ermer J. et al. Single and tandem junction$CuInSe_2$ cell and module technology. Proceeding of 20th IEEE PVSC, Las Vagas, 1988.

[46] H M Manasevit. Appl Phys Lett. 1968, 12(4): 156.

[47] Cho A Y, Arthur J R. Molecular beam epitaxy, Prog. Solid State Chem, 10: 157 – 192, 1975.

[48] Kapur V K, Bansal A Le P, et al. Lab to large scale transition for non-vacuum thin

film CIGS solar cells. National Renewable Energy Laboratory, July 2003.

[49] Antonio Luque, Steven Hegedus, Handbook of Photovoltaic Science and Engineering, John wiley&Sons Inc. , 2003: 580.

[50] Wolf M. Limitations and possibilities for improvement of photovoltaic solar energy converters: Part I: Considerations for earth's surface operation. Proceedings of the IRE, 1960, 48(7): 1246 – 1263.

[51] Henry C H. Limiting efficiencies of ideal single and multiple energy gap terrestrial solar cells. J Appl Phys. 1980, 51: 4494.

[52] Kurtz S R, Faine P J, Olson J M. Appl Phys. 1990, 68: 1890.

[53] Chung B C, Virshup G F, et al. High efficiency one sun(22. 3%at AM0; 23. 9%at AM1. 5)monolithic two-junction cascade solar cell grown by MOVPE. Appl Phys Lett. 1988, 52: 1889 – 1891.

[54] Takahashi K, Yamada S, Minagawa Y, et al. Characteristics of $Al_{0.36}Ga_{0.64}As/$ GaAs tandem solar cells with$pp^-n^-n$ structural AlGaAs solar cells. Solar Energy Materials&Solar Cells, 2001, 66: 517 – 524.

[55] Olson J M, Ahrenkiel R K, Dunlavy D J, et al. Ultralow recombination velocity at $Ga_{0.5}In_{0.5}P/GaAs$ heterointerfaces. Appl Phys Lett. 1989, 55: 1201 – 1208.

[56] Olson J M, Kurtz S R, Kibbler A E, et al. A 27. 3%efficient $Ga_{0.5}In_{0.5}P/GaAs$ tandem solar cell, Appl Phys Lett. 1990, 56: 623 – 625.

[57] Bertness K A, Kurtz S R, Friedman D J, et al. 29. 5%– efficient GaInP/GaAs tandem solar cells, Appl Phys Lett. 1994, 65: 989 – 991.

[58] Takamoto T, Ikeda E, Kurita H, Ohmori M. Over 30%efficient InGaP/GaAs tandem solar cells, Appl Phys Lett. 1997, 70: 381 – 383.

[59] 陈鸣波. 高效率多结叠层 GaAs 太阳电池研究. 上海交通大学博士论文, 2004.

[60] Zide J M O, Kleiman S A, Strandwitz N C, et al. Appl. Phys. Lett. , 2006, 88: 162103.

[61] Geisz J F, Kurtz S, Wanlass M W, et al. High-efficiency GaInP/GaAs/InGaAs triple-junction solar cells grown inverted with a metamorphic bottom junction, Applied Physics Letters, 2007, 91(2): 023502 – 1 – 023502 – 3.

[62] 晏磊, 于丽娟. Ⅲ-Ⅴ族材料制备多结太阳电池的研究进展. 微纳电子技术, 2010, 47(6): 330 – 335.

[63] Green M A. Third Generation Photovoltaics: Advanced Solar Energy Conversion. Berlin: Springer Verlag, 2004.

[64] Aperathitis E, Hatzopoulos Z, Kayambai M, et al. 28th IEEE Photovoltaics

Specialists Conference，Alaska. 2000：1142-1145.

[65] Yang M J，Yamaguchi M. Sol. Energy Mater Sol Cell. 2000，60：19.

[66] Bushnell D B，Tibbits T. N. D. ，Barnham K. W. J. ，et al. ，J. Appl. Phys. ，2005，97：124908.

[67] Aroutiounian V，Petrosyan S，Khachatryan A，et al. J Appl Phys. 2001，89：2268.

[68] Nozik A J，Physica. 2002，E14：115.

[69] Trupke T，Green M A，Würfel P. J Appl Phys. 2002，92：1668.

[70] 施建新. 新能源：氢能介绍[J]. 清洁能源，2009，3：40-41.

[71] 互动百科：http：//www. baike. com/wiki/％E6％B0％A2％E7％BB％8F％E6％B5％8E.

[72] 张志强，郑军卫. 国际氢经济竞争发展态势及我国的对策[J]. 维普资讯，2006，21(5)：418-420.

[73] 毛宗强，李南岐. 对美国新氢能政策的思考[J]. 中外能源，2009，14(8)：27-32.

[74] 刘芸. 绿色能源氢能及其电解水制氢技术进展[J]. 电源技术，万方数据，2012，Vol. 36 No. 10，1579-1582.

[75] 中国科学院院刊. 国际氢经济竞争发展态势及我国对策-中国科学院[J]. 2006，5.

[76] 翟羽伸. 日本制定新阳光计划[J]. 驻福冈总领事馆科技组，1993：9-11.

[77] 张瑞山. 印度发展氢能和燃料电池技术的举措和现状[J]. 中外能源，2007，12：14-21.

[78] 贾红华. 氢能规模制备、储运及相关燃料电池的基础研究. 生物加工过程，2007，4(2)：68.

[79] 文华，赵力. 利用太阳能规模制氢的基础研究. 2004，4.

[80] 刘春娜. 氢能-绿色能源的未来. 电源技术，2010. 6 Vol34. No. 6，p535-538.

[81] J C Alfonso Gil，J J Vague Cardona. High Power Fuel Cell Simulator Using an Unity Active Power Factor Rectifier [J]. 2008.

[82] 罗晖，蔡荣海. 《氢经济：机遇、成本、障碍和研发需求》报告评述[J]. 中国软件学，2006(02)：155-157.

[83] 苏欣，古小平，范小霞，等. 天然气净化工艺综述[J]，宁夏石油化工，2005，2：1-5.

[84] 叶京，张占群. 国外天然气制氢技术研究[J]. 石化技术，2004，11(1)，50-57.

[85] Technip-Hydrogen，www. technip. com.

[86] 张云洁，李金英. 天然气制氢工艺现状及发展[J]. 广州化工，2012，40(13)：41-42.

[87] 史云伟，刘瑾. 天然气制氢工艺技术研究进展[J]. 化工时刊，2009，23(3)：59-62.

[88] 李群柱，董世达. 水蒸气转化制氢原料的选择与工业应用技术的发展[J]. 炼油设

计，1996，26，(4)：36 - 39.

[89] 张丽峰. 天然气制合成气新技术[J]. 技术纵横，2011，30(7)：91 - 93.

[90] 谢继东，李文华，陈亚飞. 煤制氢发展现状[J]. 煤质技术，2007，(13)，(2)：77 - 81.

[91] 任相坤，袁明，高聚忠. 神华煤制氢技术发展现状[J]. 煤质技术，2006，1(1)：4 - 7.

[92] 祁威，张蕾，张磊，等. 煤催化热解制氢的研究进展[J]. 中国煤炭，2007，33(10)：
57 - 59.

[93] 冯鹏波. 低温甲醇洗技术在 60 万吨/年甲醇装置中的应用[J]. 石油化工应用，
2009，28(9)：84 - 97.

[94] 周云辉，刘新，粟莲芳. 变压吸附技术在焦炉煤气制氢中的应用[J]，河南冶金，
2007，15(5)：35 - 37.

[95] 曹德彧，粟莲芳. 焦炉煤气变压吸附制氢工艺的应用[J]. 煤气与热力，2008，28
(10)：23 - 26.

[96] 倪萌，M. K. H. Leung，K. Sumathy. 电解水制氢技术进展[J]. 能源环境保护，
2004，18(5)：5 - 10.

[97] 常乐. 非化石能源制氢技术综述[J]. 能源研究与信息，2011，27(3)：130 - 137.

[98] 百度图片，压滤式电解槽. htm.

[99] 周钧，吴文宏. 压滤式电解水制氢电解槽极板腐蚀机理的研究[J]. 2006，28(2)：
34 - 38.

[100] 徐志彬，任丽彬，李勇辉，等. 水电解池电极性能研究[J]. 华南师范大学学报，
2009：36 - 42.

[101] 宋刚祥. 水电解电极的研究. 2008.

[102] 王亚玲. 高性能水电解电极的制备工艺与性能研究. 2008.

[103] 马强，魏海兴，隋然. 电沉积 Ni - S、Ni - Co - S 合金析氢阴极的研究[J]. 舰船防
化，2011，1：10 - 14.

[104] 谢荣锦，陈浮. 蒸汽压的测定和研究[J]. 高校化学工程学报，1993，7(3)：268 -
271.

[105] 李建斌，王士春. 水电解制氢装置电解液的选择及其配制[J]. 2010 电厂化学学术
会议论文，2010：176 - 180.

[106] 彭兰，周连元. 水电解中电解液杂质的影响[J]. 舰船科学技术，2001：55 - 57.

[107] 陈传耀，曾凡新，罗志. 提高隔膜法电解槽运行效率的方法[J]. 2008，44(8)：
12 - 14.

[108] 沈英静，周振芳，吕东方，等. 碱性电解槽隔膜的研究进展[J]. 化学工程师，
2009，8：49 - 52.

[109] 大城县涵超密封材料厂. http://www.hbhanchaomf.com/

[110]  H Wendt H Hofmann. Cermet Diaphragms and Integrated Electrode-diaphragm Units for Advanced Alkaline Water Electrolysis[J]. International Journal of Hydrogen Energy, 1985, 10(6): 375~381.

[111]  彭富兵, 焦晓宁. 隔膜法碱水制氢电解槽用隔膜的发展概况[J]. 非织造布, 2008, 16(6): 17-20.

[112]  Kerres J, et al. Advanced Alkaline Electrolysis with Porotm Polymefic Diaphragms[J]. Desalination, 1996, 104(1): 47-57.

[113]  Ph Vermeiren, et al. Evaluation of the ZIRFON Separator for Use in Alkaline Water Electrolysis and Ni-$H_2$ Batteries[J]. International Journal of Hydrogen Energy, 1998. 23(5): 321-324.

[114]  氢能. http://wenku.baidu.com/view/b05daf49852458fb770b5695.html.

[115]  Fujishima A, Honda K. Electrochemical photolysis of water at a semiconductor electrode[J]. Nature, 1972, 238(5338): 38.

[116]  李越湘, 吕功煊, 李树本. 半导体光催化分解水研究进展[J]. 分子催化, 2001, 15(1): 73.

[117]  尹荔松, 沈辉. 二氧化钛光催化研究进展及应用[J]. 材料导报, 2000, 14(12): 24.

[118]  陈启元, 兰可, 等. 半导体光解水研究进展[J]. 材料导报, 2005, 19(1): 20-21.

[119]  上官文峰. 太阳能光解水制氢的研究进展[J]. 无机化学学报, 2001, 5: 620.

[120]  Tokio Ohta. Mechano-catalytic water-splitting[J]. Applied Energy 67 (2000) 181 ±193.

[121]  Kazunari Domen, Shigeru Ikeda, Tsuyoshi Takata, Akira Tanaka, Michikazu Hara, Junko N Kondo. Mechano-catalytic overall water-splitting into hydrogen and oxygen on some metal oxides[J], Applied Energy 67 (2000) 159-179.

[122]  Akria Fujishima, Kenichi Honda. Electrochemical Evidence for the Mechanism of the Primary stage of Photosynthesis[J]. Bulletin of Chemical Society of Japan, Vol. 44, 1148-1150(1971).

[123]  Tadashi Watanabe, Akira Fujishima, Kenichi Honda. Photoelecteochemical Reaction at $SrTiO_3$ single Crystal Electrode[J]. Bulletin Of Chemical Society Of Janpan, Vol. 49(2), 355-358(1976).

[124]  Akira Fujishima, Tata N Rao, Donald A Tryk. Titanium dioxide photocatalysis [J]. International Journal of Hydrogen Energy 32 (2007) 1680-1685.

[125]  Masaya Matsuoka, Masaaki Kitano, Shohei Fukumoto, Kazushi Iyatani, Masato Takeuchi, Masakazu Anpo. The effect of the hydrothermal treatment with aqueous NaOH solution on the photocatalytic and photoelectrochemical properties of

visible light-responsive TiO2 thin films[J]. Catalysis Today 132 (2008) 159 – 164.

[126] 余灯华, 廖世军, 等. 几种新型光催化剂及其研究进展[J]. 工业催化, 2003, 11 (6): 46 – 51.

[127] 任丽滨, 朱建良, 陈晓晔, 等. 光合细菌生物产氢技术的研究进展[J]. 环境污染与防治, 2010, 32(8): 71 – 76.

[128] 胡以怀, 贾靖, 纪娟. 太阳能热化学制氢技术研究进展[J]. 新能源及工艺, 2008, 1: 19 – 23.

[129] 傅玉川, 孙清, 沈俭一. 甲缩醛的合成与重整制氢[J]. 催化学报, 2009, 20(8): 791 – 800.

[130] 白雪峰. $H_2S$ 分解制氢技术研究进展[J]. 石油化工, 2009, 38(3): 225 – 233.

[131] 袁孝竞, 俞旭峰, 王吉红, 等. 低温法空气分离的进展[J]. 石油化工设计, 1996, 13(2): 1 – 11.

[132] 董子丰. 氢气膜分离技术的现状、特点和应用[J]. 工厂动力, 2000, 1: 25 – 35.

[133] 齐子东. 变压吸附法净化氢气[J]. 舰船防护, 2003, 4: 7 – 10.

[134] 覃中华. 低温吸附法生产高纯氢浅析[J]. 低温与特气, 2005, 23(2): 34 – 35.

[135] 谈萍, 葛渊, 汤慧萍. 国外氢分离及净化用钯膜的研究进展[J]. 稀有金属材料与工程, 2007, 36: 567 – 571.

[136] 陈梅. 新型储氢材料: 多金属氢化物的开发[J]. 电源技术, 2012, 36(3): 299 – 300.

[137] 雪峰. 布什政府着手绘制"氢经济"发展蓝图. 全球科技经济瞭望, 2003, 7: 39.

[138] 张志鹏. 氢能技术与应用[J]. 新浪博客, 2011.

[139] 时红秀. 欧盟的节能减排战略[J]. 科技信息参考, 2007, 4: 1 – 2.

[140] 马欣, 等. 译. 燃料电池设计与制造[M]. 北京: 电子工业出版社, 2006.

[141] 毛宗强. 氢能: 21 世纪的绿色能源[M]. 北京: 化学工业出版社, 2006.

[142] 周末, 沈旭东, 王刚, 王金全, 朱瑞德. PEMFC 备用氢能发电站的储氢问题探讨[J]. 低温与特气, 2004.

[143] G J Conibeer, B S Richards. A comparison of PV/electrolyser and photoelectroly tictechnologies for use in solar to hydrogen energy storage systems [J]. International Journal of Hydrogen Energy 32 (2007) 2703 – 2711.

[144] 王金全, 孙琮琮, 徐晔. PEMFC 氢能发电系统现状与展望[J]. 中国电力. 2006, 9 (39): 37 – 41.

[145] 黄倬, 屠海令, 张冀强, 等. 质子交换膜燃料电池的研究开发与应用[M]. 北京: 冶金工业出版社, 2002.

[146] 马建新, 刘绍军, 等. 加氢站氢气运输方案比选[J], 同济大学学报, 2008, 36(5):

615 - 619.

[147] 王金全，王春明，张永，等. 氢能发电及其应用前景[J]. 解放军理工大学学报，2002，3(6)：50.

[148] 王艳华，王欧，林彬. 前景广阔的新型化学电源——燃料电池[J]，辽宁化工，1998，27(1)：9 - 12.

[149] 李炜. 独立的太阳能燃料电池联合发电系统的协调控制设计与仿真研究. 上海交通大学，2007.

[150] 李彬，王蒙. 氢燃料电池：新能源汽车发展趋势探索[J]. 科技创业家，2011：5.

[151] 肖静静. 光伏-燃料电池联合发电系统的研究. 河北大学硕士论文，2011：27.

[152] 曹连芃. 图说燃气轮机的原理与结构. http://www.doc88.com/p—9032094335020.html：1 - 11.

[153] 张冬洁，王秋旺，罗来勤，等. 微型燃气轮机回热器燃气腔结构优化[J]. 热能动力工程，2006，21(1)：10 - 13.

[154] 李孝堂. 中国燃气轮机产业[J]. 航空发动机，2005，32(2)：14 - 16.

[155] 《内燃机_百度百科》，http://baike.baidu.com/view/71190.htm.

[156] Y Hu, O K Tan, J S Pan, X Yao. A new form of nano - sized $SrTiO_3$ material for near human body temperature oxygen sensing applications. Journal of Physical Chemistry B 108 (2004), 11214 - 11218.

[157] Tan Ooi Kiang, Hu Ying. Method and Use of Providing Photocatalytic Activity. (P - No. 164747[WO2009/113963] 2011).

[158] Y Hu, Y T Tang, X F Tang, H P Li, D Q Liu. The photocatalytic degradation of methylene blue in wastewater by nano-structured Cr-doped TiO2 under low power visible-light irradiation. IEEE proceedings of "The International Conference on Environmental Pollution and Public Health (EPPH2011)", Wuhan, China, May 13 - 15, 2011.

[159] 聂波波. 基于虚拟仪器的固体氧化物燃料电池测试系统软件设计与实现. 国防科技大学研究生学位论文. 2007.

[160] 储海虹，屠一锋，曹洋. 燃料电池研究现状. 电池工业. 2003，10：229 - 230.

[161] 杨兴，周兆英. MEMS微型燃料电池及其基于压电风扇的换气方法[J]微纳电子技术，2003(8)：378 - 381.

[162] 黄守国. 中温固体氧化物燃料电池 Ag - BSB 阴极材料制备及性能表征[J]. 功能材料，2005，36(1)：74.

[163] 王昌正. 固体氧化物燃料电池的研究进展. 哈尔滨学院本科毕业论文（设计）. 2011.

[164]  李伟. NiO /YSZ 浆料凝胶固化、干燥、排胶及烧结工艺研究[J]硅酸盐通报. 2009，28(5)：874－880.

[165]  张海鸥. SOFC 阳极层的等离子喷涂混合炭粉成孔工艺[J]. 功能材料，2007(2)：214－220.

[166]  郭鑫斐. 基于虚拟仪器的固体氧化物燃料电池测试系统设计与构建：电池的 MATLAB 建模与实现. 西安电子科技大学学位论文，2006.

[167]  肖进. 固体氧化物燃料电池的相转化及流延法制备研究. 学位论文，2012.

[168]  黄守国. 中温固体氧化物燃料电池的 Ag－YSB 复合阴极[J]. 材料研究学报，2005，19(1)：54－58.

[169]  贺天民. 管状 YSZ 电解质的制备及其在固体氧化物燃料电池中的应用[J]. 功能材料，2001，32(1)：55－61.

[170]  Terrill B Atwater, Reter J Cygan, Fee Chan Leung. Man portable power needs of the 21st century. Power Sources. 2000，91. 27－36.

[171]  G Pandolfo, A F Hollenkamp. Carbon properties and their role in supercapacitors. Power Source, 2006，157. 11－27.

[172]  中国储能月刊. 2010，2.

[173]  葛军. 超级电容器用明胶基和化学气相沉积碳材料的研究，中科院理化技术研究所，2009.

[174]  张晶. 基于介孔碳载体的高容量超级电容器复合电极材料的制备及性能研究. 兰州理工大学，2010.

[175]  戴贵平，刘敏，王茂章，成会明. 电化学电容器中炭电极的研究及开发. 新型炭材料，2002 5 Vol 17 No. 1.

[176]  孙晓峰. 石油焦基活性炭材料的制备、表征及电容特性研究. 中南大学硕士论文. 2009.

[177]  杨常玲，宋燕，李开喜. 成型工艺条件对活性炭甲烷吸附性能的影响材料物理与化学(专业) 博士论文，2000.

[178]  唐西胜 http：//www. docin. com/p－180003645. html.

[179]  张慧妍 http：//www. docin. com/p－316136232. html.

[180]  K Shukla, S Sampath, K Vijayamohanan. Electrochemical supercapacitors：energy storage beyond batteries [J]. Current Seience. 2000，79(12)：1656－1661.

[181]  Deyang Qu, Hang Shi. Studies of activatedcarbons used in double-layer capacitors, Journal of Power Sources, Volume 74, Issue 1, 15 July 1998，Pages 99－107.

[182]  J Huang, B SumPter, V Meunier. Theoretical model for nanoporous carbon supercapacitors[J]. Angewandte Chemie International Edition. 2008，120 (3)：

530 – 534.

[183] S T Mayer, R W Pekala, J L Kaschmitter. The aerocapacitors：An electrochemical double-layer energy storage device[J]. Journal of the Electrochemical Society. 1993，140(2)：446 – 451.

[184] 张治安. 基于氧化锰和炭材料的超级电容器研究. 电子科技大学，2005.

[185] 李艳华. 基于超级电容器用的四氧化三钴的形貌可控制备及性能研究. 中南大学，2011.

[186] Bai LJ, Conway BE. Ac impedance of faradaic reactions involving electrosorbed intermediates examination of conditions leading to pseudoinductive behavior represented in 3 dimensional impedance spectroscopy diagrams，Journal of the Electrochemical Society，1991.

[187] Conway B E, Birss V, Wojtowicz J. The role and utilization of pseudocapacitance for energy storage by supercapacitors，Journal of Power Sources，1997.

[188] Y Y Liang, H L Li, X G Zhang. Solid-state synthesis of hydrous ruthenium oxide for supercapacitors [J]. J. Power Sources，2007，73：599 – 605.

[189] 曲群婷. 高性能混合型超级电容器的研究. 复旦大学，2010.

[190] Y C Hsieh, K T Lee, Y P Lin, et al. Investigation on capacity fading of aqueous $MnO_2. nH_2O$ electrochemical capacitor [J]. Journal of Power Sources. 2008，177(2)：660 – 664.

[191] Laforgue, P Simon, J F Fauvarque. Chemical synthesis and characterization of fluorinated polyphenylthiophenes：application to energy storage [J]. Synth. Met. ，2001，123：311 – 319.

[192] W Li, J Chen, J Zhao, J Zhang, J Zhu. Application of ultrasonic irradiation in preparing conducting polymer as active materials for supercapacitor [J]. Mater. Lett，2005，59：800 – 803.

[193] 张莉. 混合型超级电容器的相关理论和实验研究. 大连理工大学，2006.

[194] Hyun-Kon Song, Hee-Young Hwang, Kun-Hong Lee, Le H Dao. The effect of poresizedistribution on the frequency dispersion of porous electrodes. Electrochimica Acta，Volume 45，Issue 14，31 March 2000，Pages 2241 – 2257.

[195] 宋金岩. 混合型超级电容器的建模与制备研究. 大连理工大学，2010.

[196] 张治安，杨邦朝，邓梅根，等. 超级电容器氧化锰电极材料的研究进展. 无机材料学报，2005，5，20(3)：529 – 535.

[197] 张菲，胡会利，高鹏. 超级电容器用过渡金属氧化物的研究进展. 电池，2009，10，39(5)：291 – 293.

[198] 张宝宏，张娜. 纳米 $MnO_2$ 超级电容器的研究. 物理化学学报. 2003，3，19(3)：286 – 288.

[199] 罗旭芳，张雪纯，王先友，等. 超级电容器用纳米 $\gamma$ – $MnO_2$ 制备及性能. 电池，2004，10，34(5)：334 – 336.

[200] 彭波，刘素琴，黄可龙，等. 化学共沉淀法制备超级电容器电极材料 $MnO_2$. 电源技术，2005，8，28(8)：521 – 534.

[201] Suh-Cem Pang，Marc A Anderson，Thomas W Chapman. Novel Electrode Materials for Thin-Film Ultracapacitors：Comparison of Electrochemical Properties of Sol-Gel-Derived and Electrodeposited Manganese Dioxide. Journal of Electrochemical Society. 2000，147(2)：444 – 450.

[202] 陈野，张春霞，舒畅，等. 低温熔盐法制备 $MnO_2$ 及其电容性能研究. 硅酸盐通报，2007，4，26(2)：260 – 263.

[203] 张春霞，陈野，舒畅，等. 熔盐法制备 $\gamma$ – $MnO_2$ 及其超级电容性能. 精细化工，2007，2，24(2). 121 – 124.

[204] Yi-Shiun Chen，Chi-Chang Hu，Yung-Tai Wu. Capacitive and textural characteristics of manganese oxide prepared by anodic deposition：effects of manganese precursors and oxide thickness，J Solid State Electrochem，2004，(8)：467 – 473.

[205] 汪形艳，王先友，胡传跃，等. 电沉积法制备超级电容器电极材料纳米 $MnO_2$. 湘潭大学自然科学学报，2009，12，31(4). 47 – 51.

[206] J D Sudha，S Sivakala. Conducting polystyrene/polyaniline blend through template-assisted emulsion polymerization. Colloid Polym Sci. 2009，287：1347 – 1354.

[207] E Kumar，P Selvarajan，D Muthuraj. Preparation and characterization of polyaniline/cerium dioxide ($CeO_2$) nanocomposite via in situ polymerization. J Mater Sci. 2012，47：7148 – 7156.

[208] Yuvaraj Haldorai，Van Hoa Nguyen，Jae-Jin Shim. Synthesis of polyaniline/Q – CdSe composite via ultrasonically assisted dynamic inverse emulsion polymerization. Colloid Polym Sci. 2011. 289：849 – 854.

[209] Jyongsik Jang，Jungseok Ha，Sunhee Kim. Fabrication of Polyaniline Nanoparticles Using Microemulsion Polymerization. Macromolecular Research，2007，15(2)：154 – 159.

[210] Yuvaraj Haldorai，Won Seok Lyoo，Jae-Jin Shim. Poly(aniline-co-p-phenylenediamine)/MWCNT nanocomposites via in situ microemulsion：synthesis and characterization. Colloid Polym Sci. 2009. 287：1273 – 1280.

［211］ Hesheng Xia，Qi Wang. Synthesis and characterization of conductive polyaniline nanoparticles through ultrasonic assisted inverse microemulsion polymerization. Journal of Nanoparticle Research. 2001，3：401－411.

［212］ Edson Giuliani R Fernandes，Demetrio Artur W Soares. Alvaro Antonio Alencar De Queiroz. Electrical properties of electrodeposited polyaniline nanotubes. J Mater Sci：Mater Electron . 2008，19：457－462.

［213］ Xiaohua Zou，Song Zhang，Mianhong Shi，et al. Remarkably enhanced capacitance of ordered polyaniline nanowires tailored by stepwise electrochemical deposition. J Solid State Electrochem . 2007，11：317－322.

［214］ 严希清. 浅谈超级电容器及其在电动汽车动力系统中的应用前景. 应用科技，2009：264，265.

［215］ 闫晓金，潘艳. 超级电容-蓄电池复合电源结构选型与设计. 电力电子技术，2010，44(5).

［216］ 周扬，王晓峰，张高飞. 基于聚吡咯微电极的 MEMS 微型超级电容器的研究. 电子器件，2011，34(1).

［217］ 文春明，温志渝，尤政，等. 硅基微型超级电容器三维微电极结构制备. 电子元件与材料，2012，31(5).

［218］ 钟永恒，吕鹏辉，曹晨，金波，江洪. 我国新能源科技成果现状研究与未来发展建议. 中外能源，2011：16(11)：27－32.

［219］ 邓菊莲，等. 第三代太阳能电池. 太阳能，2008：23－26.

［220］ 冯良恒，等. 关于多带隙半导体材料即太阳能电池的分析. 太阳能学报，2003：58－61.

［221］ 朱继平，等. 无机材料合成与制备. 合肥：合肥工业大学出版社，2009：125－127.

［222］ Martin A Green. Third generation photovoltaics：comparative evaluation of advanced solar conversion options，Photovoltaic Specialists Conference，2002. Conference Record of the Twenty-Ninth IEEE. 2002：1330－1334.

［223］ 晁显玉，张宁，钟金莲. 光催化 $CO_2$ 和水合成甲醇的研究进展. 能源技术与管理，2008，3.

［224］ Yasumichi Matsumoto，Michio Obata，Juklchbl Hombo. Photocatalytic Reduction of Carbon Dioxide on p-Type $CaFe_2O_4$ Powder，J. Phys. Chem. 1994. 98. 2950－2951.

［225］ http：//www. hi1718. com/news/research-focus/5591. html.

［226］ http：//zhuanli. infoeach. com/goods-480143. html.

［227］ http：//www. wnlo. cn/article. php？catPath＝0，1，12，406&catID＝

407& articleID＝3150.

[228] http：//zhuanli. infoeach. com/item-480142. html.

[229] Cary L Pint，Nolan W Nicholas，Sheng Xu，Zhengzong Sun，James M Tour，
Howard K Schmidt，Roy G Gordon，Robert H Hauge. Three dimensional solid-
state supercapacitors from aligneds ingle-walled carbon nanotube array templates.
Carbon，2011；49 (14)：4890 DOI：10. 1016/j. carbon. 2011. 07. 011.

[230] Xu Xiao，Longyan Yuan，Junwen Zhong. High-Strain Sensors Based on Zno
Nanowire/Polysteyrene Hybridized Flexible Films Advanced Materials Volume
23. Issue45. 2011，12：5440－5444.

[231] Longyan Yuan，Xu Xiao，Tianpeng Ding. Paper-Based Supercapacitors for self－
Powered Nanosystems，Augewandte Chemie International Edition Volame51，
Issue 20. 2012，5(14)：4934－4938.

[232] Long yan Yuou Yi－Hong Lu Xa Xian. Flexible Solid-State Supercapacitors Based
on Carbon Nanoparticles/$MnO_2$ Nanorods Hybrid Structure，ACS Nano，2012，6
(1)：656－661.

[233] http：//www. cscf. cn/shownews. asp? newsid＝361.

[234] http：//tech. qq. com/a/20110913/000054. htm

[235] 原长洲，张校刚，高博. 碱性全固态纳米晶 NiO 电容器的电化学电容特性[J]. 应
用化学，2006，23(12).